Adobe Illustrator 2021

经典教程 **彩色版**

[美] 布莱恩·伍德（Brian Wood）◎ 著

张敏 ◎ 译

人民邮电出版社

北 京

图书在版编目（ＣＩＰ）数据

Adobe Illustrator 2021经典教程：彩色版 /（美）
布莱恩·伍德（Brian Wood）著；张敏译. -- 北京：
人民邮电出版社，2022.4（2023.1重印）
ISBN 978-7-115-58041-2

Ⅰ. ①A… Ⅱ. ①布… ②张… Ⅲ. ①图形软件—教材
Ⅳ. ①TP391.412

中国版本图书馆CIP数据核字(2021)第249911号

版 权 声 明

◆ 著　　　[美] 布莱恩·伍德（Brian Wood）
　　译　　　张　敏
　　责任编辑　罗　芬
　　责任印制　王　郁　胡　南
◆ 人民邮电出版社出版发行　　北京市丰台区成寿寺路 11 号
　　邮编　100164　电子邮件　315@ptpress.com.cn
　　网址　https://www.ptpress.com.cn
　　涿州市京南印刷厂印刷
◆ 开本：787×1092　1/16
　　印张：26.25　　　　　　　2022 年 4 月第 1 版
　　字数：723 千字　　　　　　2023 年 1 月河北第 3 次印刷
　　著作权合同登记号　图字：01-2019-6279 号

定价：149.90 元

读者服务热线：**(010)81055410**　印装质量热线：**(010)81055316**
反盗版热线：**(010)81055315**
广告经营许可证：京东市监广登字 20170147 号

内容提要

本书是 Adobe Illustrator 2021 软件的学习用书。本书共 17 课，包括快速浏览 Adobe Illustrator 2021，认识工作区，选择图稿的技巧，使用形状创建明信片图稿，编辑和组合形状与路径，变换图稿，使用基本绘图工具，使用钢笔工具绘图，使用颜色优化图稿，为海报添加文本，使用图层组织图稿，渐变、混合和图案，使用画笔创建海报，效果和图形样式的创意应用，创建 T 恤图稿，置入和使用图像，分享项目等内容。

本书内容通俗易懂，并配有大量图示进行讲解，特别适合 Adobe Illustrator 初学者阅读。此外，有一定使用经验的读者从本书中也可以了解到大量高级功能和 Adobe Illustrator 2021 新增功能的使用技巧。

前　言

Adobe Illustrator 是一款可用于印刷、多媒体和在线图形设计的工业标准插图软件。无论您是制作出版物印刷图稿的设计师、插图绘制技术人员、设计多媒体图形的艺术家，还是网页或在线内容的创作者，Adobe Illustrator 都能为您提供专业级的作品制作工具。

 ## 关于本书

本书是由 Adobe 产品专家编写的 Adobe 图形和出版软件官方系列培训教程之一。本书讲解的功能和练习均基于 Adobe Illustrator 2021（以下简称为 Adobe Illustrator）。

本书经过精心设计，方便读者按照自己的节奏学习。如果读者是 Adobe Illustrator 的初学者，将从本书中学到使用该软件所需的基础知识。如果读者具有一定的 Adobe Illustrator 使用经验，将会发现本书介绍了许多高级的技能，包括最新版本的 Adobe Illustrator 的操作提示和使用技巧。

本书不仅在每课中提供了完成特定项目的具体步骤，还为读者预留了探索和试验的空间。读者可以从头到尾阅读本书，也可以只阅读感兴趣和需要的部分。此外，第 1~16 课的最后都有复习题，方便读者测验本课所学知识。

 ## 先决条件

在阅读本书之前，读者应对计算机及其操作系统有所了解。读者需要知道如何使用鼠标、标准菜单和命令，以及如何打开、存储和关闭文件。如果读者需要查阅这些技术，可参考 macOS 或 Windows 操作系统的打印文档或联机文档。

 ## 安装软件

在阅读本书之前，请确保系统设置正确，并且成功安装了所需的软件和硬件。读者必须单独购买 Adobe Illustrator。有关安装软件的完整说明，请访问 Adobe 官网。读者需要按照屏幕上的操作说明，通过 Adobe Creative Cloud 将 Adobe Illustrator 安装到硬盘上。

注意 当指令因平台而异时，本书会先叙述 macOS 命令，再叙述 Windows 命令，同时用括号注明操作系统。例如，按住 Option 键（macOS）或 Alt 键（Windows），然后在图稿以外单击。

还原默认首选项

每次打开 Adobe Illustrator 时，首选项文件控制着命令设置在屏幕上的显示方式；每次退出 Adobe Illustrator 时，面板位置和某些命令设置会记录在不同的首选项文件中。如果想将工具和设置还原为默认设置，可以删除当前的 Adobe Illustrator 首选项文件。如果该文件尚不存在，Adobe Illustrator 会创建一个新的首选项文件，并在下次启动软件时保存该文件。

每课开始之前，读者必须还原默认首选项。这可确保 Adobe Illustrator 的工具功能和默认值的设置完全如本书所述。完成本书课程之后，如果读者愿意，也可以还原保存的设置。

保存或删除当前的 Adobe Illustrator 首选项文件

在首次退出 Adobe Illustrator 后系统会创建首选项文件，并且首选项文件在每次使用软件时会更新。读者若要保存或删除当前的 Adobe Illustrator 首选项文件，在启动 Adobe Illustrator 后，可以按照下列步骤操作。

注意 在 Windows 操作系统中，AppData 文件夹默认是隐藏的，需要设置显示隐藏的文件和文件夹才能看到它。有关说明，请参阅 Windows 操作文档。

1️⃣ 退出 Adobe Illustrator。

2️⃣ 在 macOS 中，名为 Adobe Illustrator Prefs 的首选项文件的位置如下。

- <OSDisk>/Users/< 用户名 >/Library*/Preferences/Adobe Illustrator 25 Settings/en_US**/Adobe Illustrator Prefs

提示 为了在每次开始新课时快速找到并删除 Adobe Illustrator 首选项文件，请为 "Adobe Illustrator 25 Settings" 文件夹设置快捷方式（Windows）或别名（macOS）。

3️⃣ 在 Windows 中，名为 Adobe Illustrator Prefs 的首选项文件的位置如下。

- <OSDisk>\Users\< 用户名 >\AppData\Roaming\Adobe\
Adobe Illustrator 25 Settings\en_US**\x86 或 x64\Adobe Illustrator Prefs

提示 在 macOS 中，"Library（库）"文件夹默认是隐藏的。若要访问此文件夹，请在 "Finder" 中按住 Option 键，然后在 "Finder" 中的 "前往（Go）" 菜单中选择 "Library" 选项。

注意 若读者安装的软件版本与本书不同，则文件夹名称可能会有所不同。

有关详细信息，请参阅 "Illustrator 帮助"。如果找不到首选项文件，可能是因为尚未启动 Adobe Illustrator，或者已移动首选项文件。

④ 复制该文件并将其保存到硬盘上的另一个文件夹中（如果需要还原这些首选项），或删除文件。

⑤ 启动 Adobe Illustrator。

完成课程后还原已保存的首选项设置

① 退出 Adobe Illustrator。

② 删除当前首选项文件。找到保存的原始首选项文件，将其移动到"Adobe Illustrator 25（或其他版本号）Settings"文件夹中。

资源与支持

本书由"数艺设"出品，"数艺设"社区平台（www.shuyishe.com）为您提供后续服务。

配套资源

扫描下方二维码，关注"数艺设"公众号，回复本书第 51 页左下角的五位数字，即可得到本书配套资源的获取方式。

"数艺设"公众号

"数艺设"社区平台，为艺术设计从业者提供专业的教育产品。

与我们联系

我们的联系邮箱是 luofen@ptpress.com.cn。如果您对本书有任何疑问或建议，请您发邮件给我们，并请在邮件标题中注明本书书名，以便我们更高效地做出反馈。

如果您有兴趣出版图书、录制教学课程，或者参与技术审校等工作，可以发邮件给我们；如果学校、培训机构或企业想批量购买本书或"数艺设"的其他图书，也可以发邮件联系我们（邮箱：luofen@ptpress.com.cn ）。

如果您在网上发现针对"数艺设"图书的各种形式的盗版行为，包括对图书全部或部分内容的非授权传播，请将怀疑有侵权行为的链接通过邮件发给我们。您的这一举动是对作者权益的保护，也是我们持续为您提供有价值的内容的动力之源。

关于"数艺设"

人民邮电出版社有限公司旗下品牌"数艺设"，专注于专业艺术设计类图书出版，为艺术设计从业者提供专业的图书、课程等教育产品。出版领域涉及平面、三维、影视、摄影与后期等数字艺术门类，字体设计、品牌设计、色彩设计等设计理论与应用门类，UI 设计、电商设计、新媒体设计、游戏设计、交互设计、原型设计等互联网设计门类，环艺设计手绘、插画设计手绘、工业设计手绘等设计手绘门类。更多服务请访问"数艺设"社区平台 www.shuyishe.com。我们将提供及时、准确、专业的学习服务。

目　录

第 15 课　置入和使用图像............364

第 16 课　分享项目....................390

附录：Adobe Illustrator 2021 新增功能..............................405

快速浏览 Adobe Illustrator 2021

本课概览

本课将以交互的方式演示 Adobe Illustrator 2021 的具体操作，您将了解并学习它的主要功能。

学习本课大约需要 **45**分钟

▎0.1 开始本课

本课将会对 Adobe Illustrator 中被广泛使用的工具及其功能进行讲解，为之后的操作奠定基础。同时，本课还将带您制作一张冰淇淋店的图稿。请先打开最终图稿，查看本课将要制作的内容。

① 为了确保您软件的工具和面板功能如本课所述，请删除或重命名 Adobe Illustrator 的首选项文件，具体操作参见本书"前言"中的"还原默认首选项"部分。

> ♀ **注意** 如果您还没有将课程实例的源文件下载到计算机，请立即下载，具体参见本书正文前的"资源与支持"部分。

② 启动 Adobe Illustrator。

③ 选择"文件">"打开"，或在显示的主屏幕中单击"打开"按钮。打开"Lessons>Lesson00"文件夹中的"L00_end.ai"文件。

> ♀ **注意** 最终图稿中的文字已转换为形状，因此您可以轻松查看文件而不用担心字体问题。

④ 选择"视图">"画板适合窗口大小"，查看在本课中制作的图稿示例，如图 0-1 所示。让此文件一直处于打开状态，以供参考。

图 0-1

▎0.2 创建新文件

在 Adobe Illustrator 中，可以根据需要使用一系列预设选项创建新文件。在本课中，您会将制作的图稿印刷为明信片，因此需要选择"打印"预设选项来创建新文件。

> ♀ **注意** 本课中的图片是在 Windows 中获取的，可能与您看到的略有不同，特别是在使用 macOS 的情况下。

① 选择"文件">"新建"。

② 在"新建文档"对话框中，单击对话框顶部的"打印"选项卡，如图 0-2 所示。确保选择了"Letter"预设选项后，在右侧的"预设详细信息"区域设置以下内容。

- 名称（在"预设详细信息"下方）：IceCreamLogo。
- 单位（在"宽度"右侧）：英寸（1 英寸 =2.54 厘米）。
- 方向：水平。

③ 单击"创建"按钮，创建一个新的空白文件。

④ 选择"文件">"存储为"。如果打开了"保存在您的计算机上或保存到云文档"对话框，请单击"保存在您的计算机上"按钮，将文件保存在您的计算机上，如图 0-3 所示。

⑤ 在"存储为"对话框中，保留"IceCreamLogo.ai"文件名，并定位到"Lessons">"Lesson00"文件夹，将"格式"设置为"Adobe Illustrator(ai)"（macOS）或者将"保存类型"设置为"Adobe Illustrator(*.AI)"（Windows），然后单击"保存"按钮。

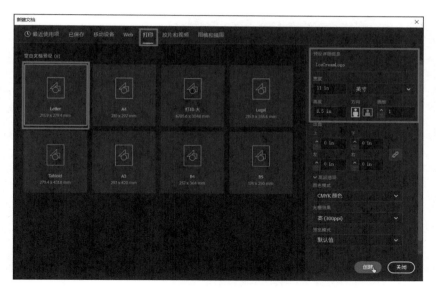

图 0-2

图 0-3

⑥ 在弹出的"Illustrator 选项"对话框中保持默认设置,单击"确定"按钮。

⑦ 选择"窗口">"工作区">"基本功能",然后选择"窗口">"工作区">"重置基本功能",重置工作区。

> 💡 **注意** 在第 3 课"使用形状创建明信片图稿"中可了解有关创建和编辑形状的更多信息。

▌ 0.3 绘制形状

绘制形状是 Adobe Illustrator 的基础操作,在本书中有较多创建形状的操作。下面将创建一个圆形,该圆形将成为冰淇淋蛋筒上的冰淇淋部分。

① 选择"视图">"画板适合窗口大小"。您看到的白色区域即为画板,它就是您绘制图稿的区域,如图 0-4 所示。该画板类似于 Adobe InDesign 中的"页"或真实的纸张,可以具有不同的大小并可根据您的设计进行排列。

图 0-4

> 💡 **注意** 如果在绘制圆形时无法看到它的相关参数（灰色测量标签），请选择"视图">"智能参考线"，以确保智能参考线已经启用。若"智能参考线"复选框被勾选，则表示已将其启用。

② 在工具栏中，使用鼠标左键长按"矩形工具" ▢，然后选择"椭圆工具" ⬯，如图 0-5 所示。

③ 将鼠标指针移动到白色画板的中间，按住 Shift 键的同时按住鼠标左键并向右下方拖动即可绘制圆形。当鼠标指针旁边的灰色测量标签中显示的宽度和高度大约为"1.5 in"时（如图 0-6 所示），松开鼠标左键和 Shift 键。

图 0-5

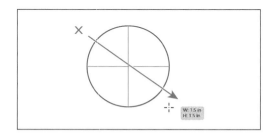

图 0-6

▎0.4 编辑形状

Adobe Illustrator 中创建的大多数形状都是实时形状，这意味着在使用绘制工具（如"矩形工具"）创建形状后仍可以编辑它们。本节将创建圆形的副本、重新定位副本并调整它们的大小。

① 确保画板上的圆形仍处于选中状态，选择"编辑">"复制"，然后选择"编辑">"就地粘贴"，将副本粘贴到原来位置。

② 将鼠标指针移动到圆形中心的蓝色圆圈上，当鼠标指针变为 时，如图 0-7 所示，按住鼠标左键将圆向右拖动，如图 0-8 所示。

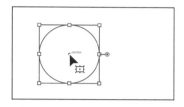

图 0-7

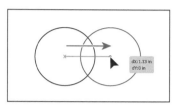

图 0-8

拖动时，您可能会看到洋红色线条和显示拖动距离的灰色测量标签。这些都是智能参考线的一部分，智能参考线在默认情况下是启用的。

③ 确保圆形仍处于选中状态，按住 Shift 键，选择并拖动圆形右上角的点，使其远离圆心，圆形即可变大，如图 0-9 所示。当灰色测量标签中显示宽度和高度大约为"2.1 in"时，如图 0-10 所示，松开鼠标左键和 Shift 键。

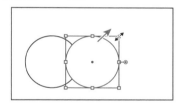

图 0-9

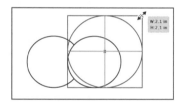

图 0-10

④ 确保圆形仍处于选中状态，将鼠标指针移动到圆形中心的蓝色圆圈上。当鼠标指针变为 时，如图 0-11 所示，按住鼠标左键将圆向左下方拖动，如图 0-12 所示。

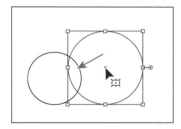

图 0-11

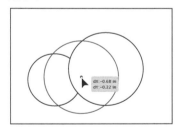

图 0-12

⑤ 在左侧工具栏中选择"选择工具" 。

⑥ 确保较大的圆形仍处于选中状态，选择"编辑">"复制"，然后选择"编辑">"就地粘贴"，制作出它的副本。将副本直接粘贴在较大圆形的顶层。

⑦ 按住鼠标左键向上拖动新圆形，使其看起来如图 0-13 所示。

⑧ 选择"选择">"取消选择"，取消对图形的选择。

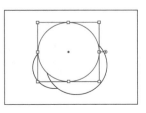

图 0-13

⑨ 选择"文件">"存储",保存文件。

0.5 应用和编辑颜色

为图稿着色是 Adobe Illustrator 中的常见操作。您可以选择一种颜色为创建的形状描边或填色，也可以使用和编辑文件自带的默认色板，创建属于自己的个性颜色组。本节将进行更改圆形的填充颜色的操作。

> ♀ 注意 第 8 课将介绍有关填色和描边的更多内容。

① 按住鼠标左键进行拖曳，框选 3 个圆形，如图 0-14 所示。

② 在选择圆形的情况下，单击界面右侧"属性"面板中"填色"一词左侧的"填色"框▨。在弹出的面板顶部单击"色板"按钮▦，将显示软件保存的默认颜色（称为"色板"）。将鼠标指针移动到橙色色板上，当出现"C=0 M=50 Y=100 K=0"的提示时，如图 0-15 所示，单击该色板将橙色应用于所选形状，填色结果如图 0-16 所示。

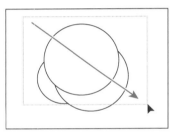
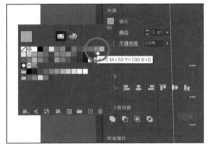
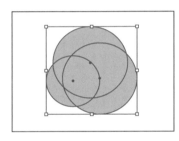

图 0-14 　　　　　　　　　　图 0-15 　　　　　　　　　　图 0-16

此处不仅可以使用默认色板，还可以创建自定义的颜色并将它们保存到色板中以供日后重复使用。

③ 在"色板"面板中双击刚刚应用于形状的橙色色板以编辑颜色，如图 0-17 所示。

④ 在"色板选项"对话框中，将颜色值更改为"C=0 M=26 Y=19 K=0"，使其呈现为浅粉色，并勾选"预览"复选框查看更改，如图 0-18 所示。单击"确定"按钮，保存对该色板所做的更改。

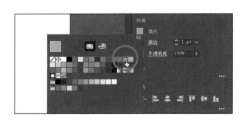
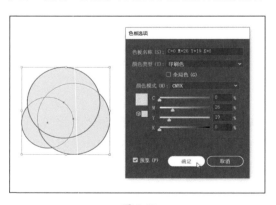

图 0-17 　　　　　　　　　　　　　　　图 0-18

⑤ 按 Esc 键，隐藏"色板"面板。

0.6 编辑描边

描边是指形状和路径等图形的轮廓（边框）。描边的很多外观属性都可以更改，如宽度、颜色和虚线等。本节将进行调整圆形的描边的操作。

❶ 在选择圆形的情况下，单击"属性"面板中的"描边"一词，如图 0-19 所示。

在"属性"面板中单击带下划线的文本后，面板中会出现更多选项。在本例中，选择的是圆形的"描边"（边框）选项。

❷ 在"描边"面板中更改以下选项，如图 0-20 所示。

· 描边粗细：6pt。

· 单击"使描边外侧对齐"按钮 ，将描边对齐到圆形的外侧。

描边有很多选项，包括"使描边成为虚线""添加箭头"等。

❸ 按 Esc 键，隐藏"描边"面板。保持形状为选中状态，如图 0-21 所示。

图 0-19

图 0-20

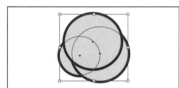

图 0-21

0.7 使用图层

使用图层能够更简单、有效地组织和选择图稿。下面将使用图层来组织图稿。

❶ 选择"窗口">"图层"，在文件右侧会显示"图层"面板。

❷ 在"图层"面板中双击图层名称"图层 1"（图层名称），输入"Artwork"，如图 0-22 所示。然后按 Enter 键，即可更改图层名称。

为图层命名可以更好地组织整个作品的内容，目前创建的圆形位于该图层上方。

❸ 在"图层"面板底部单击"创建新图层"按钮 ，创建一个新的空白图层，如图 0-23 所示。

由于"图层"面板太长，图 0-23 显示的是一张截断的图片，中间以虚线表示。

④ 双击新图层名称"图层 2",输入"Text",按 Enter 键,更改图层名称,结果如图 0-24 所示。

图 0-22   图 0-23   图 0-24

通过在图稿中创建多个图层,可以控制堆叠对象的显示方式。在本例中,"Text"图层中的任何内容都将位于"Artwork"图层中内容的上方。

当在不同部分中向该项目添加文本时,应在"Text"图层添加文本,以便使文本都位于该图层中。

0.8   使用形状生成器工具创建形状

"形状生成器工具" 是一种通过合并和擦除简单形状来创建复杂形状的交互式工具。本节将使用"形状生成器工具"组合圆形以创建冰淇淋的顶部形状。

> 💡 注意   在第 4 课中,您可以了解有关使用"形状生成器工具"的更多内容。

① 在选择 3 个圆形的情况下,从左侧的工具栏中选择"形状生成器工具" 。

② 将鼠标指针大致移动到图 0-25(a)所示的位置。按住 Shift 键和鼠标左键,拖动框选图 0-25(b)所示的部分,将它们组合起来。松开鼠标左键和 Shift 键,获得图 0-25(c)所示的形状。

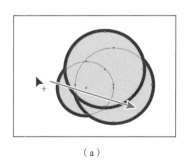

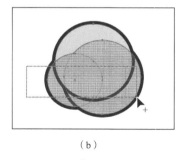

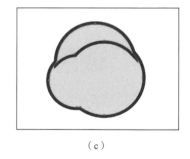

（a）   （b）   （c）

图 0-25

在选择形状的情况下,可以更改描边对齐方式。由于之前已将描边设置为"使描边外侧对齐",因此图 0-25(c)顶部的形状看起来很奇怪。

③ 在工具栏中选择"选择工具" 。

④ 单击"属性"面板的选项卡,显示该面板。单击"描边"一词,显示"描边"面板,单击"使描边居中对齐"按钮 ,将描边对齐到圆形边界中心,如图 0-26 所示。

⑤ 选择"选择">"取消选择",取消选择形状,然后选择"文件">"存储"保存文件。

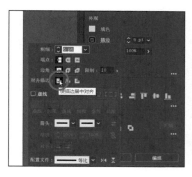

图 0-26

0.9 使用文本

本节将向项目添加文本并更改其格式。下面将使用一些需要联网才能激活的 Adobe 字体，如果您的计算机没有联网，则可以选择已安装的其他字体。选择"Text"图层，以便将文本都放置在该图层中。

> **注意** 第 9 课将介绍有关文本的更多内容。

① 单击右上角的"图层"面板的选项卡，显示"图层"面板。选择"Text"图层，如图 0-27 所示，这样文本就会添加在该图层中。

② 选择左侧工具栏中的"文字工具" **T**，然后在画板底部的空白区域中单击。

图 0-27

单击后将创建一个文本框，其中将显示已选中的占位文本"滚滚长江东逝水"，输入"ICE CREAM BAR"，如图 0-28 所示。

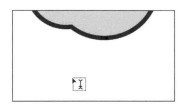

图 0-28

③ 选择"选择工具" ▶，选择文本对象。

④ 单击右上角的"属性"面板的选项卡，显示"属性"面板。找到"属性"面板中的"字符"选项组，在"设置字体大小"文本框中输入"34 pt"，按 Enter 键确认字体大小的更改，如图 0-29 所示。

接下来将应用 Adobe 字体，这需要联网。如果您的计算机没有联网或无法访问 Adobe 字体，则可以从"设置字体系列"菜单中任选一种其他字体，如图 0-30 所示。

⑤ 单击"属性"面板中"设置字体系列"右侧的箭头，在弹出的菜单中单击"查找更多"选项卡以查看初始化后的 Adobe 字体列表，如图 0-30 所示。

您看到的字体列表可能与图 0-30 有所不同。

图 0-29

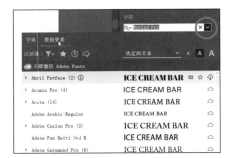

图 0-30

> 💡 **注意** 如果有一条消息弹出在字体列表中，您可以关闭它。

⑥ 向下拖动字体列表，找到名为"Oswald"的字体。单击"Oswald"左侧的箭头以显示字体样式，如图 0-31 所示。

⑦ 单击"Regular"右侧的"激活"按钮⛅，将其激活，如图 0-31 所示。

⑧ 如果弹出要求激活字体的对话框，请单击"确定"按钮，如图 0-32 所示。

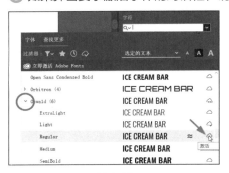

图 0-31

图 0-32

> 💡 **注意** 如果不能激活字体，则可以在 Creative Cloud 桌面应用程序中单击"字体"按钮 *f*，在右上角查看可能出现的问题，或者选择系统字体。

⑨ 单击"显示已激活的字体"按钮 ⟲，筛选并显示在字体列表中已激活的字体。激活字体可能需要一些时间。将鼠标指针移动到菜单中的"Oswald—Regular"字体上，此时会显示所选文本的实时预览效果。单击该字体并应用它，如图 0-33 所示。

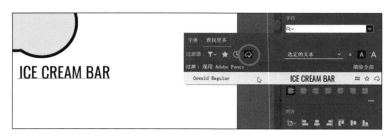

图 0-33

⑩ 在"字符"选项组下方的"设置所选字符的字距调整"微调框中输入"400"，如图 0-34 所示，修改字距，按 Enter 键确认修改。用户可以增大或减小字符之间的间距，保持文本处于选中状态。

图 0-34

⑪ 选择"文件">"存储",保存文件。

0.10　文本变形

使用封套可以将文本扭曲成不同的形状,也可以创建一些出色的设计效果。可以使用画板上的对象制作封套,也可以使用预设的变形形状或将网格作为封套。

> ♡ 注意　第 9 课将介绍有关文本扭曲的更多内容。

① 在文本被选中的情况下,选择"选择工具",选择"编辑">"复制",然后选择"编辑">"粘贴",复制和粘贴所选文本。

② 将文本拖动到画板上的原始文本下方。

③ 选择文本对象,在右侧的"属性"面板中将字体大小更改为"60 pt",将字距从"400"改为"200",如图 0-35 所示。

图 0-35

④ 选择"文字工具"T并将鼠标指针移动到文本上,然后快速单击 3 次将文本全选,输入"TOP-PINGS GALORE",如图 0-36 所示。

图 0-36

⑤ 在工具栏中选择"选择工具"▶。选择"对象">"封套扭曲">"用变形建立",弹出"变形选项"对话框。在该对话框中更改以下内容,如图 0-37 所示。

- 样式:弧形。
- 弯曲:35%。

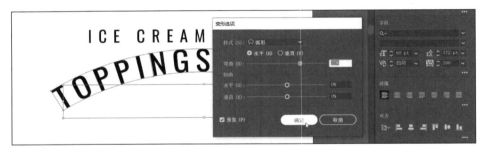

图 0-37

⑥ 单击"确定"按钮。文本现在是一个形状，但仍可编辑。

> 💡 提示 单击"属性"面板的"快速操作"选项组中的"变形选项"按钮，可以在"变形选项"对话框中再次编辑变形选项。

⑦ 选择"选择工具" ▶，将弯曲的文本向上拖动到冰淇淋图形上方，如图 0-38 所示。

图 0-38

0.11　使用曲率工具

使用"曲率工具" ✐可以快速、直观地绘制和编辑路径，创建光滑、精细的曲线和直线路径。本节将在创建冰淇淋蛋筒时使用"曲率工具"。

> 💡 注意 在第 6 课中，您可以了解更多关于"曲率工具"的内容。

① 单击右上角的"图层"面板的选项卡，显示该面板。下面创建的图稿需要在"Artwork"图层中，而不是在"Text"图层中，因此要选择"Artwork"图层，如图 0-39 所示。

② 在工具栏中选择"曲率工具" ✐。

③ 将鼠标指针移至冰淇淋形状上单击，开始绘制形状，如图 0-40（a）所示。

图 0-39

> 💡 注意 如果您看到的鼠标指针与图中不同，请确保大写锁定未启用。

④ 将鼠标指针向下移动到冰淇淋形状的下方单击，如图 0-40（b）所示。单击后将鼠标指针移开，可以看到弯曲的路径，如图 0-40（c）所示。

 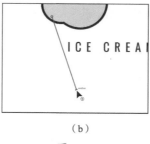 

（a） （b） （c）

图 0-40

每次单击都会创建锚点，锚点用来控制路径的形状。

⑤ 将鼠标指针移动到右侧粉红色冰淇淋形状的底部单击，继续绘制形状，如图 0-41 所示。

将鼠标指针移开，可以看到路径在鼠标指针移动时以不同方式弯曲。

⑥ 将鼠标指针移动到第一次单击的位置，当鼠标指针变为 时，单击以闭合路径，创建一个形状，如图 0-42 所示。

 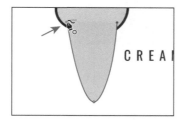 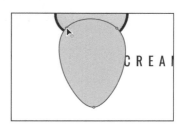

图 0-41 图 0-42

⑦ 将鼠标指针移动到在形状底部绘制的点上（默认情况下，该部分路径是弯曲的，但这里不希望它弯曲），当鼠标指针变为 时双击，使其成为一个折角，如图 0-43（a）所示。对形状顶部的其他两个点执行相同操作，如图 0-43（b）所示。

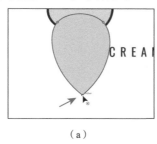 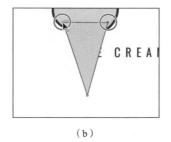

（a） （b）

图 0-43

接下来将更改图稿的顺序。选择新绘制的冰淇淋蛋筒形状，将冰淇淋蛋筒形状放在冰淇淋形状的下面。

⑧ 单击右上角的"属性"面板的选项卡，
显示该面板。单击"属性"面板的"快速操作"选项组中的"排列"按钮，选择"置于底层"选项，将冰淇淋蛋筒形状放在冰淇淋形状的下面，如图 0-44 所示。

⑨ 选择"选择">"取消选择"，使冰淇淋蛋筒形状不再被选中。

图 0-44

0.12 创建和编辑渐变

渐变是两种或多种颜色的混合，可以用于形状的填色或者描边。本节将对冰淇淋蛋筒形状应用渐变。

> ♀ **注意** 第 11 课将介绍有关渐变使用的更多内容。

① 选择"选择工具"▶，选择冰淇淋蛋筒形状。

② 在"属性"面板中单击"填色"框，然后单击"色板"按钮▦。选择带有工具提示"白色，黑色"的白黑渐变色板，如图 0-45（a）所示，效果如图 0-45（b）所示。保持"色板"面板处于打开状态。

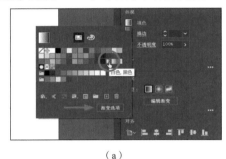 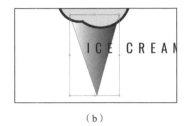

（a） （b）

图 0-45

③ 在色板底部单击"渐变选项"按钮，如图 0-45（a）中箭头所示，打开"渐变"面板。您可以通过拖动"渐变"面板顶部的标题栏来移动它。

④ 在"渐变"面板中执行以下操作。

- 单击"填色"框以确保正在编辑填色，如图 0-46（a）上部圆圈所示。
- 双击"渐变"面板中渐变滑块右侧的黑色色标▣，如图 0-46（a）中箭头所示。
- 在弹出的面板中单击"色板"按钮▦，选择深棕色色板，效果如图 0-46（b）所示。

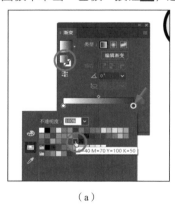 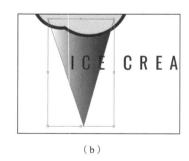

（a） （b）

图 0-46

- 双击"渐变"面板中渐变滑块左侧的白色色标▣，如图 0-47（a）箭头所示。
- 选择浅棕色色板，如图 0-47（a）圆圈所示，效果如图 0-47（b）所示。

⑤ 单击"渐变"面板右上角的"×"按钮将该面板关闭。

⑥ 在"属性"面板中，多次单击向上微调按钮（在"描边"一词右侧），将"描边粗细"更改为"6 pt"，如图 0-48（a）所示，效果如图 0-48（b）所示。

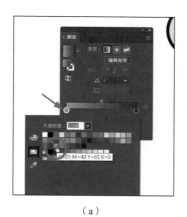
（a）

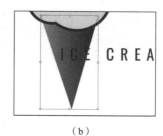
（b）

图 0-47

（a）

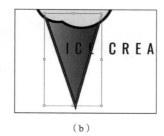
（b）

图 0-48

0.13 创建符号

符号是存储在"符号"面板中的可复用对象。符号非常有用，它们可以帮助您节省时间，还可以缩小文件的大小。下面将创建一个符号，在冰淇淋形状上添加糖霜形状。

> 💡注意 第 14 课将介绍有关符号使用的更多信息。

① 选择顶部的粉红色冰淇淋形状，选择"视图">"放大"几次，放大该视图。

② 在工具栏中，使用鼠标左键长按"椭圆工具" ⬭，然后选择"矩形工具" ▭。在冰淇淋形状上按住鼠标左键，拖动绘制一个图 0-49 所示的小矩形。

③ 将"属性"面板中的"描边"更改为"1 pt"，如图 0-50 所示。

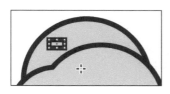
图 0-49

图 0-50

④ 单击"填色"框并将填充颜色更改为明亮、喜庆的颜色，例如洋红色，如图 0-51（a）所示，效果如图 0-51（b）所示。

⑤ 在选择矩形的情况下，选择"视图">"放大"几次，放大视图。

> 💡注意 如果没有看到圆角控制点，则可能需要放大视图。

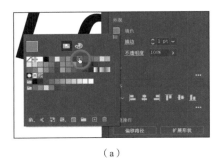
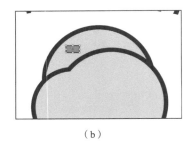

（a）　　　　　　　　　　　　　　　　（b）

图 0-51

⑥ 向矩形的中心拖动圆角控制点⊙，如果拖得足够远，将看到红色曲线，表示圆角已经达到最大角度，如图 0-52 所示。

图 0-52

⑦ 选择"窗口" > "符号"，打开"符号"面板。单击面板底部的"新建符号"按钮⊞，将所选的圆角矩形存储为符号，如图 0-53 所示。

⑧ 在弹出的"符号选项"对话框中，将符号命名为"Sprinkles"，单击"确定"按钮，如图 0-54（a）所示。如果弹出警告对话框，也单击"确定"按钮。

现在，圆角矩形在"符号"面板中显示为一个符号，如图 0-54（b）所示，而画板上用来创建该符号的圆角矩形则是一个符号实例。接下来，可以通过多次选择"视图" > "缩小"来缩小视图。

图 0-53

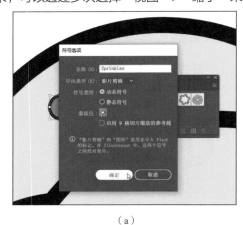
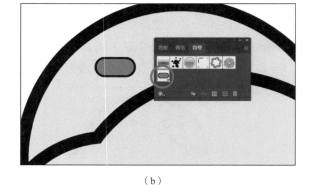

（a）　　　　　　　　　　　　　　　　（b）

图 0-54

⑨ 在工具栏中选择"选择工具"▶。

💡 注意　您的糖霜符号实例可能与图中所示位置不一样，这没有任何影响。

⑩ 从"符号"面板中将糖霜符号缩略图拖动到画板上 7 次，如图 0-55 所示，稍后再排布它们的位置。

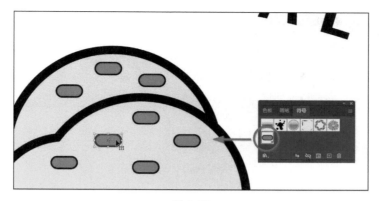

图 0-55

⑪ 单击"符号"面板中右上角的"×"按钮将其关闭。

⑫ 选择画板上的一个糖霜形状，将鼠标指针移动到圆角矩形的拐角处，当鼠标指针变为旋转箭头时，按住鼠标左键并拖动以旋转该形状，如图 0-56 所示。

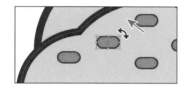 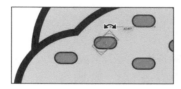 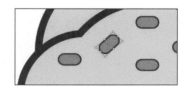

图 0-56

⑬ 选择其他糖霜形状进行旋转，可以把冰淇淋形状上的糖霜形状逐个旋转，最终效果如图 0-57 所示。

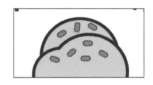

图 0-57

0.14 编辑符号

我们可以轻松编辑原始符号，然后更新所有符号实例。

❶ 双击冰淇淋上的任意一个糖霜形状，在弹出的警告对话框中单击"确定"按钮，如图 0-58 所示。

该符号现在处于隔离模式，在该模式下无法选择其他符号，并且您查看的是"Sprinkles"符号的原始形状。

❷ 单击画板上的圆角矩形，在右侧的"属性"面板中，确保"宽"和"高"右侧的"保持宽度和高度比例"按钮🔗未启用。通过选择并输入数值，将"宽"更改为"0.3in"、"高"更改为"0.1in"，如图 0-59 所示。输完最后一个数值后按 Enter 键确认更改。

图 0-58

❸ 按 Esc 键退出隔离模式，所有糖霜实例都会更新，如图 0-60 所示。

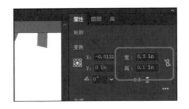

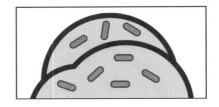

图 0-59   图 0-60

④ 单击冰淇淋上的某个糖霜形状，选择"选择">"相同">"符号实例"，选择全部糖霜形状。

⑤ 选择"对象">"编组"，将它们组合在一起。

⑥ 选择"选择">"取消选择"，然后选择"视图">"画板适合窗口大小"。

0.15 使用效果

"效果"可以改变对象的外观而不改变其基本对象。本节将对在背景中制作的形状应用效果。

💡 注意 在第 13 课中，您将了解有关效果的更多内容。

① 在工具栏中，使用鼠标左键长按"矩形工具"□，然后选择"椭圆工具"◯。在冰淇淋蛋筒形状组的顶部按住 Shift 键和鼠标左键拖动，绘制图 0-61 所示的圆形，完成后松开鼠标左键和 Shift 键。

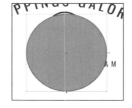

图 0-61

💡 注意 不用考虑圆形的具体位置。

② 在"属性"面板中图 0-62（a）所示位置，设置"描边"为"0"，然后按 Enter 键将描边删除。

③ 单击"属性"面板中的"填色"框，在弹出的面板中单击"颜色混合器"按钮🎨，如图 0-62（b）所示，将颜色值设置为"C=0 M=50 Y=36 K=0"。输入最后一个值后按 Enter 键关闭面板，最终将获得图 0-62（c）所示的效果。

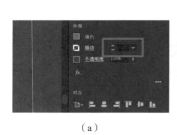

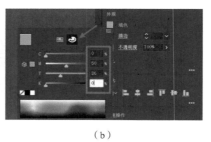

（a）   （b）   （c）

图 0-62

④ 在"属性"面板的"快速操作"选项组中单击"排列"按钮并选择"置于底层"选项，使圆形位于冰淇淋形状组的下层，如图 0-63 所示。

⑤ 单击右侧"属性"面板中的"选取效果"按钮 *fx*，然后选择"扭曲和变换">"波纹效果"，如图 0-64 所示。

图 0-63

图 0-64

⑥ 在"波纹效果"对话框中勾选"预览"复选框以实时查看更改效果，然后设置以下选项，如图 0-65 所示。

- 大小：0.14 in。
- 绝对值：绝对。
- 每段的隆起数：8。
- 点：尖锐。

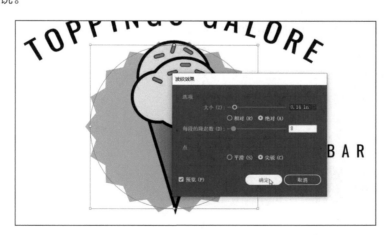

图 0-65

⑦ 单击"确定"按钮。

0.16 对齐对象

在 Adobe Illustrator 中，您可以轻松对齐（或分布）所选对象、画板或关键对象。本节将移动画板中的所有形状到指定位置，并将其中的部分形状与画板的中心对齐。

💡**注意** 第 2 课将介绍有关对齐的更多内容。

① 选择"选择工具"▶，将应用了"波纹效果"的圆形拖动到冰淇淋蛋筒形状后面居中位置，如图 0-66 所示。

② 选择"选择">"全部"，选择所有内容。

③ 按住 Shift 键单击文本"TOPPINGS GALORE"和"ICE CREAM BAR"，取消对这两个文本的选择，然后松开 Shift 键。此时，应选择了整个冰淇淋蛋筒和背景形状。

④ 单击右侧"属性"面板中的"编组"按钮，将所选图形编组在一起。

⑤ 按住 Shift 键和鼠标左键将冰淇淋蛋筒形状周围的框角向中心拖动，使冰淇淋蛋筒形状变小，如图 0-67 所示。一直拖动到鼠标指针旁边的灰色测量标签中显示大约为"3.75 in"的宽度，松开鼠标左键和 Shift 键。

⑥ 将每个对象拖动到图 0-68 所示的位置，位置不必精确匹配。

图 0-66

图 0-67

图 0-68

⑦ 选择"选择">"全部"，选择所有内容。

⑧ 在文件右侧的"属性"面板中，单击"对齐"选项组中的"选择"按钮▦，然后从菜单中选择"对齐画板"选项，如图 0-69（a）所示，需要对齐的任何内容现在都将与画板的边缘对齐。

⑨ 单击"水平居中对齐"按钮▤，如图 0-69（b）所示，将选择的所有内容与画板水平居中对齐，效果如图 0-69（c）所示。

⑩ 选择"选择">"取消选择"。

⑪ 选择"文件">"存储"，然后选择"文件">"关闭"。

（a）

（b）

（c）

图 0-69

认识工作区

本课概览

在本课的 Adobe Illustrator 演示中，您将学习到该软件的主要功能。

- 打开 AI 文件。
- 了解云文档。
- 使用工具栏。
- 使用面板。

- 重置并保存您的工作区。
- 使用视图选项更改显示放大倍数。
- 浏览多个画板和文件。
- 了解文档组。

学习本课大约需要 **45**分钟

为了充分利用 Adobe Illustrator 强大的描线、填色和编辑功能，您需要学习如何在工作区中导航。工作区由应用程序栏、菜单栏、工具栏、面板、文档窗口和其他默认面板组成。

1.1 Adobe Illustrator 简介

在 Adobe Illustrator 中，可以创建和使用矢量图形（有时称为"矢量形状"或"矢量对象"）。矢量图形由被称为"矢量"（vector）的数学对象定义的一系列直线和曲线组成，图 1-1（a）所示为矢量图形示例。您可以自由地移动或修改矢量图形，而不会丢失细节或清晰度，因为它们与分辨率无关。图 1-1（b）所示为编辑中的矢量图形。

（a）矢量图形示例　　　　　　（b）编辑中的矢量图形

图 1-1

> 💡 **提示**　若要了解有关位图的详细信息，请在"Illustrator 帮助"（选择"帮助">"Illustrator 帮助"）中搜索"导入位图图像"来获取相关内容。

无论是缩放矢量图形、使用 PostScript 打印机打印矢量图形、将矢量图形保存在 PDF 文件中，还是将矢量图形导入基于矢量的图形应用程序中，矢量图形都可以保持清晰。因此，矢量图形是图稿（如徽标）制作的最佳选择，让这些图稿可以在不同输出介质下生成不同尺寸。

Adobe Illustrator 还能使用位图图像（技术上称为"栅格图像"），它由图像元素（像素）的矩形网格组成，图 1-2 所示为栅格图像和被选中区域的像素放大的效果，每个像素都有特定的位置和颜色。用手机相机拍摄的照片就是栅格图像，您可以在 Adobe Photoshop 等软件中创建和编辑栅格图像。

栅格图像和被选中区域的像素放大的效果

图 1-2

1.2 打开 Adobe Illustrator 文件

本课将通过打开一个文件来了解 Adobe Illustrator。在开始之前，您需要还原 Adobe Illustrator 的默认首选项。这是每课开始时都要做的事情，这样可以确保工具和默认值的设置完全如本课所述。

① 要删除或停用（通过重命名）Adobe Illustrator 的首选项文件，请参阅本书"前言"的"还原默认首选项"部分。

② 启动 Adobe Illustrator 后，您将看到一个"主页"界面，里面会显示 Adobe Illustrator 的资源等内容。

③ 选择"文件">"打开"或单击"主页"界面上的"打开"按钮，在计算机的"Lessons">"Lesson 01"文件夹中选择"L1_start1.ai"文件，单击"打开"按钮，打开该文件。

接下来将使用"L1_start1.ai"文件来练习导航、缩放操作，并了解 Adobe Illustrator 文件和工作区。

④ 选择"窗口">"工作区">"基本功能"，确保勾选了该复选框，然后选择"窗口">"工作区">"重置基本功能"来重置工作区。使用"重置基本功能"命令可确保将包含所有工具和面板的工作区还原为默认设置（您将在 1.3.6 小节了解更多关于重置工作区的内容）。

⑤ 选择"视图">"画板适合窗口大小"。画板是包含可打印图稿的区域，类似于 Adobe InDesign 中的页。使用此命令可使整个画板适应文档窗口，以便看到整个画板，如图 1-3 所示。

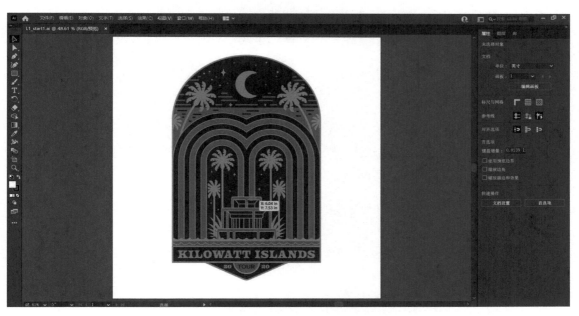

图 1-3

了解云文档

您可以将 AI 文件存储为云文档。云文档是存储在 Adobe Creative Cloud 中的 AI 文件，您可以在任何位置登录 Adobe Creative Cloud 来访问云文档。

创建新文件或从硬盘打开文件后，您可以通过选择"文件">"存储为"将文件保存到云端。第一次执行此操作时，您将看到一个云文档对话框，其中包含"保存到云文档"和"保存到您的计算机上"按钮，如图1-4所示。单击"保存到云文档"按钮。

💡 注意　如果您看到的是"存储为"对话框而不是"云文档"对话框，且您希望将其存储为云文档，则可以单击"存储云文档"按钮，如图1-5所示。

在弹出的对话框中，您可以更改文件名并单击"保存"按钮将文件保存到云端。如果

图 1-4

您改变主意，希望将文件保存在本地，则可以在该对话框中单击"在您的计算机上"按钮，如图1-6所示。

图 1-5

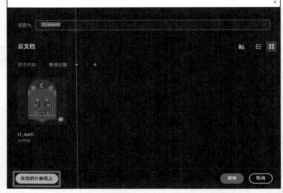

图 1-6

当您在云文档中工作时，任何更改都会自动保存，因此文件始终是最新的。在"版本历史记录"面板（选择"窗口">"版本历史记录"）中，您可以访问以前保存的文档版本，如图1-7所示。您可以为特定版本添加标记和命名，标记和命名将显示在"已标记版本"选项组中。单击某个版本，将在面板顶部的预览窗口中打开该版本以查看版本差异。未标记版本可保留10天，而标记版本可无限期使用。

如果要打开云文档，请选择"文件">"打开"。在弹出的对话框中单击"打开云文档"按钮，如图1-8所示。然后从弹出的对话框中选择要打开的云文档。

当启动Adobe Illustrator时，您可以在"主页"界面中单击"云文档"按钮以查看保存为云文档的文件，并打开和组织它们。

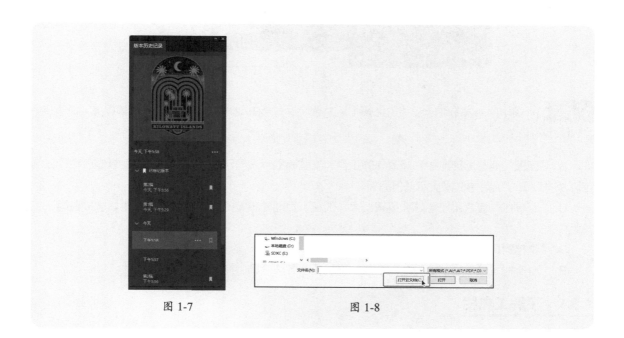

图 1-7	图 1-8

1.3 了解工作区

当 Adobe Illustrator 完全启动并打开了一个文件，应用程序栏、面板、工具栏、文档窗口、状态栏都会出现在屏幕上，包含这些元素的区域就称为工作区，如图 1-9 所示。首次启动 Adobe Illustrator 时，将看到默认工作区，您可以根据需要自定义工作区，还可以创建和保存多个工作区（例如一个工作区用于编辑，另一个工作区用于查看）。

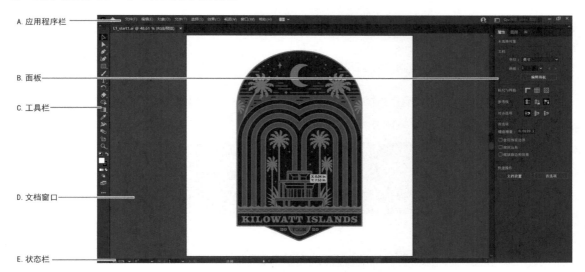

图 1-9

A. 默认情况下，位于顶部的"应用程序栏"包含应用程序控件、工作区切换器和搜索框，在 Windows 操作系统中，应用程序栏中还会显示菜单栏和标题栏，如图 1-10 所示。

图 1-10

💡 **注意** 本课中的小部分图片是使用 macOS 获取的，可能与您看到的略有不同，特别是在您使用 Windows 的情况下。

B. "面板"能帮助您监控和修改您的工作，某些面板默认显示在工作区右侧的面板停靠栏中，您可以从"窗口"菜单中选择显示任何面板。

C. "工具栏"包含用于创建和编辑图像、图稿、页面元素等的各种工具，相关工具被放在同一工具组中。

D. "文档窗口"显示您正在处理的文件。

E. "状态栏"位于文档窗口的左下角，用于显示各种信息、缩放情况和导航控件。

1.3.1 了解工具栏

工作区左侧的工具栏包含用于选择、绘制、上色、编辑和查看的工具，也有更改填色、描边、绘图模式和屏幕模式的工具。在完成本书的学习后，您将了解其中许多工具的功能。

① 将鼠标指针移动到工具栏中的"选择工具"▶上。请注意，工具提示中会显示名称（"选择工具"）和键盘快捷方式（"V"），如图 1-11 所示。

图 1-11

💡 **提示** 您可以通过选择"Illustrator"＞"首选项"＞"一般"（macOS）或"编辑"＞"首选项"＞"一般"（Windows）来选择或取消选择显示工具提示。

② 将鼠标指针移动到"直接选择工具"▶上，按住鼠标左键，直到出现工具菜单。松开鼠标左键，选择"编组选择工具"，如图 1-12 所示。

图 1-12

💡 **提示** 您可以通过按住 Option 键（macOS）或 Alt 键（Windows）并单击工具栏中的工具来选择隐藏的工具，每次单击都会选择工具组中的下一个隐藏工具。

工具栏中右下角显示小三角形的工具组都包含其他工具，可通过此方式进行选择。

③ 将鼠标指针移动到"矩形工具"上，按住鼠标左键以显示更多的工具，如图 1-13（a）所示。

单击图 1-13（b）所示位置，将工具与工具栏分开，形成单独的浮动工具面板，如图 1-13（c）所示，以便随时使用这些工具。

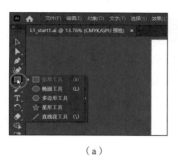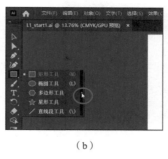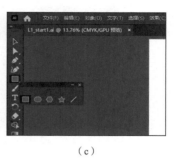

（a）　　　　　　　　　　（b）　　　　　　　　　　（c）

图 1-13

④ 单击浮动工具面板标题栏左上角（macOS）或右上角（Windows）的"×"按钮将其关闭，如图 1-14 所示，让工具返回到工具栏。

图 1-14

接下来将介绍如何调整工具栏的大小和使它浮动。在本课的示意图中，工具栏默认为单列，但是您一开始可能会看到一个双列的工具栏，这具体取决于您的屏幕分辨率和工作区的设置。

⑤ 单击工具栏左上角的双箭头按钮，工具栏将由单列扩展为双列，或由双列折叠为单列（取决于您的屏幕分辨率），如图 1-15 所示。

图 1-15

⑥ 再次单击工具栏左上角的双箭头按钮以折叠（或展开）工具栏。

⑦ 在工具栏顶部的深灰色标题栏或标题栏下方的虚线处按住鼠标左键，将工具栏拖动到文档窗口中，如图 1-16 所示，工具栏现在浮动在文档窗口中。

💡提示　您可以单击工具栏顶部的双箭头按钮，或双击工具栏顶部的标题栏，在双列和单列之间切换。

💡注意　当工具栏浮动时，请注意不要单击"×"按钮，否则它将被关闭！如果已将其关闭，请选择"窗口">"工具栏">"基本"，以再次打开它。

图 1-16

⑧ 在工具栏顶部的标题栏或者标题栏下方的虚线处按住鼠标左键，将工具栏拖动到文档窗口的左侧。当鼠标指针到达屏幕左边缘时，将出现一个被称为"停放区"的半透明蓝色边框，如图 1-17所示。松开鼠标左键，工具栏即可整齐地放置在工作区左侧。

图 1-17

1.3.2 发现更多工具

在 Adobe Illustrator 中，工具栏中默认显示的工具组并不包括所有可用的工具。随着往后阅读本书，您将会了解到其他的工具，所以您需要知道如何访问它们。在本小节中，您将学习如何访问这些工具。

❶ 在工具栏的底部单击"编辑工具栏"按钮 ，如图 1-18（a）所示。

此时将显示一个面板，该面板将显示所有可用的工具，如图 1-18（b）所示。显示为灰色的工具（您无法选择它们）已经包含在默认工具栏中，您可以按住鼠标左键将其他任意工具拖动到工具栏中，然后选择并使用它们。

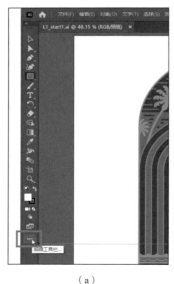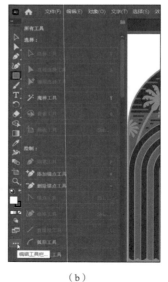

（a）　　　　　　　　　　　（b）

图 1-18

💡提示　您还可以在单击"编辑工具栏"按钮后出现的面板中发现更多工具。

② 将鼠标指针移动到显示为灰色的工具上，如工
具面板顶部的"选择工具"（您可能需要向上拖动滚动
条才能看到该工具）。

此时，该工具将在工具栏中高亮显示，如图 1-19
所示。同样，如果将鼠标指针悬停在"椭圆工具"（归
组在"矩形工具"组中）上，"矩形工具"将突出显示。

③ 在工具面板中拖动滚动条，直到看到"Shaper
工具"✎。如果要将"Shaper 工具"添加到工具栏中，

图 1-19

请将其拖动到工具栏中的"矩形工具"上。当"矩形工具"周围出现高亮显示，松开鼠标左键以添加
"Shaper 工具"，如图 1-20 所示。

图 1-20

④ 按 Esc 键隐藏工具面板。

"Shaper 工具"现在位于工具栏中，除非您将其删除或重置工具栏。接下来将删除"Shaper 工
具"。在后面的课程中，您将通过添加工具来了解有关工具的更多信息。

⑤ 再次单击工具栏中的"编辑工具栏"按钮 •••，显示"所有工具"面板。按住鼠标左键将
"Shaper 工具"拖动到该面板上，松开鼠标左键即可从工具栏中删除"Shaper 工具"，如图 1-21 所示。

图 1-21

💡提示　您可以单击"所有工具"面板菜单按钮 ☰，并选择"重置"来重置工具栏。

1.3.3 使用"属性"面板

首次启动 Adobe Illustrator 并打开文件时，您将在工作区右侧看到"属性"面板。在未选择任何内容时，"属性"面板会显示当前文件的属性；选择内容时，其会显示所选内容的外观属性。"属性"面板把所有常用的选项放在一起，是一个使用相当频繁的面板。

❶ 在工具栏中选择"选择工具"▶，然后查看右侧的"属性"面板，如图 1-22 所示。

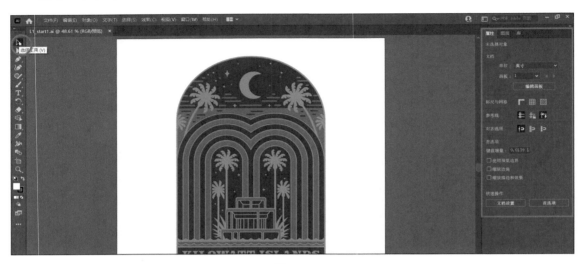

图 1-22

在"属性"面板的顶部，您将看到"未选择对象"选项组。这是选择指示器，是查看所选内容类型（如果有的话）的地方。由于没有选择文件中的任何内容，"属性"面板将显示当前文件的属性及程序首选项。

如果您在"单位"下拉菜单中看到"英寸"以外的单位，请选择"英寸"选项。

❷ 将鼠标指针移动到绿色新月形状上，然后单击将其选中，如图 1-23 所示。

图 1-23

在"属性"面板中，您现在应该看到所选形状的外观选项。这是一条路径，因为面板顶部有"路径"标识。您可以在"属性"面板中更改所选形状的大小、位置、颜色等。

❸ 单击"属性"面板中带下划线的文本"不透明度"，打开"不透明度"面板，如图 1-24所示。

当您单击"属性"面板中带下划线的文本时，将显示更多选项。

④ 如有必要，可以按 Esc 键隐藏"不透明度"面板。

⑤ 选择"选择">"取消选择"，取消选择新月形状。

当未选择任何内容时，"属性"面板将再次显示文件属性和程序首选项。

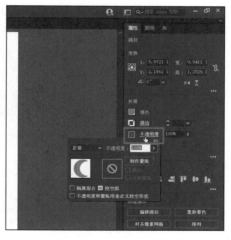

图 1-24

1.3.4　使用面板

Adobe Illustrator 中的面板（如"属性"面板）能让您快速访问许多工具和选项，从而使修改变得更容易。Adobe Illustrator 中所有可用面板都包含在"窗口"菜单里，并按字母顺序列出。本小节将介绍如何隐藏、关闭和打开这些面板。

① 单击"属性"面板右侧的"图层"面板的选项卡，打开"图层"面板，如图 1-25 所示。

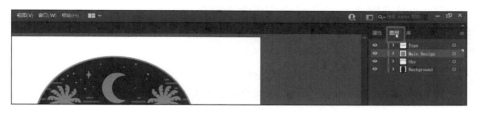

图 1-25

"图层"面板与另外两个面板（"属性"面板和"库"面板）组合在一起，它们属于同一个面板组。

> ♡提示　请从"窗口"菜单中选择面板名称来显示当前不可见面板。面板名称被勾选就表示该面板已经打开并且位于面板组中的其他面板之前。如果选择已在"窗口"菜单中勾选的面板，则该面板及其所在面板组将关闭或折叠。

> ♡提示　也可以双击面板顶部的停靠标题栏来展开或折叠面板。

② 单击面板组顶部的双箭头按钮可以将面板折叠为图标，如图 1-26 所示。使用这种折叠面板的方法可以让您有更大的空间来处理文件。您将在 1.3.5 小节中了解更多有关面板停靠的内容。

图 1-26

③ 按住鼠标左键将面板的左边缘向右拖动，直到面板中的文本消失，如图 1-27 所示。

图 1-27

这将隐藏面板名称，并将面板折叠为图标。要打开折叠为图标的面板，可以单击面板图标。

④ 再次单击双箭头按钮，展开面板，如图 1-28 所示。

图 1-28

⑤ 选择"窗口">"工作区">"重置基本功能"，重置工作区。

💡 提示　您将在 1.3.6 小节中学习更多关于重置或切换工作区的内容。

1.3.5　移动和停靠面板

您可以在工作区中移动并停靠面板，以满足工作需要。本小节将打开一个新面板，并将其与默认面板一起停靠在工作区右侧。

① 单击"窗口"菜单，查看所有可用的面板。选择"窗口">"对齐"，打开"对齐"面板和默认情况下与其成组的其他面板。

您打开的面板不会显示在默认工作区中，它们是自由浮动的，这意味着它们还没有停靠，可以四处移动，可以把自由浮动的面板停靠在工作区的右侧或左侧。

② 将鼠标指针放在面板名称上方的标题栏上，按住鼠标左键将"对齐"面板拖动到靠近右侧面板组的位置，如图 1-29 所示。

接下来把"对齐"面板停靠到"属性"面板组中。

③ 按住鼠标左键将"对齐"面板的选项卡拖动到"库"面板选项卡的右侧，当整个"属性"面板组周围出现蓝色高光时，松开鼠标左键以停靠"对齐"面板，如图 1-30 所示。

图 1-29　　　　　　　　　　　　　　　　图 1-30

将面板拖动到右侧的停靠处时，如果在停靠面板的选项卡上方看到一条蓝线，则将创建一个新的面板组，而不是将面板停靠在已有面板组中。

④ 单击"变换"和"路径查找器"面板组顶部的"×"按钮，将其关闭，如图 1-31 所示。除了可以将面板添加到右侧面板的停靠区之外，还可以将面板移出停靠区。

⑤ 按住鼠标左键向左拖动"对齐"面板的选项卡，将其拖离面板停靠区，然后松开鼠标左键，如图 1-32 所示。

图 1-31

图 1-32

⑥ 单击"对齐"面板顶部的"×"按钮将其关闭。

⑦ 如果"库"面板尚未显示,请单击右侧的"库"面板的选项卡,显示该面板。

缩放用户界面

Adobe Illustrator 启动时,会自动识别显示器的分辨率并调整程序的缩放程度。您可以根据显示器的分辨率来缩放用户界面,以便将工具、文本和其他 UI 元素显示得更清楚。

选择"Illustrator">"首选项">"用户界面"(macOS)或"编辑">"首选项">"用户界面"(Windows),在"首选项"对话框的"用户界面"选项组中,您可以更改"UI 缩放"设置,更改将在重新启动 Adobe Illustrator 后生效。

1.3.6 切换工作区

您可以自定义默认"基本工作区"的各个部分,如工具栏和面板。进行更改(如打开和关闭面板并更改其位置,以及进行其他操作)后,您可以将这些特定的排布保存为工作区,并在工作时在它们之间进行切换。

Adobe Illustrator 还附带了许多其他默认工作区,您可以针对各种任务来使用不同的工作区。本小节将切换工作区并介绍一些新面板。

① 单击面板上方的应用程序栏中的"切换工作区"按钮▣,如图 1-33(a)所示。

您将看到工作区切换器中列出了许多工作区,每个工作区都有特定的用途,选择不同的工作区将打开特定的面板。

💡 提示 您还可以选择"窗口">"工作区",从中选择一个工作区。

💡 提示 按 Tab 键,您可以在隐藏和显示所有面板之间切换;按"Shift+Tab"组合键,您可以一次隐藏或显示除工具栏以外的所有面板。

② 从工作区切换器中选择"版面"选项,切换工作区,如图 1-33(b)所示。

您会看到工作区中出现了一些重大变化,最大的变化是"控制"面板停靠在了工作区的顶部(文档窗口的上方），如图 1-34 所示。与"属性"面板类似，它可以帮助您快速访问与当前选择的内容相关的选项、命令和其他面板。

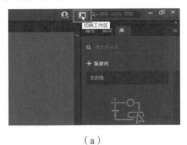
（a）

（b）

图 1-33

图 1-34

此外，还要注意工作区右侧所有折叠的面板图标。在工作区中，可以将一个面板堆叠到另一个面板上以创建面板组，这样就可以展示更多的面板。

❸ 单击面板区上方的"切换工作区"按钮▣，选择"基本功能"选项切换回"基本功能"工作区。

❹ 从应用程序栏中的工作区切换器中选择"重置基本功能"选项，如图 1-35 所示。

图 1-35

当您选择切换回之前的工作区时，系统会记住您对当前工作区所做的更改，例如启用"库"面板。在本例中，要想完全重置"基本功能"工作区，使其回到默认设置，您需要选择"重置基本功能"选项。

💡 提示　若要删除已保存的工作区，请选择"窗口">"工作区">"管理工作区"，选择工作区名称，然后单击"删除工作区"按钮。

1.3.7　保存工作区

到目前为止，您已重置了工作区并选择了不同的工作区。您还可以按照自己喜欢的方式排列面板，并保存为自定义工作区。本小节将停靠一个新面板并创建自定义工作区。

> 💡提示　若要更改已保存的工作区，可根据需要调整面板，然后选择"窗口">"工作区">"新建工作区"，在弹出的"新建工作区"对话框中输入已保存工作区的名称。对话框中会出现一条警告消息，如果单击"确定"按钮，将覆盖具有相同名称的现有工作区。

① 选择"窗口">"画板"，打开"画板"面板组。

② 按住鼠标左键，将"画板"面板拖动到右侧面板停靠区顶部的"属性"面板的选项卡上。当整个面板周围出现蓝色高光时，松开鼠标左键以停靠"画板"面板，将其添加到现有面板组中，如图 1-36 所示。

③ 单击自由浮动的"资源导出"面板顶部的"×"按钮，将其关闭。

④ 选择"窗口">"工作区">"新建工作区"，在弹出的"新建工作区"对话框中将名称更改为"My Workspace"，单击"确定"按钮，如图 1-37 所示。

图 1-36

图 1-37

工作区的名称可以是任意内容，名为"My Workspace"的工作区现在会与 Adobe Illustrator 中的其他工作区一起保存，直到您将其删除。

⑤ 选择"窗口">"工作区">"基本功能"，然后选择"窗口">"工作区">"重置基本功能"，此时面板将恢复其默认设置。

⑥ 选择"窗口">"工作区">"My Workspace"或"窗口">"工作区""基本功能"，可以在两个工作区之间切换。在开始下一个练习前返回"基本功能"工作区。

1.3.8　使用面板和上下文菜单

Adobe Illustrator 中的大多数面板在面板菜单中都有更多可用的选项，这些选项可通过在面板的右上角单击面板菜单按钮（▤或▤）来访问。这些选项可用于更改面板显示、添加或更改面板内容等。本小节将使用面板菜单更改"色板"面板的显示内容。

① 在工具栏中选择"选择工具"▶，然后选择绿色新月形状。

② 在"属性"面板中单击"填充"一词左侧的"填色"框，如图 1-38 所示。

③ 在弹出的面板中单击"色板"按钮▦，单击右上角的面板菜单按钮▤，如图 1-39（a）所示，在下拉菜单中选择"小列表视图"选项，如图 1-39（b）所示。

图 1-38

"色板"面板将显示色板名称及缩略图。由于面板菜单中的选项仅适用于当前面板，因此仅"色板"面板会受到影响，如图 1-39（c）所示。

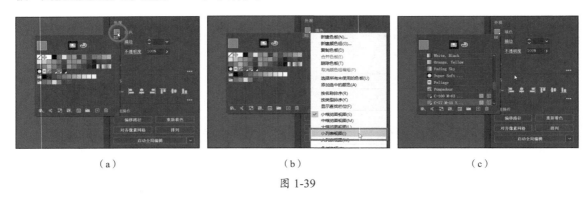

（a）　　　　　　　　　　（b）　　　　　　　　　　（c）

图 1-39

④ 单击"色板"面板中的同一面板菜单按钮■，在下拉菜单中选择"小缩览图视图"选项，让色板返回初始状态。

除了面板菜单外，还有上下文菜单，它包含与当前工具、选择对象或面板相关的命令。通常，上下文菜单中的命令在工作区的其他部分也可找到，但使用上下文菜单可以节省时间。

⑤ 按 Esc 键隐藏"色板"面板。

⑥ 选择"选择">"取消选择"，不再选择新月形状。

⑦ 将鼠标指针移动到文件窗口的深灰色区域中，然后单击鼠标右键，弹出带有特定选项的上下文菜单，如图 1-40 所示。

图 1-40

您看到的上下文菜单可能包含不同的命令，具体取决于鼠标指针所在的位置。

> **提示** 如果将鼠标指针移动到面板的选项卡或标题栏上并单击鼠标右键，则可以从弹出的上下文菜单中选择关闭面板或关闭选项卡组。

调整用户界面亮度

与 Adobe InDesign 或 Adobe Photoshop 类似，Adobe Illustrator 支持对用户界面进行亮度调整。这是一个程序首选项设置，可以从 4 个预设级别中选择亮度设置。

若要编辑用户界面亮度，可以选择"Illustrator"＞"首选项"＞"用户界面"（macOS）或"编辑"＞"首选项"＞"用户界面"（Windows），在弹出的对话框中进行设置，如图 1-41 所示。

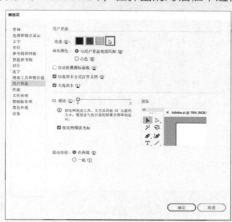

图 1-41

1.4　更改视图

在处理文件时，您可能需要更改缩放比例并在不同的画板之间切换。Adobe Illustrator 中可用的缩放比例包括从 3.13% 到 64000% 不等，缩放比例显示在标题栏（或文档选项卡）的文件名旁边和文档窗口的左下角。

在 Adobe Illustrator 中，有很多方法可以更改缩放比例，在本节中将介绍几种常用的方法。

> ♀ 提示　放大视图的组合键是"Command ＋ ＋"（macOS）或"Ctrl ＋ ＋"（Windows）。缩小视图的组合键是"Command ＋ －"（macOS）或"Ctrl ＋ －"（Windows）。

1.4.1　使用视图命令

使用"视图"菜单下的命令是一种放大或缩小视图的简便方法。

❶ 选择"视图"＞"放大"两次，以放大视图。

> ♀ 提示　选择"视图"＞"实际大小"，视图将以实际大小展示。

使用"视图"工具和命令仅影响视图的显示，而不影响文件的实际尺寸。每次选择"缩放"选项时，都会将视图调整为最接近预设的缩放级别。预设的缩放级别显示在文档窗口左下角的菜单中，由百分数旁边的向下箭头标识。

❷ 选择一棵棕榈树，选择"视图"＞"放大"，如图 1-42 所示。

图 1-42

如果选择了对象，选择"视图">"放大"将放大所选对象。

③ 选择"视图">"画板适合窗口大小"，效果如图 1-43 所示。

图 1-43

选择"视图">"画板适合窗口大小"，或按组合键"Command+0"（macOS）或"Ctrl+0"（Windows），整个画板（页面）将在文档窗口中居中显示。

④ 选择"选择">"取消选择"，取消选择棕榈树。

1.4.2 使用缩放工具

除了"视图"菜单下的命令外，还可以使用"缩放工具"Q按预设的缩放级别来缩放视图。

① 在工具栏中选择"缩放工具"Q，然后将鼠标指针移动到文档窗口中。

请注意，选择"缩放工具"时，鼠标指针的中心会出现一个加号（+），如图 1-44 所示。

② 将鼠标指针移动到文本"KILOWATT ISLANDS"上并单击一次。

图 1-44

图稿会以更高的放大倍率显示，具体取决于屏幕分辨率。请注意，现在单击的位置位于文档窗口的中心。

③ 在文本上再单击两次。视图进一步放大，您会注意到单击的区域被放大了。

④ 选择"缩放工具"，按住 Option 键（macOS）或 Alt 键（Windows），鼠标指针的中心会出现一个减号（–），如图 1-45 所示。按住 Option 键（macOS）或 Alt 键（Windows），单击文本两次，缩小视图。

图 1-45

使用"缩放工具"时，您还可以在视图中按住鼠标左键并拖动进行放大和缩小。默认情况下，如果您的计算机满足 GPU 性能的系统要求并已启用 GPU 性能，则能动画缩放。若要了解您的计算机是否满足系统要求，请参阅本小节后面的"GPU 性能"部分。

⑤ 选择"视图">"画板适合窗口大小"。

⑥ 选择"缩放工具"，按住鼠标左键从视图的左侧向右侧拖动以放大视图，放大过程为动画缩放，如图 1-46 所示，从右侧向左侧拖动则可将视图缩小。

图 1-46

💡 提示　选择"缩放工具"后，如果将鼠标指针移动到文档窗口单击并按住鼠标左键几秒钟，则可以使用动画缩放放大视图。

💡 注意　在某些版本的 macOS 中，"缩放工具"的快捷键会打开"聚焦（Spotlight）"或"查找（Finder）"。如果您决定在 Adobe Illustrator 中使用这些快捷键，则可能需要在 macOS 首选项中关闭或更改这些快捷键。

如果您的计算机不满足 GPU 性能的系统要求，则在使用"缩放工具"拖动时，您将绘制一个虚线矩形，该矩形被称为"选取框"。

⑦ 选择"视图" > "画板适合窗口大小"，使画板适应文档窗口大小。

由于在编辑过程中会经常使用"缩放工具"来放大和缩小视图，Adobe Illustrator 允许随时使用键盘临时切换到该工具，而无须先取消选择正在使用的其他工具。

- 要使用键盘访问"放大工具"，请按住"Command + 空格键"（macOS）或"Ctrl + 空格键"（Windows）组合键。

- 要使用键盘访问"缩小工具"，请按住"Command + Option + 空格键"（macOS）或"Ctrl + Alt + 空格键"（Windows）组合键。

GPU 性能

图形处理器（Graphics Processing Unit，GPU）是一种位于显示系统中视频卡上的专业处理器，可以快速执行与图像操作和显示相关的命令。GPU 加速计算广泛应用于各种设计、动画和视频应用程序来获得更强的性能。这意味着使用 GPU 加速将获得巨大的性能提升：Adobe Illustrator 的运行速度会比以往任何时候都更快、更流畅。

此功能可在兼容的 macOS 和 Windows 操作系统中使用，Adobe Illustrator 默认启用此功能，可以通过选择"Illustrator" > "首选项" > "性能"（macOS）或"编辑" > "首选项" > "性能"（Windows）来访问首选项中的 GPU 性能。

1.4.3　滚动浏览文件内容

在 Adobe Illustrator 中可以使用"抓手工具"✋拖动文件。"抓手工具"可以让您像移动办公桌上的纸张一样将文件随意移动。当需要在包含多个画板的文件中移动文档，或者在放大后的视图中移动文档时，这种工具特别有用。在本小节中，您将学习访问"抓手工具"的几种方法。

① 在工具栏中使用鼠标左键长按"缩放工具"，然后选择"抓手工具"✋。

② 在文档窗口中按住鼠标左键并向下拖动。随着拖动，画板和文件内容也会移动。

与"缩放工具"🔍一样，您也可以通过使用快捷键选中"抓手工具"，而无须先取消选择当前工具。

③ 单击工具栏中除"文字工具"T以外的任何工具，然后将鼠标指针移动到文档窗口中。

按住空格键，临时切换到"抓手工具"，按住鼠标左键拖动，将文件拖回视图中心，松开空格键。

> 💡 **注意**　当选择"文字工具"T且光标位于文本框中时，"抓手工具"✋的快捷键不起作用。要在光标在文本框中时使用"抓手工具"，请按住 Option 键（macOS）或 Alt 键（Windows）。

④ 选择"视图" > "画板适合窗口大小"。

1.4.4　查看文件

当打开文件时，该文件将自动显示在预览模式下，该模式展示了文件最终打印出来的样式。Adobe Illustrator 还提供了查看文件的其他方式，如轮廓和栅格化。本小节将介绍查看文件的不同方法，并讲解为什么可以通过这些方式查看文件。

在处理大型或复杂的文件时，您可能只想查看文件中对象的轮廓或路径，这样每次进行修改时，无须重新绘制对象，这就是轮廓模式。轮廓模式在选择对象时也很有用，您将在第 2 课中看到这一点。

❶ 选择"视图">"轮廓"，这将只显示对象的轮廓。您可以使用该视图模式查找和选择在预览模式下可能看不到的对象，如图 1-47 所示。

> 💡 提示 您可以按"Command+ Y"（macOS）或"Ctrl + Y"（Windows）组合键在预览模式和轮廓模式之间切换。

❷ 仍使用轮廓模式，选择"视图">"预览"（或"GPU 预览"），再次查看图稿的所有属性。

❸ 选择"视图">"像素预览"。

❹ 从文档窗口左下角的缩放级别下拉菜单中选择"300%"选项，以便更容易看清对象的边缘。

像素预览模式可用于查看对象被栅格化后通过 Web 浏览器在屏幕上显示的效果，注意图 1-48 所示的锯齿状边缘。

图 1-47

图 1-48

> 💡 注意 在视图模式之间切换时，视觉变化可能并不明显。放大和缩小（选择"视图">"放大"和"视图">"缩小"）视图可以帮助您更轻松地看到差异。

❺ 选择"视图">"像素预览"，关闭"像素预览"。

❻ 选择"视图">"画板适合窗口大小"，确保当前画板适合文档窗口大小，并使文件保持打开状态。

1.5 多画板导航

前面我们提到，画板表示可打印的图稿区域（类似于 Adobe InDesign 中的页）。您可以通过改变画板的大小来满足打印或置入的需求，也可以建立多个画板来创建各种内容，如多页 PDF 文件、不同大小或元素的打印页面、网站的独立元素、视频故事板、组成 Adobe Animate 或 Adobe After Effects 动画的各个项目。通过创建多个画板，您可以轻松地共享多个设计的内容、创建多页 PDF 文件及打印多个页面。

单个 AI 文件中最多拥有 1000 个画板（取决于它们的大小）。在最初创建 AI 文件时，您可以添加多个画板，也可以在创建文件后添加、删除和编辑画板。本节将介绍如何有效地在包含多个画板的文件中导航。

① 选择"文件">"打开"，在"打开"对话框中，找到"Lessons">"Lesson01"文件夹，选择"L1_start2.ai"文件。单击"打开"按钮，打开该文件。

② 选择"视图">"全部适合窗口大小"，以便让所有画板适合文档窗口。请注意，该文件中有两个画板，分别将"L1_start1.ai"文件中的图稿呈现在模特所穿的不同 T 恤上，如图 1-49 所示。

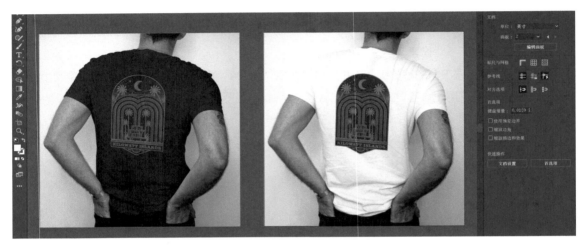

图 1-49

文件中的画板可以按任何顺序、方向或画板大小排列，甚至可以重叠排列。假设要创建一个 4 页的小册子，您可以为小册子的每一页创建一个不同的画板，所有画板的大小和方向都相同。它们可以水平或垂直排列，也可以以您喜欢的任意方式排列。

③ 在工具栏中选择"选择工具" ▶，然后选择右侧画板中的穿白色 T 恤的模特，如图 1-50 所示。

图 1-50

④ 选择"视图">"画板适合窗口大小"。

选择对象时，对象所在画板会成为当前画板。通过选择"视图">"画板适合窗口大小"，当前画板会自动调整到适合文档窗口的大小。文档窗口左下角状态栏中的"画板导航"菜单会标识当前画板，目前是画板"2"，如图 1-51 所示。

⑤ 选择"选择">"取消选择"，取消选择对象。

⑥ 在"属性"面板中的"画板"下拉菜单中选择"1"选项，如图 1-52 所示。

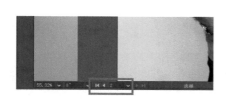

图 1-51

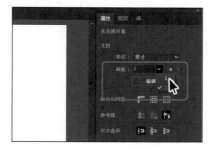

图 1-52

请注意"属性"面板中"画板"右侧的箭头按钮，您可以使用该按钮导航到上一个画板◀或下一个画板▶，这些按钮也会出现在文件下方的状态栏中。

⑦ 单击文件下方状态栏中的"下一项"按钮▶，在文档窗口中查看下一个画板（画板 2），如图 1-53 所示。

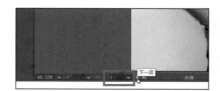

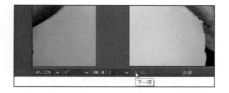

图 1-53

"画板导航"菜单和箭头按钮始终显示在文件下方的状态栏中，但只有在非"画板编辑"模式下，选择了"选择工具"且未选择任何内容时，它们才会显示在右侧的"属性"面板中。

使用画板面板

在多个画板之间导航的另一种方法是使用"画板"面板。"画板"面板中列出了当前文件中所有的画板，并允许您导航到不同的画板、重命名画板、添加或删除画板，以及改变画板设置等。本小节将打开"画板"面板并浏览文件。

① 选择"窗口">"画板"，打开"画板"面板。

② 双击"画板"面板中"Blue shirt"左侧的数字"1"，如图 1-54 所示，这会使得名为"Blue shirt"的画板适合文档窗口的大小。

> 💡 注意　双击"画板"面板中的画板名称，您可以更改画板的名称；单击"画板"面板中画板名称右边的画板按钮▫或▫，您可以设置画板选项。

图 1-54

❸ 双击"画板"面板中"White shirt"左侧的数字"2",显示文档窗口中的第 2 个画板,如图 1-55
所示。

图 1-55

❹ 单击"画板"面板组顶部的"×"按钮将其关闭。

▌ 1.6　排列多个文件

在 Adobe Illustrator 中,所有工作区元素(如面板、文档窗口和工具栏)都被分组在一个
名为"应用程序框架"的集成窗口中,该窗口使您可以将应用程序视为一个单元。当您移动元素
或调整"应用程序框架"或其中任何元素的大小时,其中的所有元素都会相互响应,因此不会
重叠。

当您在 Adobe Illustrator 中打开多个文件时,文件将以选项卡的形式在文档窗口顶部打开。
您可以通过其他方式(如并排排列)来排列打开的文件,这样便于比较不同文件或者将对象从一
个文件拖动到另一个文件。此外,您还可以选择"窗口">"排列",以各种预设快速显示打开的
文件。

当前已经打开了两个 AI 文件:"L1_start1.ai"和"L1_start2.ai"。每个文件在文档窗口顶部都有
自己的选项卡,这些文件被视为一组文档窗口。您可以创建文档组,以便将打开的文件松散地关联
起来。

> 💡 提示　在 macOS 中,如果您喜欢自由格式的用户界面,则可以通过选择"窗口">"应用程序框架"
> 来启用和关闭"应用程序框架"。就本课而言,请您确保已经启用它。

请注意此处是直接向右拖动，否则，您可能会解除文档窗口的停靠状态并创建新的文档组。如果发生这种情况，请选择"窗口">"排列">"合并所有窗口"。

① 单击"L1_start1.ai"文件的选项卡，文档窗口中会显示"L1_start1.ai"文件。

② 按住鼠标左键将"L1_start1.ai"文件的选项卡拖动到"L1_start2.ai"文件的选项卡的右侧，如图 1-56 所示。松开鼠标左键，查看新的选项卡顺序。

图 1-56

拖动文件的选项卡可以更改文件的顺序。如果使用快捷键切换到下一个或上一个文件，将非常方便。

要同时查看两个文件，或者将图稿从一个文件拖动到另一个文件，您可以通过级联或平铺来排列文档窗口。级联允许您堆叠不同的文档组。平铺以各种排列一次显示多个文档窗口。接下来将平铺打开的文件，以便同时查看两个文件。

您可以通过按"Command +~"组合键（下一个文档）和"Option + Shift+~"组合键（上一个文档）（macOS）或按"Ctrl+F6"组合键（下一个文档）和"Ctrl+Shift+F6"组合键（上一个文档）（Windows）在打开的文件之间切换。

③ 选择"窗口">"排列">"平铺"。

软件文档窗口的可用空间将按照文件数量进行划分。

④ 在左侧的文档窗口中单击该文件，然后选择"视图">"画板适合窗口大小"。对右侧的文档窗口执行同样的操作，如图 1-57 所示。

图 1-57

平铺文件后，您可以在文件之间拖动图稿，将其从一个文件复制到另一个文件中。

若要更改平铺窗口的排列方式，您可以将文件的选项卡拖动到新位置。但是，使用"排列文档"下拉菜单会更方便，它可通过各种预设来快速排列打开的文件。

⑤ 单击应用程序栏中的"排列文档"按钮 ，显示"排列文档"下拉菜单。单击"全部合并"按钮 ，将所有文件重新组合在一起，如图 1-58 所示。

图 1-58

💡 提示　您还可以选择"窗口">"排列">"合并所有窗口"，将这两个文件合并到同一组选项卡中。

⑥ 单击应用程序栏中的"排列文档"按钮 ，再次显示"排列文档"下拉菜单。单击"排列文档"下拉菜单中的"双联"按钮 。

⑦ 单击"L1_start1.ai"文件的选项卡（如果尚未选择的话），然后单击"L1_start1.ai"文件选项卡上的"×"按钮，关闭文件，如图 1-59 所示。如果弹出要求您保存文件的对话框，请单击"不保存"（macOS）或"否"（Windows）按钮。

图 1-59

⑧ 选择"文件">"关闭"，关闭"L1_start2.ai"文件，无须保存。

查找 Adobe Illustrator 使用资源

有关使用 Adobe Illustrator 面板、工具和软件其他功能的完整和最新信息，请访问 Adobe 网站。选择"帮助">"Illustrator 帮助"，您将连接到学习和支持网站，您可以在该网站上搜索帮助文档。您也可以搜索并访问与 Adobe Illustrator 相关的其他网站。

1.7 复习题

1. 描述两种更改文件视图的方法。
2. 如何在 Adobe Illustrator 中选择某个工具？
3. 如何保存面板位置和可见性偏好设置？
4. 简述在画板之间导航的几种方法。
5. 简述如何使用排列文档窗口。

参考答案

1. 可以从"视图"菜单中选择命令，以放大或缩小文件视图，使其适合屏幕大小，也可以使用工具栏中的"缩放工具" Q，在文档中单击或拖动进行缩放。此外，还可以使用快捷键来缩放文件视图。可以使用"导航器"面板在文件中滚动或更改其缩放比例，而无须使用文档窗口。

2. 若要选择某种工具，可以在工具栏中单击此工具，也可以使用该工具的快捷键。例如，可以按 V 键来选择"选择工具" ▶。选择的工具将处于活动状态，直到选择其他工具为止。

3. 可以选择"窗口" > "工作区" > "新建工作区"来创建自定义工作区，达到保存面板位置和可见性偏好的目的，这样在查找所需控件时也会更方便。

4. 在画板之间导航的方法有：①从文档窗口左下角的"画板导航"下拉菜单中选择画板编号；②在未选择任何内容且未处于"画板编辑"模式时，从"属性"面板的"画板"下拉菜单中选择画板编号；③在"属性"面板中使用"画板"右侧的箭头按钮；④使用文档窗口左下角状态栏中的画板箭头按钮切换到第一个、上一个、下一个和最后一个画板；⑤使用"画板"面板浏览各个画板；⑥使用"导航器"面板中的"代理预览区域"，通过按住鼠标左键拖动在画板之间导航。

5. 通过排列文档窗口，可以平铺窗口或层叠文档组（本课没有介绍层叠）。如果正在处理多个 AI 文件，并且需要在这些文件之间比较或共享内容，平铺窗口或层叠文档组将非常有用。

选择图稿的技巧

在本课中，您将学习如何执行以下操作。

- 区分各种选择工具，并使用不同的选择方法。
- 识别智能参考线。
- 存储所选内容供以后使用。
- 隐藏和锁定对象。

- 使用工具和命令进行对齐形状、分布对象和对齐到画板操作。
- 编组和取消编组。
- 在"隔离模式"下工作。

学习本课大约需要 **45**分钟

　　在 Adobe Illustrator 中选择图稿是您要做的重要的工作之一。在本课中，您将学习如何使用"选择工具"来定位和选择对象，如何通过隐藏、锁定和编组对象来保护其他对象，还将学习如何分布对象和对齐画板等。

2.1 开始本课

创建、选择和编辑是在 Adobe Illustrator 中绘制图稿的基础。在本课中，您将学习使用不同方法选择、对齐和编组图稿的基础知识。首先，您需要重置 Adobe Illustrator 中的首选项，然后打开课程文件。

① 为了确保工具的功能和默认值完全按照本课中所述的方式设置，请删除或停用（通过重命名实现）Adobe Illustrator 首选项文件。具体操作请参阅本书"前言"中的"还原默认首选项"部分。

② 启动 Adobe Illustrator。

③ 选择"文件">"打开"，选择"Lessons">"Lesson02"文件夹，找到"L2_end.ai"文件，单击"打开"按钮。

此文件包含您将在本课中创建的插图终稿，如图 2-1 所示。

④ 选择"文件">"打开"，找到"Lessons">"Lessons02"文件夹，打开"L2_start.ai"文件，如图 2-2 所示。

图 2-1　　　　　　　　　　　　　　　图 2-2

⑤ 选择"文件">"存储为"。

在 Adobe Illustrator 中保存文件，您可以选择将文件保存在云端或您的计算机。关于保存云文档的详细内容，请参阅第 1 课相关内容。

在本课中，您将保存课程文件到您的计算机上。

⑥ 单击"保存在您的计算机上"按钮，如图 2-3 所示。在弹出的"存储为"对话框中将文件重命名为"WildlifePoster.ai"，并将其存储在"Lessons">"Lesson02"文件夹中。

从"格式"菜单中选择"Adobe Illustrator (ai)"选项（macOS）或从"保存类型"菜单中选择"Adobe Illustrator (*.AI)"选项（Windows），然后单击"保存"按钮。

图 2-3

⑦ 在"Illustrator 选项"对话框中保持默认设置，单击"确定"按钮。

⑧ 选择"视图">"全部适合窗口大小"。

⑨ 选择"窗口">"工作区">"基本功能"，确保选择了它，然后选择"窗口">"工作区">"重置基本功能"，以重置工作区。

2.2 选择对象

在 Adobe Illustrator 中，无论您是从头开始创建图稿还是编辑现有图稿，您都需要熟悉选择对象，Adobe Illustrator 中有许多方法和工具可以做到这一点。本节将介绍一些常用的选择方式，即使用"选择工具"▶和"直接选择工具"▷。

2.2.1 使用选择工具

工具栏中的"选择工具"▶可用于选择、移动、旋转和调整整个对象的大小。在本小节中，您将学习如何使用它。

① 从文档窗口左下角的"画板导航"菜单中选择"2"画板，如图 2-4 所示，这将使得右边的画板适合整个窗口。

图 2-4

> 💡**注意** 如果画板没有适配文档窗口的大小，则可以选择"视图">"画板适合窗口大小"。

② 在工具栏中选择"选择工具"▶，如图 2-5 所示。将鼠标指针移动到画板上的不同对象上，但不要单击它。

鼠标指针经过对象变为▶形状，表示有可以选择的对象。将鼠标悬停在某对象上时，该对象的轮廓也会以某种颜色与其他对象进行区分，如本例中为蓝色，如图 2-6 所示。

图 2-5

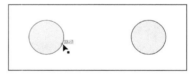
图 2-6

③ 在工具栏中选择"缩放工具"🔍，然后在米黄色圆上单击几次将其放大。

④ 在工具栏中选择"选择工具"▶，然后将鼠标指针移动到左侧圆的边上，如图 2-7 所示。

由于智能参考线在默认情况下处于启用状态（选择"视图">"智能参考线"），因此鼠标指针旁边可能会出现"路径"或"锚点"等词。智能参考线只是临时显示，可帮助您对齐、编辑和变换对象或画板。

> 💡**注意** 您将在第 3 课中了解有关智能参考线的更多内容。

⑤ 单击左侧圆内的任意位置，将其选中，所选圆周围会出现一个带 8 个控制点的定界框，如图 2-8 所示。

图 2-7

图 2-8

定界框可用于更改图稿（矢量图或栅格图），例如调整图稿大小或旋转图稿。定界框还表示对象已被选中，可对其进行修改。定界框的颜色也表示所选对象位于哪个图层，在第 10 课"使用图层组织图稿"中将对图层进行更多介绍。

⑥ 使用"选择工具"，单击右侧的圆。请注意，现在取消选择左侧的圆，只选择右侧的圆。

⑦ 按住 Shift 键单击左侧的圆将其添加到所选内容，然后松开 Shift 键。现在选择了两个圆，并且两个圆的周围出现了一个更大的定界框，如图 2-9 所示。

⑧ 在任意一个所选圆中按住鼠标左键并拖动圆，将圆短距离移动。因为两个圆都被选中，所以它们将同时移动，如图 2-10 所示。

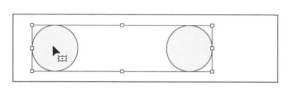

图 2-9

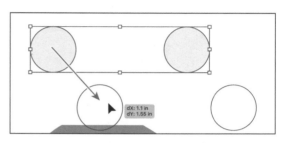

图 2-10

拖动时，您可能会注意到出现了洋红色线条，该线条被称为"对齐参考线"。它们可见是因为智能参考线默认处于启用状态（选择"视图">"智能参考线"）。此时拖动对象，对象将与文件中的其他对象对齐。还要注意鼠标指针旁边的测量标签（灰色框），该标签会显示对象与其原始位置的距离。

由于智能参考线默认处于启用状态，因此测量标签也会出现。

⑨ 选择"文件">"恢复"，在弹出的对话框中单击"恢复"按钮，恢复到文件的最后一次保存版本。

2.2.2　使用直接选择工具

在 Adobe Illustrator 中绘图时，将创建由锚点和路径组成的矢量路径。锚点用于控制路径的形状，其作用就像固定线路的针脚。创建的形状如果是正方形，则由至少 4 个角部锚点及连接锚点的路径组成，如图 2-11 所示。

您可以拖动锚点来改变路径或形状。"直接选择工具"▷用于选择对象中的锚点或路径，以便对其进行调整。本小节将介绍使用"直接选择工具"▷选择锚点来调整路径。

❶ 从"属性"面板的"活动画板"下拉菜单中选择"2"选项。

❷ 选择"视图">"画板适合窗口大小"，确保能看到整个画板。

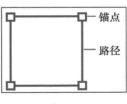

图 2-11

❸ 在工具栏中选择"直接选择工具"▷，单击画板里一个较大的绿色竹子图形，您将看到锚点，如图 2-12 所示。请注意，锚点都是用蓝色填充的，这意味着它们都已被选中。

❹ 将鼠标指针移动到右上角的锚点上。

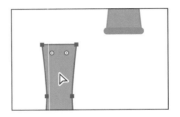

图 2-12

选择"直接选择工具"后，当鼠标指针正好位于锚点上时，指针旁将显示"锚点"一词，因为智能参考线已启用（选择"视图">"智能参考线"）。还要注意鼠标指针旁边的小白框 ，小白框中心的小圆点表示鼠标指针正位于锚点上，如图 2-13 所示。

⑤ 单击该锚点，然后将鼠标指针移开，如图 2-14 所示。

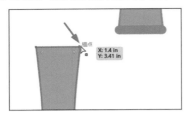

图 2-13

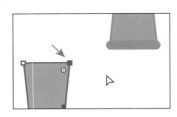

图 2-14

请注意，现在只有选择的锚点填充了蓝色，这表示该锚点已被选中。形状中的其他锚点现在是空心的（填充了白色），表示未被选中。

⑥ 选择"直接选择工具"，将鼠标指针移动到所选锚点上，然后按住鼠标左键拖动锚点以编辑该对象的形状，如图 2-15 所示。

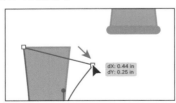
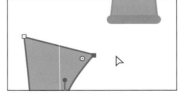

图 2-15

> **⑨ 注意** 拖动锚点时显示的灰色测量标签具有 dX 和 dY 值。dX 值表示鼠标指针沿 x 轴（水平方向）移动的距离，dY 值表示鼠标指针沿 y 轴（垂直方向）移动的距离。

⑦ 单击该形状上的另一个锚点。请注意，当选择新锚点时，原来选择的锚点将取消选择，如图 2-16 所示。

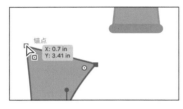
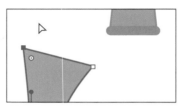

图 2-16

⑧ 选择"文件">"恢复"，在弹出的对话框中单击"恢复"按钮，恢复到文件的最后存储版本。

更改锚点、手柄和定界框显示的大小

锚点、手柄和定界框的点有时可能很难看到，您可以在 Adobe Illustrator 首选项中调整它们的大小。选择"Illustrator">"首选项">"选择和锚点显示"（macOS）或"编辑">"首选项">"选择和锚点显示"（Windows），您可以拖动"大小"滑块来更改锚点、手柄和定界框形式的大小，如图 2-17 所示。

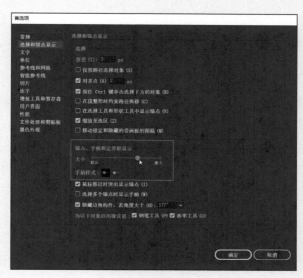

图 2-17

2.2.3 使用选框进行选择

选择图稿的另一种方法是环绕要选择的内容拖出一个选框（称为"选框选择"），这是本小节要执行的操作。

❶ 在工具栏中选择"缩放工具"，然后多次单击圆将其连续放大。

❷ 在工具栏中选择"选择工具"，将鼠标指针移动到最左侧圆的左上方，然后按住鼠标左键向右下方拖动，以创建覆盖两个圆顶部的选框，松开鼠标左键，如图 2-18 所示。使用"选择工具"进行框选时，只需覆盖对象的一小部分即可将其选中。

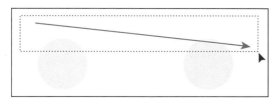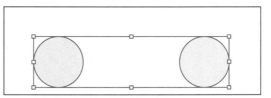

图 2-18

❸ 选择"选择">"取消选择"，或单击对象旁边的空白区域来取消选择。

现在将使用"直接选择工具"，通过在锚点周围拖动选框来选择圆的多个锚点。

❹ 在工具栏中选择"直接选择工具"，从左边圆的左上角开始，按住鼠标左键从两个圆的上边

缘拖过，形成一个矩形虚线框，如图 2-19（a）所示，然后松开鼠标左键。

这样仅会选择圆上边缘的锚点。选择锚点后，您可能会看到锚点附带的小手柄。这些小手柄被称为"方向手柄"，它们可用于控制路径的曲线部分，如图 2-19（b）所示。下一步操作中将拖动其中一个锚点。请注意，是拖动正方形的锚点，而不是方向手柄的圆形端点。

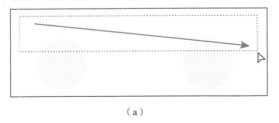
（a）

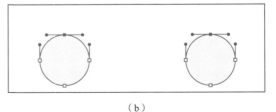
（b）

图 2-19

⑤ 将鼠标指针移动到圆上边缘的一个被选中的锚点上。当在鼠标指针旁看到"锚点"一词时，拖动该锚点，观察锚点和方向手柄是如何一起移动的，如图 2-20 所示。

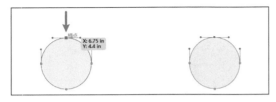

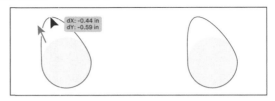

图 2-20

您可以在锚点被选中时使用此方法，这样就不需要再次精确单击要选择的锚点了。

⑥ 选择"文件">"恢复"，在弹出的对话框中单击"恢复"按钮，将文件恢复到最后一次存储的版本。

2.2.4　隐藏和锁定对象

当存在一个对象堆叠在另一个对象上，或在一个小区域中有多个对象的情况时，要选择某个对象可能会比较困难。在本小节中，您将学习一种通过锁定和隐藏内容使对象更容易选择的常用方法。本小节将介绍如何跨图稿拖动并选择对象。

① 从左下角的"画板导航"下拉菜单中选择"1 Final Artwork"选项。

② 选择"视图">"画板适合窗口大小"。

③ 选择"选择工具" ▶，将鼠标指针移动到动物图形左侧的蓝绿色区域，如图 2-21（a）所示的"X"处，然后按住鼠标左键，在动物头部拖出选框来选择整个内容，如图 2-21（b）所示。

（a）

（b）

图 2-21

④ 选择"编辑">"还原移动"。

⑤ 在选择大的蓝绿色形状的情况下，选择"对象">"锁定">"所选对象"，或者按"Command+2"（macOS）或"Ctrl+2"（Windows）组合键。

锁定对象可以防止选择和编辑该对象，可以选择"对象">"全部解锁"来解锁锁定的对象。

⑥ 将鼠标指针再次移动到动物图形左侧的蓝绿色区域，然后按住鼠标左键框选动物的头部，这里选择整个头部，如图 2-22 所示。

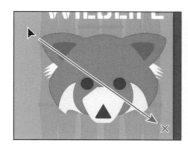 

图 2-22

接下来将隐藏除眼睛之外构成动物头部的所有形状。

⑦ 按住 Shift 键单击眼睛形状，每次单击一个，从所选内容中删除它们，如图 2-23 所示。

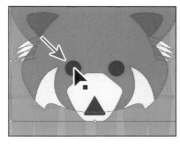 

图 2-23

⑧ 选择"对象">"隐藏">"所选对象"，或按"Command+3"（macOS）或"Ctrl+3"（Windows）组合键，如图 2-24 所示。

所选形状将暂时被隐藏，您可以更轻松地选择其他对象。

⑨ 选择"文件">"存储"，保存文件。

2.2.5 解锁锁定对象

在锁定对象之后，您可能需要解锁对象来选择它们，并进行其他修改。您可以一次性解锁文件中的全部锁定对象或者解锁指定对象。本小节将解锁绿色的背景形状，需要先在首选项里面开启相关选项。

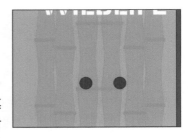

图 2-24

❶ 选择"Illustrator">"首选项">"选择和锚点显示"（macOS）或者"编辑">"首选项">"选择和锚点显示"（Windows），勾选"选择并解锁画布上的对象"复选框（如果未勾选的话），单击"确定"按钮，如图 2-25 所示。

图 2-25

开启"选择并解锁画布上的对象"功能后，您就可以解锁画布上的指定对象。

❷ 单击文本对象"PROTECT OUR WILDLIFE"，所选对象的左边缘会出现一个小锁图标，如图 2-26（a）所示。

❸ 单击小锁图标，解锁文本对象，如图 2-26（b）所示。

❹ 将文本对象向上拖动一点，如图 2-27 所示。

（a）

（b）

图 2-26

图 2-27

2.2.6　选择类似对象

您还可以选择"选择">"相同"，根据类似的填色、描边颜色、描边粗细等方式来选择对象。对象的描边是轮廓（边框），描边粗细是描边的宽度。本小节将选择具有相同填色和描边的多个对象。

❶ 选择"视图">"全部适合窗口大小"，同时查看所有对象。

❷ 使用"选择工具"▶单击右侧中间的绿色竹子形状，如图 2-28 所示。

❸ 选择"选择">"相同">"描边颜色"，即可选择任意画板上与所选对象具有相同描边（边框）颜色的所有对象，如图 2-29 所示。

现在，所有具有相同描边（边框）和颜色的形状都已被选中。如果接下来的操作中需要再次选择某系列对象（如上一步选择的形状），则可以保存该选择。保存所选内容是轻松进行相同选择的好方法，并且它们仅与该文件一起保存。接下来将保存当前所选内容。

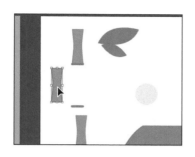

图 2-28

图 2-29

④ 在仍选择形状的情况下，选择"选择">"存储所选内容"。在"存储所选对象"对话框中输入"Bamboo"，然后单击"确定"按钮，如图 2-30 所示。

> 💡提示　在第 14 课中，您将了解使用全局编辑选择相似图稿的另一种方法。

现在，您已经保存了所选内容，以后就能够在需要时快速、轻松地再次选择此内容。

⑤ 选择"选择">"取消选择"。

图 2-30

2.2.7　在轮廓模式下选择

默认情况下，Adobe Illustrator 将显示所有带上色属性的对象，如填色和描边。但是，您也可以选择仅显示对象的轮廓（或路径）。下面的选择方法涉及在"轮廓模式"下查看对象，它在选择一系列堆叠对象中的指定对象时很有用。

① 选择"对象">"显示全部"，可以看到之前隐藏的对象。

② 选择"选择">"取消选择"。

③ 选择"视图">"轮廓"，以查看对象的轮廓。

④ 使用"选择工具"▶在其中一个眼睛形状内单击，如图 2-31 所示。

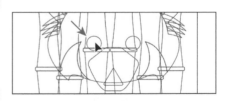

图 2-31

> 💡提示　在轮廓模式下，您可能会在某些形状的中心看到一个小"X"。如果单击该"X"，则会选择该形状。

您会发现，并不能使用这种方法来选择对象。因为"轮廓模式"将对象显示为轮廓，而没有任何填充。要在"轮廓模式"下进行选择，可以单击对象的边缘或在形状上按住鼠标左键进行框选。

⑤ 选择"选择工具"▶，在两个眼睛形状上进行框选。按↑键几次，将两个形状向上移动一点，如图 2-32 所示。

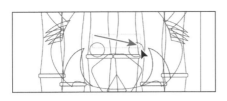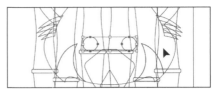

图 2-32

💡 **提示** 您还可以单击其中一个形状的边缘，然后按住 Shift 键单击另一个形状的边缘，从而选择这两个形状。

⑥ 选择"视图">"在 CPU 上预览"（或"GPU 预览"），查看选择的对象。

▌2.3　对齐对象

Adobe Illustrator 可以很方便地将多个所选对象彼此对齐、分布、对齐到画板，或对齐到关键对象。在本节中，您将了解对齐对象的不同选项。

2.3.1　对齐所选对象

Adobe Illustrator 中有一种对齐方式是将多个对象彼此对齐。例如，如果希望将一系列选择的形状的顶部边缘对齐到一起，这将非常有用。本小节将练习使绿色竹子形状彼此对齐。

① 选择"选择">"Bamboo"，选择右侧画板上的绿色竹子形状。

② 单击文档窗口左下角的"下一项"按钮▶，使具有所选绿色竹子形状的画板适合窗口大小。

③ 单击"属性"面板中的"水平居中对齐"按钮▣，如图 2-33 所示。

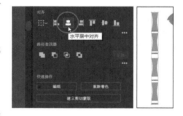

图 2-33

请注意，所有所选对象都将水平中心对齐。

④ 选择"编辑">"还原对齐"，将对象恢复到原来位置。保持选择这些对象，留待下一小节学习使用。

2.3.2　对齐关键对象

关键对象是其他对象要与之对齐的对象。当您想对齐一系列对象，并且其中一个对象可能已经处于最佳位置时，这将非常有用。选择要对齐的所有对象（包括关键对象），然后再次单击关键对象，就可以指定关键对象。本小节将使用关键对象来对齐绿色竹子形状。

① 在选择所有要对齐对象的情况下，选择"选择工具"▶，单击最左侧的绿色竹子形状，如图 2-34（a）所示。

指定的关键对象有一个较粗的轮廓，这表示其他对象将与之对齐。

💡 **注意** 关键对象的轮廓颜色由对象所在的图层颜色决定。您将在第 10 课学习图层知识。

② 再次单击"属性"面板中的"水平居中对齐"按钮▣，如图 2-34（b）所示。

请注意，所有选择的形状都将移动到关键对象的水平中心线进行对齐。

> 💡 注意　如果您不小心取消选择了某个或部分图形，又需
> 要重新选择它们，请选择"选择"＞"取消选择"，然后选
> 择"选择"＞"Bamboo"。

❸ 单击关键对象，如图 2-34（c）所示，取消关键
对象的蓝色轮廓，所有绿色形状仍保持选中状态，但所选
内容将不再与关键对象对齐。保持对象的选中状态，留待
下一小节学习使用。

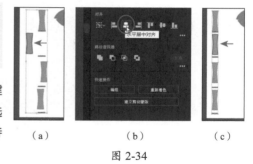

（a）　　　　　（b）　　　　　（c）

图 2-34

2.3.3　分布对象

使用"属性"面板"对齐"选项组来分布对象，可以使您选中的多个对象的中心或边缘之间的间
距相等。本小节将使绿色竹子形状之间的间距均匀分布。

❶ 在选择绿色竹子形状的情况下，单击"属性"面板"对齐"选项组中的"更多选项"按钮■■■，
在弹出的面板中单击"垂直居中分布"按钮■，如图 2-35（a）所示。

该操作会移动所有所选形状，并使每个形状的中心间距相等，如图 2-35（b）所示。

❷ 选择"编辑"＞"还原对齐"。

❸ 在选择绿色竹子形状的情况下，单击所选形状的最上层形状，使其成为关键对象，如图 2-36
（a）所示。

❹ 单击"属性"面板"对齐"选项组中的"更多选项"按钮■■■，确保"分布间距"值为"0 in"，
然后单击"垂直分布间距"按钮■，如图 2-36（b）所示，最终效果如图 2-36（c）所示。

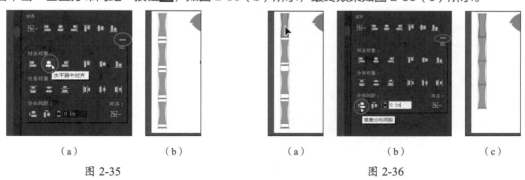

（a）　　　　　（b）　　　　　　　　　　（a）　　　　　（b）　　　　　（c）

图 2-35　　　　　　　　　　　　　图 2-36

"分布间距"用于设置所选对象之间的边缘间距，而"分布对象"则用于设置所选对象的中心间距。
设置"分布间距"值是设置对象之间指定距离的一种好方法。

❺ 选择"选择"＞"取消选择"，然后选择"文件"＞"存储"，保存文件。

2.3.4　对齐锚点

本小节将使用"对齐"选项将两个锚点对齐。这与在 2.3.2 小节中设置关键对象类似，您还可以
设置关键锚点并使其他锚点与之对齐。

❶ 选择"直接选择工具"▷，然后单击当前画板底部的橙色形状以查看所有锚点。

❷ 单击形状的右下角的锚点，如图 2-37（a）所示。按住 Shift 键，然后单击选择同一形状的左

下角的锚点，同时选择两个锚点，如图 2-37（b）所示。

最后选择的锚点是关键锚点，其他锚点将与之对齐。

③ 单击"属性"面板中的"垂直顶对齐"按钮■，选择的第一个锚点将与所选的第二个锚点对齐，如图 2-38 所示。

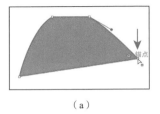

（a）

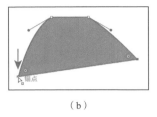

（b）

图 2-37

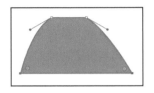

图 2-38

④ 选择"选择"＞"取消选择"。

2.3.5 对齐画板

您还可以使所选对象与当前画板（页）对齐，而不是与所选对象彼此对齐或与关键对象对齐。与画板对齐时，每个选择的对象将分别与画板的边缘对齐。本小节会将橙色形状对齐到第一个画板。

① 选择"选择工具"▶，单击右侧画板底部的橙色形状将其选中。

② 选择"编辑"＞"剪切"。

③ 单击文档窗口左下角的"上一项"按钮◀，导航到文件中的第一个（左侧）画板，其中含有最终图稿。

④ 选择"编辑"＞"粘贴"，将形状粘贴到文档窗口的中心位置。

⑤ 单击"属性"面板"对齐"选项组中的"对齐"按钮■，在弹出的下拉菜单中选择"对齐画板"选项，如图 2-39 所示。现在，所选对象都将与画板对齐。

图 2-39

⑥ 单击"对齐"面板中的"水平右对齐"按钮■，然后单击"垂直底对齐"按钮■，将橙色形状与画板的水平右边缘和垂直底边对齐，如图 2-40 所示。

⑦ 选择"选择"＞"取消选择"。

橙色形状将位于其他对象的顶层。

图 2-40

2.4　使用编组

您可以将多个对象汇编成一个组，然后将这些对象视为一个单元。这样，您就可以同时移动或变换多个对象，而不会影响它们各自的属性和相对位置。这种方式还可以让对象的选择变得更为简便。

2.4.1　编组对象

本小节将选择多个对象并将它们编组。

① 选择"视图">"全部适合窗口大小"，查看这两个画板。

② 选择"选择">"Bamboo"，选择右侧画板上的竹子形状，如图 2-41（a）所示。

> 💡提示　您还可以选择"对象">"编组"，将所选对象进行编组。

③ 单击"属性"面板"快速操作"选项组中的"编组"按钮，将所选形状组合在一起，如图 2-41（b）所示。

④ 选择"选择">"取消选择"。

⑤ 选择"选择工具" ▶，单击新组中的一个形状。因为新组中的形状是编组在一起的，所以现在它们都被选中了。

⑥ 按住鼠标左键将竹子形状拖动到靠近左侧画板上边缘的位置，如图 2-42 所示。

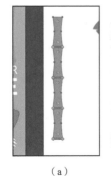 

（a）　　　　　　（b）

图 2-41

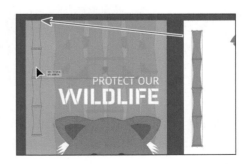

图 2-42

接下来将把竹子形状与画板的顶边对齐。

⑦ 在选择竹子形状的情况下，在"对齐"面板的"对齐"选项组中单击"对齐画板"按钮，再单击"垂直顶对齐"按钮，如图 2-43 所示。

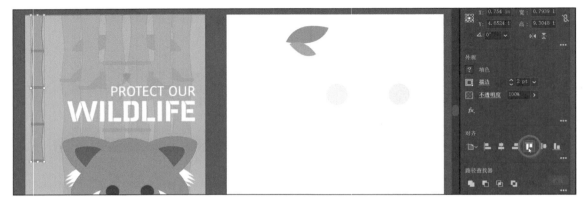

图 2-43

⑧ 选择"选择工具"，按住 Shift 键和鼠标左键将定界框的右下角向下拖动到画板底部，将竹子形状等比例放大，如图 2-44 所示。当鼠标指针到达画板底部时，松开鼠标左键和 Shift 键。

⑨ 选择"选择">"取消选择"，然后选择"文件">"存储"，保存文件。

2.4.2 在隔离模式下编辑编组

隔离模式可以隔离编组（或子图层），您可以在不取消对象编组的情况下，轻松地选择和编辑特定对象或对象的一部分。在隔离模式下，除隔离编组之外的所有对象都将被锁定并变暗，它们不会受到您所做编辑的影响。本小节将使用隔离模式编辑编组。

图 2-44

① 选择"选择工具"，按住鼠标左键，框选右侧画板上的两个绿色叶子形状。单击"属性"面板中的"编组"按钮，将它们编组在一起。

② 双击其中一个叶子形状，进入隔离模式，如图 2-45 所示。

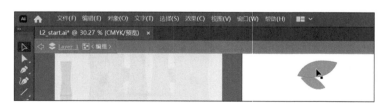

图 2-45

请注意，此时文件中的其余内容显示为灰色（您将无法选择它们）。在文档窗口的顶部，会出现一个灰色条，上面有"Layer 1"和"< 编组 >"字样，如图 2-45 所示。这表示您已经隔离了一组位于"Layer1"图层的对象。

注意　您将在第 10 课了解有关图层的更多内容。

❸ 单击较小的叶子形状，单击"属性"面板中的"填色"框，并在弹出的面板中单击"色板"按钮，选择不同的绿色，如图 2-46 所示。

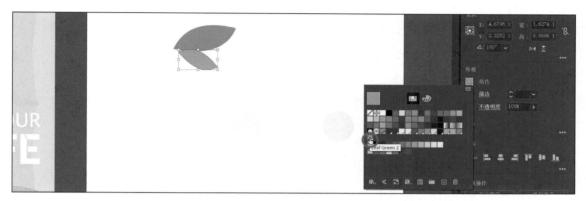

图 2-46

注意　此时需要隐藏面板才能继续操作，这可以通过按 Esc 键实现。本书不会一直提醒您隐藏面板，因此您需要自行隐藏不需要的面板。

当进入隔离模式时，对象将暂时取消编组，这样无须取消编组就可以编辑编组中的对象或添加新内容。

❹ 双击编组形状以外的区域，退出隔离模式。

若要退出隔离模式，可以单击文档窗口左上角的灰色箭头、在隔离模式下按 Esc 键，或双击文档窗口的空白区域。

❺ 单击叶子编组，并使其保持选中状态，以便下一小节的学习。

请注意，叶子形状已再次被编组，您现在也可以选择其他对象。

2.4.3　创建嵌套组

编组好的对象还可以嵌套到其他对象中，或者编组成更大的组。嵌套是设计图稿时常用的一种技巧，也是将相关内容放在一起的好方法。在本小节中，您将了解如何创建嵌套组。

❶ 将一组叶子拖动到左边的画板上，然后使其保持选中状态。

❷ 按住 Shift 键单击叶子编组，松开 Shift 键然后单击"属性"面板中的"编组"按钮。这样您就创建了一个嵌套组——与其他对象或对象编组组合形成的更大的对象组，如图 2-47 所示。

❸ 选择"选择">"取消选择"。

❹ 选择"选择工具"，单击左侧的嵌套组。

注意　如果叶子形状在叶子编组下面，您可以选择"对象">"排列">"置于顶层"，将其置于顶层。

图 2-47

⑤ 双击叶子形状以进入隔离模式。

再次单击叶子形状，注意，此时叶子形状仍处于编组状态，属于嵌套组的一部分，如图 2-48 所示。

💡提示 要选择编组中的内容，除了取消编组或进入隔离模式，您还可以使用"编组选择工具" ▷ 进行选择。"编组选择工具"在工具栏的"直接选择工具" ▷ 组中，"编组选择工具"允许您选择编组中的对象、多个组中的一个组或一组编组。

⑥ 选择"编辑">"复制"，然后选择"编辑">"粘贴"，粘贴一组新的叶子形状。

⑦ 把它们拖动到竹子形状上，如图 2-49 所示。

  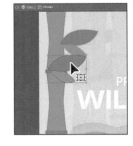

图 2-48 图 2-49

⑧ 按 Esc 键退出隔离模式，然后单击画板的空白区域，取消选择对象。

2.5 了解对象排列

在 Adobe Illustrator 中创建对象时，会从创建的第一个对象开始按顺序堆叠在画板上，如图 2-50 所示。

这种对象的顺序称为"堆叠顺序"，它决定了对象在重叠时的显示方式。您可以随时使用"图层"面板或"排列"命令来更改图稿中对象的堆叠顺序。

图 2-50

2.5.1 排列对象

下面将使用"排列"命令来调整对象的堆叠顺序。

① 选择"选择工具" ▶，单击画板底部的橙色形状。

② 单击"属性"面板中的"排列"按钮，选择"置于底层"选项，将该形状置于所有其他形状的下层，如图 2-51 所示。

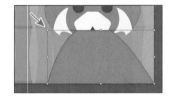  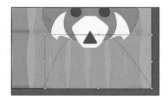

图 2-51

③ 再次单击"排列"按钮，然后选择"前移一层"选项，将橙色形状移动到蓝绿色的大背景形状之上，结果如图 2-52 所示。

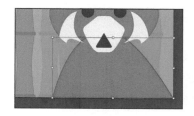

图 2-52

2.5.2　选择位于下层的对象

对象堆叠在一起后，有时会很难选择位于下层的对象。本小节将学习如何从堆叠对象中选择对象。

❶ 按住鼠标左键框选右侧画板上的两个圆。

❷ 按住 Shift 键，拖动定界框的一个角，使其等比例缩小。当测量标签显示宽度大约为"1.3 in"时，松开鼠标左键和 Shift 键，如图 2-53 所示。

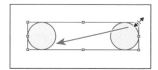

图 2-53

❸ 在定界框以外的区域单击，取消选择两个圆，然后按住鼠标左键拖动它们中的任意一个到动物的一个黑色眼睛形状上，松开鼠标左键，如图 2-54 所示。

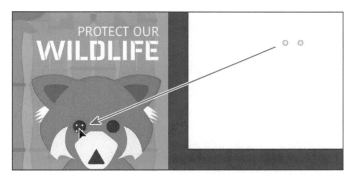

图 2-54

此时该圆消失了，但仍然处于选中状态。它在黑色眼睛形状下层，这是因为它是在眼睛形状之前创建的，这意味着它在堆叠中处于较下层的位置。

❹ 在仍选择圆圈的情况下，单击"属性"面板中的"排列"按钮，然后选择"置于顶层"选项。这会将该圆置于已有对象的上层，使其成为画板中位于最顶层的对象。

❺ 选择"选择工具"▶，选择右侧画板上的另一个圆，然后将其拖动到左侧画板上的另一个眼睛形状上。

这个圆圈和前一个圆一样消失了。但这里需要取消选择该圆，然后使用另外一种方法来重新选择它。

⑥ 选择"视图">"放大"，重复操作几次。

⑦ 选择"选择">"取消选择"。

因为较小的圆是在较大的黑色眼睛形状的下层，所以您看不到它。

💡 **注意** 若要选择隐藏的圆，请确保单击此圆和黑色眼睛形状重叠的位置，否则将无法选择该圆。

⑧ 将鼠标指针放在上一步取消选择的圆（眼睛形状后面的圆）的位置，按住 Command 键（macOS）或 Ctrl 键（Windows），单击直到再次选择该圆（这可能需要单击好几次），如图 2-55 所示。

💡 **提示** 若要查看圆的位置，可以选择"视图">"轮廓"。当您看到它后，可以选择"视图">"在 CPU 上预览"（或"GPU 预览"），再尝试进行选择。

⑨ 单击"属性"面板中的"排列"按钮，然后选择"置于顶层"选项，将圆放在黑色眼睛形状上，如图 2-56 所示。

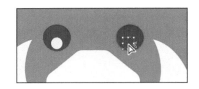

图 2-55

图 2-56

⑩ 选择"视图">"画板适合窗口大小"。

⑪ 选择"文件">"存储"，然后选择"文件">"关闭"。

2.6　复习题

1. 如何选择一个没有填充的对象？
2. 阐述在不选择"对象">"取消编组"的情况下，如何选择编组中的对象。
3. 在两个选择工具（"选择工具" ▶ 和"直接选择工具" ▷）中，哪个允许编辑对象的单个锚点？
4. 选好所选内容后，如果要重复使用它，则应进行什么操作？
5. 要将对象与画板对齐，在选择对齐选项之前，需要先在"属性"面板或"对齐"面板中更改什么内容？
6. 有时无法选择一个对象，是因为它位于另一个对象的下层。请给出两种选择这个对象的方法。

参考答案

1. 可以通过单击描边或在对象的任何部位按住鼠标左键来框选没有填充的对象。
2. 选择"选择工具" ▶，双击编组进入隔离模式，根据需要编辑形状，然后按 Esc 键或双击编组形状以外的空白区域退出隔离模式。此外，可以使用"编组选择工具" ▷ 单击组中的各个对象（本课中未介绍），再次单击将下一个编组项目添加到所选内容中。
3. 使用"直接选择工具" ▷，可以选择一个或多个独立锚点，进而对对象的形状进行更改。
4. 对于将重复使用的任何所选内容，可以选择"选择">"保存所选内容"，并为所选内容命名，以后就可以随时从"选择"菜单中重新选择这些内容。
5. 要将对象与画板对齐，要先选择"对齐画板"选项。
6. 要选择被遮挡的对象，可以选择"对象">"隐藏">"所选对象"来隐藏遮挡所要选择对象的其他对象。该操作不会删除该对象，它只是在原位置被隐藏，直到选择"对象">"显示所有"，它又会重新出现。还可以使用"选择工具" ▶ 选择其他对象后面的对象，方法是按住 Command 键（macOS）或 Ctrl 键（Windows），然后单击重叠对象，直到选择要选择的对象为止。

使用形状创建明信片图稿

本课概览

在本课中，您将学习如何执行以下操作。

- 创建新文件。
- 使用工具和命令创建各种形状。
- 理解实时形状。
- 绘制圆角。

- 使用绘图模式。
- 使用图像描摹创建形状。
- 简化路径。

学习本课大约需要 **60**分钟

　　基本形状是绘制图稿的基础。在本课中，您将创建一个新文件，然后使用形状工具为明信片图稿创建和编辑一系列形状。

3.1　开始本课

在本课中，您将了解使用形状工具创建图稿的不同方法，以及为明信片创建图稿的几种方法。

❶ 为了确保工具的功能和默认值完全按照本课中所述的方式设置，请删除或停用（通过重命名实现）Adobe Illustrator 首选项文件。具体操作请参阅本书"前言"中的"还原默认首选项"部分。

❷ 启动 Adobe Illustrator。

❸ 选择"文件">"打开"，选择"Lessons">"Lesson03"文件夹，找到"L3_end.ai"文件，单击"打开"按钮。

此文件包含您将在本课中创建的明信片终稿，如图 3-1 所示。

❹ 选择"视图">"全部适合窗口大小"，可以保持文件处于打开状态作为参考，或者选择"文件">"关闭"。

图 3-1

3.2　创建新文件

为明信片创建一个新文件，您将在此文件中添加图稿。

❶ 选择"窗口">"工作区">"基本功能"（如果尚未选择的话），再选择"窗口">"工作区">"重置基本功能"。

❷ 选择"文件">"新建"，新建一个文件，如图 3-2 所示，在"新建文档"对话框中更改以下选项。

- 在对话框顶部单击"打印"选项卡。

- 通过选择预设类别，您可以为不同类型的输出需求（例如打印、Web、视频等）设置文件。例如，如果您正在设计网页模型，则可以选择"Web"类别并选择文件预设（大小）。文件都将被设置为以像素为单位、颜色模式为 RGB，以及光栅效果为"屏幕（72 ppi）"——这是 Web 文件的最佳设置。

- 选择"Letter"文件预设（如果尚未选择的话）。

在右侧的"预设详细信息"区域中，更改以下内容。

- 名称：将"未标题 -1"更改为"Postcard"。

该名称将在存储文件时成为 AI 文件的名称。

- 单位：从"宽度"右侧的菜单中选择"英寸"选项。

- 宽度：在"宽度"文本框中输入"6 in"。

- 高度：在"高度"文本框中输入"4.25 in"。

- 方向：选择横向（■）。

- 画板：1（默认设置）。

之后将讲解"出血"选项。在"新建文档"对话框右侧的"预设详细信息"选项组的底部，您还将看到"高级选项"和"更多设置"（您可能需要拖动滚动条才能看到它）。它们包含更多的创建设置，您可以自行浏览。

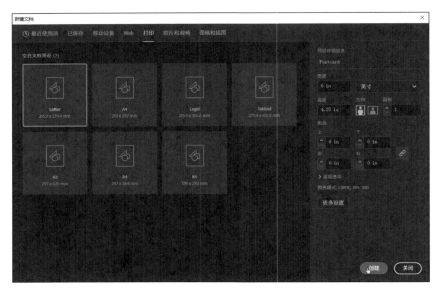

图 3-2

③ 单击"创建"按钮创建新文件。

新文件已经在 Adobe Illustrator 中打开,您现在将保存文件。

④ 选择"文件">"存储为",如果弹出"云文档"对话框,单击"保存在您的计算机上"按钮将文件保存在本地计算机。

⑤ 在"存储为"对话框中,确保该文件的名称为"Postcard. ai",并将其保存在"Lessons">"Lesson03"文件夹中。从"格式"菜单(macOS)中选择"Adobe Illustrator (ai)"选项或从"保存类型"菜单中选择"Adobe Illustrator (*.AI)"选项(Windows),然后单击"保存"按钮。

> 💡提示 如果要了解这些选项的详细信息,请在"Illustrator 帮助"(选择"帮助">"Illustrator 帮助")中搜索"保存图稿"。

Adobe Illustrator (.ai) 为源格式,这意味着它保留了所有的数据,您可以编辑其中的所有数据。

⑥ 在弹出的"Illustrator 选项"对话框中,保持选项为默认设置,然后单击"确定"按钮。

"Illustrator 选项"对话框中是有关保存 AI 文件的各个选项,包含指定保存的版本及嵌入与文件链接的任意文件等。

⑦ 单击"属性"面板("窗口 > 属性")中的"文档设置"按钮,如图 3-3 所示。

图 3-3

"文档设置"对话框是在创建文件之后,您能够修改文件选项(如单位、出血等)的地方。

通常需要在画板上为打印到纸张边缘的印刷图稿添加"出血"。"出血"是指超出打印页面边缘的区域,添加出血可确保最终裁切页面后没有白色边缘出现。

⑧ 在"文档设置"对话框的"出血"选项组中，将"上方"文本框中的值更改为"0.125 in"，方法是单击文本框左侧的向上微调按钮一次，也可以直接输入该值，这一步操作将更改所有 4 个"出血"的值，单击"确定"按钮，如图 3-4 所示。

画板周围出现的红线表示出血区域。

⑨ 选择"视图">"画板适合窗口大小"，使画板（页）适应文档窗口大小，如图 3-5 所示。

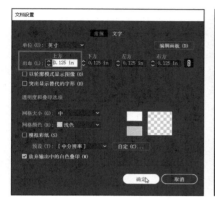 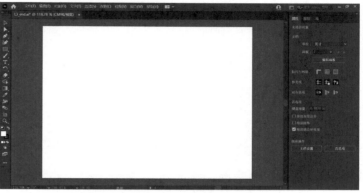

图 3-4　　　　　　　　　　　　　　　　　　　　　　　图 3-5

▌ 3.3　使用基本形状

本节将创建一系列基本形状，如矩形、椭圆、圆角矩形和多边形等，创建的形状由锚点和连接锚点的路径组成。例如，基本正方形由拐角上的 4 个锚点及连接锚点的路径组成，这种形状被称为"闭合路径"，如图 3-6 所示。这种形状被称为闭合路径是因为路径的末端是相连的。

路径可以是闭合的，也可以是开放的，开放路径两端都有一个锚点（称为"端点"），如图 3-7 所示。开放路径和封闭路径都可以应用填色、渐变和图案。

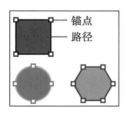 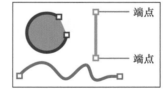

闭合路径示例　　　　　　　　　　　　　　开放路径示例

图 3-6　　　　　　　　　　　　　　　　图 3-7

3.3.1　创建矩形

先通过几个矩形来创建一个装水果的碗，这里将使用两种不同的方法来创建矩形。

① 在工具栏中选择"矩形工具"▢。

② 将鼠标指针移动到画板中，按住鼠标左键向右下方拖动，创建一个高度比宽度大的矩形，如图 3-8 所示。不用考虑矩形的具体大小，后面会调整其大小。

当按住鼠标左键拖动创建形状时，鼠标指针旁边显示的工具提示框被称为"测量标签"，它是智能参考线（选择"视图">"智能参考线"）的一部分，它将显示您绘制的形状的宽度和高度。

❸ 将鼠标指针移动到矩形中心的小蓝点上（即中心点小部件）。当鼠标指针变为▶⊞时，按住鼠标左键将矩形拖动到画板的底部，如图 3-9 所示。

❹ 选择"矩形工具"，在文件中的其他地方单击以打开"矩形"对话框，将"宽度"改为"1 in"，"高度"改为"0.1 in"，单击"确定"按钮创建新矩形，如图 3-10 所示。

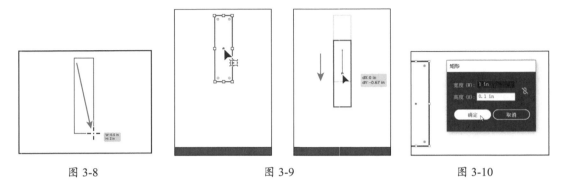

图 3-8   图 3-9   图 3-10

在知道所需形状的大小时，通过单击创建矩形非常有用。对于大多数绘图工具，您都可以使用该工具绘制形状或者单击创建指定大小的形状。

❺ 将鼠标指针移动到新建矩形的中心点小部件上，按住鼠标左键将其拖动到第一个矩形下方，如图 3-11 所示。

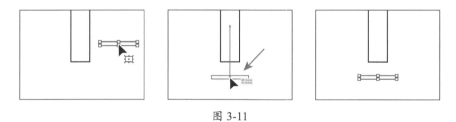

图 3-11

ℚ注意 因为矩形比较小，从中心点小部件拖动会比较困难，您可以根据之前所学，放大视图，以便选择和拖动。

3.3.2 编辑矩形

实时形状具有能即时编辑的"宽度"、"高度"、"旋转角度"和"边角半径"等属性，即使缩放或旋转形状，这些属性仍然是可编辑的。

创建两个矩形之后，接下来对第一个矩形做些更改。

❶ 在工具栏中选择"选择工具"▶。

❷ 单击创建的第一个矩形，移动鼠标指针到该矩形上边缘的中心点，按住鼠标左键向上拖动，使矩形变高。

拖动时，按住 Option 键（macOS）或 Alt 键（Windows），同时从上下两端调整矩形的高度。当您看到测量标签（鼠标指针旁边的灰色工具提示框）中的高度大约为"3 in"时，松开鼠标左键及 Option 键（macOS）或 Alt 键（Windows），如图 3-12 所示。

③ 将鼠标指针移动到矩形的一角外，当鼠标指针变成旋转箭头↶时，按住鼠标左键并顺时针拖动以旋转该矩形。拖动时，按住 Shift 键可将旋转角度限制为 45° 增量。

当测量标签显示"270°"时，松开鼠标左键和 Shift 键，如图 3-13 所示。保持此形状为选中状态。

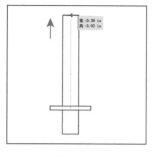
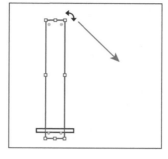
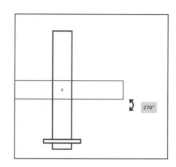

图 3-12　　　　　　　　　　　　　　　　　　　　　图 3-13

④ 在"属性"面板的"变换"选项组中，确保"宽"和"高"右侧的"保持宽度和高度比例"按钮没有启用。设置"高"为"0.75 in"，如图 3-14 所示。按 Enter 键确认更改。

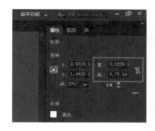
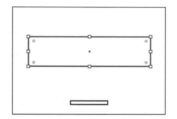

图 3-14

当您更改高度或宽度并希望按比例改变对应的宽度或高度的时候，"保持宽度和高度比例"按钮非常有用。"属性"面板中"变换"选项组中的选项可以让您以精确的方式变换选择的形状和其他图稿。您将在第 5 课中详细了解这些选项。

默认情况下，形状填充为白色，并且具有黑色描边（边框）。接下来将更改较大矩形的颜色。

⑤ 单击"属性"面板中的"填色"框。在弹出的面板中单击"色板"按钮，选择棕色填充矩形。这里选择了棕色，当鼠标指针悬停在颜色上时，工具提示"C = 50 M = 50 Y = 60 K = 25"，如图 3-15 所示。

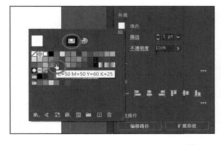
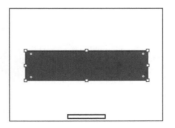

图 3-15

⑥ 在继续操作之前，按 Esc 键隐藏"色板"面板。

⑦ 单击"属性"面板中的"描边"框■，单击"色板"按钮■，然后选择"无"选项，从矩形中删除描边，如图 3-16 所示。

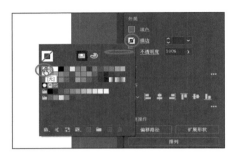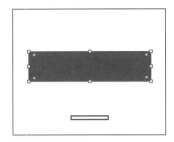

图 3-16

在继续操作之前，按 Esc 键隐藏"色板"面板。

⑧ 选择"选择">"取消选择"，选择"文件">"存储"，保存文件。

3.3.3　圆化角

您可以使用多种方法对矩形的角进行圆化。本小节将圆化 3.3.1 小节绘制的小矩形。

① 选择小矩形。

② 选择"视图">"放大"，并重复操作几次，直到能看清矩形的实时圆角控制点◉。

如果视图缩小到一定程度，形状中的实时圆角控制点会被隐藏。

③ 按住鼠标左键，将矩形中的任意一个实时圆角控制点◉朝矩形中心拖动一点，如图 3-17 所示。

朝中心拖动越多，角部就越圆。如果将圆角控制点拖动得足够多，会出现一个红色圆弧，表示已达到最大圆角半径。

> 💡**注意**　如果一直拖动到出现红色圆弧，那么此时单击向上微调按钮也无法改变圆角值，因为已经达到了最大值。

④ 在"属性"面板中单击"变换"选项组中的"更多选项"按钮■■■，此时会显示一个具有更多选项的面板。确保启用了"链接圆角半径值"按钮■，如图 3-18 中箭头所示。您可以多次单击任意一个半径值的微调按钮增加该值，直到该值不再变大（已经达到最大值）。如有必要，请单击另一个半径值或按下 Tab 键，查看对所有圆角的更改。

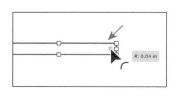

图 3-17

图 3-18

> 💡**提示**　您也可以双击形状的实时圆角控制点来打开"变换"面板，面板将以浮动的形式打开。

除了改变圆角半径值，您也可以改变圆角类型，可以选择的圆角类型有"圆角（默认）""反向圆角""倒角"。

⑤ 在"属性"面板中仍显示"变换"部分更多选项的情况下，单击底部圆角类型并选择"倒角"，如图 3-19 所示。

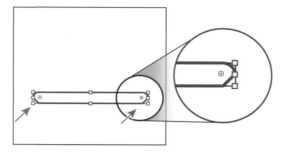

图 3-19

⑥ 按 Esc 键关闭更多选项的面板。

⑦ 单击"属性"面板中的"填色"框，单击"色板"按钮■，选择深棕色来填充矩形。

⑧ 单击"属性"面板中的"描边"框，单击"色板"按钮■，然后选择"无"选项，从矩形中删除描边。

⑨ 选择"选择"＞"取消选择"。

3.3.4　圆化单个角

本小节将学习如何圆化矩形中的单个角部。

① 选择"视图"＞"画板适合窗口大小"。

② 选择较大的矩形，以显示其角部的实时圆角控制点⊙。

③ 选择"直接选择工具"▷。仍选择此形状，双击左下角的实时圆角控制点⊙。在弹出的"边角"对话框中，单击"半径"值旁的向上微调按钮直到"半径"值停止变化（达到了最大值），然后单击"确定"按钮，如图 3-20 所示。

请注意，此时只有这一个角发生了改变。"边角"对话框中还可以设置"圆角"为"绝对"或"相对"。"绝对"◠表示圆角正好是"半径"值，"相对"◠则表示圆化"半径"值将基于圆角的角度来确定。

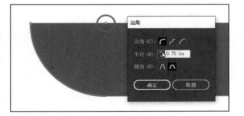

图 3-20

> 💡提示　您可以按住 Option 键（macOS）或 Alt 键（Windows），然后单击形状中的实时圆角控制点来循环切换不同的圆角类型。

④ 单击形状右下角的实时圆角控制点⊙，如图 3-21（a）所示。

⑤ 按住鼠标左键拖动实时圆角控制点⊙，直到路径出现红色圆弧，这表明该角已圆化到最大，如图 3-21（b）和图 3-21（c）所示。

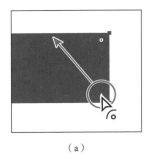
（a）

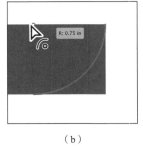
（b）

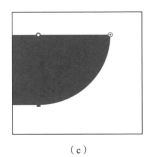
（c）

图 3-21

⑥ 选择工具栏中的"选择工具" ▶，按住鼠标左键将较大矩形拖动到其下边缘和较小矩形上边缘接触，并与较小矩形水平对齐。当两个形状对齐时，将有洋红色线条出现在两个形状的中心位置，如图 3-22 所示。

⑦ 选择"选择">"取消选择"，选择"文件">"存储"，保存文件。

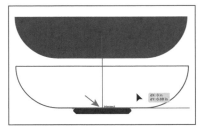

图 3-22

使用文档网格对齐

网格是一系列纵横线条交错产生的格子。在 Adobe Illustrator 中，网格出现在文档窗口中图稿的下层，但不会被打印，如图 3-23 所示。

* 要显示或隐藏网格，请选择"视图">"显示网格"或"隐藏网格"。
* 要将对象对齐到网格线，请选择"视图">"对齐网格"，选择要移动的对象并将其拖动到所需位置。当对象边界距离网格线 2 像素以内时，它将对齐到网格线。

> **注意** 如果选择"视图">"像素预览"，对齐到网格线将变成对齐到像素。

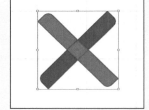

图 3-23

* 若要指定网格线之间的间距、网格样式（线或点）、网格颜色，或者网格是显示在图稿的上层还是下层，请选择"Illustrator">"首选项">"参考线"（macOS）或"编辑">"首选项">"参考线和网格"（Windows）。

3.3.5 创建和编辑椭圆

本小节将使用"椭圆工具" ◯ 绘制一些椭圆来创建梨子图形。"椭圆工具"可用于创建椭圆和正圆。

① 在工具栏中的"矩形工具" ▢ 上长按鼠标左键，然后选择"椭圆工具" ◯。

② 将鼠标指针移动到画板左侧的"碗"的上方，按住鼠标左键并拖动生成一个椭圆，其宽度大约为"0.6 in"、高度大约为"0.75 in"，如图 3-24 所示。

创建椭圆后，在仍选择"椭圆工具"的情况下，您可以通过选择椭圆中心控制点来移动和变换该图形，以及拖动饼图控制点来创建饼图形状。

③ 在仍选择"椭圆工具"的情况下，将鼠标指针移动到椭圆下方，并与椭圆中心点对齐。当鼠标指针与椭圆水平中心对齐时，将出现洋红色的参考线，如图 3-25（a）所示。按住 Option 键（macOS）或 Alt 键（Windows），然后按住鼠标左键并拖动以创建一个宽度和高度大约为"1 in"的圆，这将从椭圆中心绘制形状。拖动鼠标指针时，看到洋红色十字线则说明绘制的是一个圆，如图 3-25（b）所示。

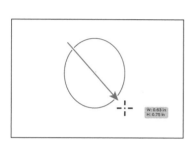

图 3-24

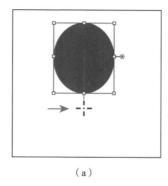

（a）

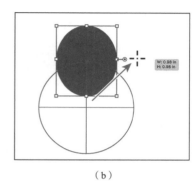

（b）

图 3-25

④ 选择"选择工具" ▶，按住鼠标左键框选两个形状以同时选择它们。单击"属性"面板中"快速操作"选项组中的"编组"按钮。

编组将使得所选内容像单个对象一样被处理，这会让您更容易移动当前选择的图稿。

⑤ 单击"属性"面板中的"填色"框，在打开的面板中单击"色板"按钮 ，选择绿色填充组中的形状，如图 3-26 所示。

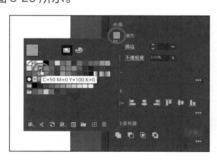

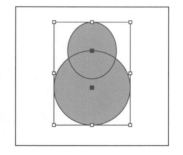

图 3-26

⑥ 选择"选择">"取消选择"，选择"文件">"存储"，保存文件。

3.3.6 创建和编辑圆形

本小节将使用"椭圆工具" ◯ 创建 3 个圆形，以创建一个苹果图形。在创建其中一个圆形时，您将了解"实时形状"的功能，该功能可用于创建饼图。

① 选择"椭圆工具" ◯，并将鼠标指针移动到梨子图形右侧，按住鼠标左键拖动以绘制椭圆。拖动时按住 Shift 键将创建一个圆形。当宽度和高度都大约为"0.7 in"时，松开鼠标左键和 Shift 键，如图 3-27 所示。

此时无须切换到"选择工具"，您可以使用"椭圆工具"重新定位和修改该圆形。

② 在选择"椭圆工具"的情况下，将鼠标指针移动到圆的中心点上。按住 Option 键（macOS）或 Alt 键（Windows），然后按住鼠标左键向右拖动一点，复制出一个新的圆形。当拖动到两个圆形有部分重叠时，松开鼠标左键，然后松开 Option 键（macOS）或 Alt 键（Windows），如图 3-28 所示。

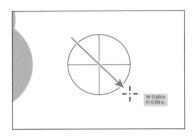

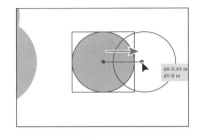

图 3-27   图 3-28

接下来还要再创建一个圆形，这个圆形需要与已有的两个圆形等宽，因此绘制时请注意将其与它们对齐。

③ 将鼠标指针移动到左侧圆形的左边缘上，当在鼠标指针旁边看到"锚点"一词时，按住鼠标左键向右拖动绘制出一个新圆形，如图 3-29（a）所示。拖动鼠标的同时按住 Shift 键，当新圆形的宽度等于两个小圆形的总宽度时，洋红色的智能参考线将出现在新圆形的右边缘。松开鼠标左键和 Shift 键，如图 3-29（b）所示。

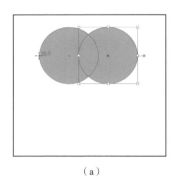

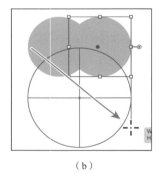

（a）   （b）

图 3-29

④ 在选择椭圆的情况下，按住鼠标左键将饼图控制点━⊙从椭圆的右侧逆时针拖动到椭圆的左上部，如图 3-30 所示，不用考虑具体位置。

> 💡**提示** 若要将饼图形状重置回圆形，请双击任意一个饼图控制点。

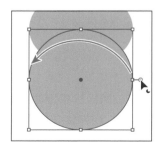

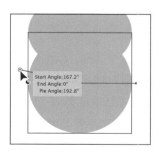

图 3-30

拖动饼图控制点可以创建饼图形状。按住鼠标左键拖动饼图控制点，松开鼠标左键后，您将看到第二个饼图控制点。拖动的饼图控制点控制着饼图的起点角度，而现在出现在椭圆右侧的控制点则控制着终点角度。

⑤ 在"属性"面板中单击"变换"选项组中的"更多选项"按钮 ，显示更多选项。从"饼图起点角度"下拉菜单中选择"180"选项，如图 3-31（a）所示，效果如图 3-31（b）所示，按 Esc 键隐藏包含更多选项的面板。

⑥ 将鼠标指针移动至当前饼图的中心，按住鼠标左键向上拖动饼图到两个小圆形的上方。当该饼图和两个小圆形水平和垂直对齐的时候，会出现洋红色对齐参考线，如图 3-32 所示。

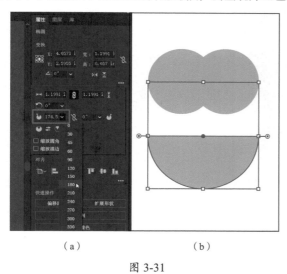

（a）　　　　　（b）

图 3-31

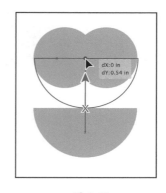

图 3-32

⑦ 选择工具栏中的"选择工具"，按住鼠标左键框选这 3 个形状。

⑧ 单击"属性"面板中的"填色"框，单击"色板"按钮 ，然后选择一种红色，工具显示的色值为"C=15 M=100 Y=90 K=10"，如图 3-33（a）所示，效果如图 3-33（b）所示。

本课的后面将创建一个橙色形状，且将以此处苹果图形中创建的一个半圆（饼图）的副本作为起点。

⑨ 单击画板的空白区域以取消选择。要复制半圆（饼图）的副本，请按住 Option 键（macOS）或 Alt 键（Windows），然后按住鼠标左键将半圆拖动到画板的空白区域，如图 3-34 所示。松开鼠标左键，然后松开 Option 键（macOS）或 Alt 键（Windows）。

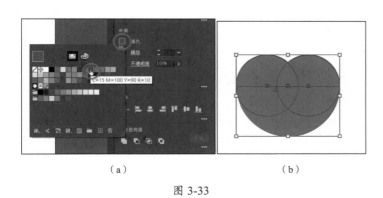

（a）　　　　　（b）

图 3-33

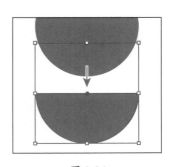

图 3-34

3.3.7 更改描边宽度和对齐方式

到目前为止，本课主要编辑了形状的填色，但还没有对描边做太多操作。描边是对象或路径的可见轮廓或边框，您可以轻松地更改描边的颜色或描边的粗细。本小节将进行如下操作。

① 选择"选择工具" ▶，选择作为碗底的较小的棕色矩形。

② 选择"视图">"放大"，重复几次。

③ 单击"属性"面板中的"描边"一词，打开"描边"面板。在"描边"面板中，将所选矩形的"描边"更改为"2 pt"。单击"使描边内侧对齐"按钮 ▣，将描边与矩形的内侧边缘对齐，如图 3-35 所示。

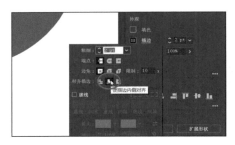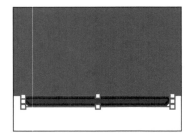

图 3-35

> 💡 **注意** 您可能会注意到，在所选对象中，只能看到定界框的角部顶点。这取决于文件的缩放级别。

> 💡 **注意** 您也可以选择"窗口">"描边"来打开"描边"面板，但可能需要单击面板菜单按钮 ▤，从下拉菜单中选择"显示选项"选项。

将描边对齐到形状内侧可以使描边不会覆盖上边的形状。

④ 单击"属性"面板中的"描边"一词，在弹出的"描边"面板中单击"色板"按钮 ▦，然后选择浅棕色，效果如图 3-36 所示。

⑤ 选择"选择">"取消选择"。

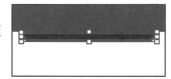

图 3-36

3.3.8 创建多边形

使用"多边形工具" ⬡，您可以创建具有多个直边的形状。默认情况下，使用"多边形工具"可以绘制一个六边形，并且是从中心开始绘制所有形状。多边形也是实时形状，这意味该图形在创建之后，"大小""旋转角度""边数"等属性仍是可编辑的。现在将使用"多边形工具" ⬡创建一个多边形来制作叶子。

① 选择"视图">"画板适合窗口大小"，将画板适应文档窗口大小。

② 在工具栏中的"椭圆工具" ⬭上长按鼠标左键，然后选择"多边形工具" ⬡。

③ 选择"视图">"智能参考线"，将智能参考线关闭。

④ 在画板的空白区域按住鼠标左键并向右拖动以绘制多边形，注意不要松开鼠标左键，如图 3-37（a）所示。按↓键一次，将多边形的边数减少到 5 条，该过程中同样不要松开鼠标左键，如图 3-37（b）所示。按住 Shift 键使形状直立，如图 3-37（c）所示，松开鼠标左键和 Shift 键，保持形状处于选中状态。

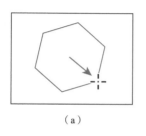
（a）
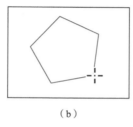
（b）
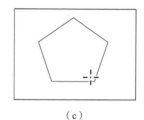
（c）

图 3-37

请注意，此时不会看到灰色的测量标签（工具提示），因为工具提示是关闭的智能参考线的一部分。另外，洋红色对齐参考线也不会显示，因为此形状没有对齐到画板上的其他内容。智能参考线在某些情况下非常有用（如需要提高精度时），可以根据需要开启或关闭智能参考线。

⑤ 单击"属性"面板中的"填色"框来改变填充颜色，在弹出的面板中单击"色板"按钮■。选择绿色，其色值为"C=85 M=10 Y=100 K=10"。

⑥ 单击"属性"面板中的"描边"框，单击"色板"按钮■，选择"无"选项，删除形状的描边。

⑦ 选择"视图">"智能参考线"，将其重新启用。

⑧ 选择"多边形工具"，拖动定界框右侧的边数控制点◇，将边数更改为 6，如图 3-38 所示。

该边数控制点◇是实时形状的特征，您可以在形状创建之后继续编辑相关属性。

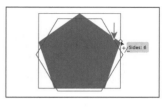

图 3-38

3.3.9　编辑多边形

接下来将编辑多边形并创建一片叶子。

① 旋转多边形。将鼠标指针移动到形状周围定界框的某个角部，当鼠标指针变为旋转箭头↱时，按住鼠标左键并逆时针拖动。拖动时，按住 Shift 键可以限制旋转角度为 45°。当您在鼠标指针旁边的测量标签中看到 90° 角时，松开鼠标左键和 Shift 键，如图 3-39 所示。

② 更改多边形的大小。将鼠标指针移动到多边形某个角上并按住鼠标左键进行拖动。拖动时，按住 Shift 键可等比例（同时）更改宽度和高度，如图 3-40 所示。

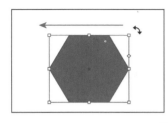

图 3-39

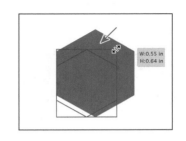

图 3-40

当测量标签显示高度大约为"0.65in"时，松开鼠标左键和 Shift 键。根据多边形创建时的大小，在此步骤中您可以根据建议的宽度使其变大或变小。

③ 在"属性"面板中，确保"宽"和"高"右侧的"约束宽度和高度比例"按钮处于取消选

中状态👆。设置"宽"为"0.35 in"，如图 3-41 所示。按 Enter 键确认更改。

图 3-41

④ 选择多边形，选择"视图">"放大"几次，放大该多边形。

选择"选择工具"▶，如果您现在查看多边形，则会在形状中看到一个个实时圆角控制点◉。如果拖动某个控制点，所有角都将变为圆角。

⑤ 在工具栏中选择"直接选择工具"▷。现在，您应该在每个角都能看到实时圆角控制点◉，如图 3-42（a）所示。单击图 3-42（b）中箭头所示的实时圆角控制点◉，按住 Shift 键单击图 3-42（c）中标记的其他 3 个实时圆角控制点以选择 4 个实时圆角控制点，松开 Shift 键。

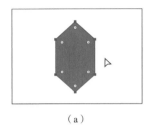 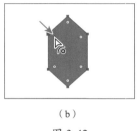 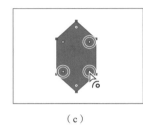

（a） （b） （c）

图 3-42

因为现在选择了实时圆角控制点，所以它们的外边缘变粗了。

⑥ 按住鼠标左键，朝着形状的中心拖动某个选择的实时圆角控制点。不断朝着中心拖动，直到看到红色弧线为止，这表示无法再进一步圆化，如图 3-43 所示。

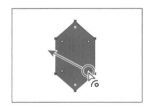  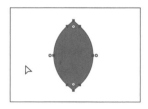

图 3-43

3.3.10　创建星形

本小节将使用"星形工具"☆创建几颗星星，这些星星将变成花朵形状。"星形工具"☆目前不能创建实时形状，这意味着创建星形的编辑可能会比较困难。使用"星形工具"☆绘图时，可以使用键盘修饰键得到需要的芒点数，并更改星形的半径（星臂的长度）。以下是本小节中绘制星形时用到的键盘修饰键及它们的作用。

- 　箭头键：在绘制星形时，按↑或↓键，会添加或删除星臂。
- 　Shift 键：使星形直立（约束它）。
- 　Option 键（macOS）或 Ctrl 键（Windows）：在创建星形时，按下该键和鼠标左键拖动，可以改变星形的半径（使星臂变长或变短）。

下面创建一个星形，这将需要用到一些键盘命令，在被告知可以松开鼠标左键之前请不要松开鼠标左键。

❶ 在工具栏中的"多边形工具"⬡上长按鼠标左键，然后选择"星形工具"☆。移动鼠标指针到叶子形状的右侧。

❷ 按住鼠标左键向右拖动以创建一个星形。

注意，当移动鼠标指针时，星形会改变大小并自由旋转。拖动鼠标直到测量标签显示宽度大约为"1 in"，然后停止拖动，如图 3-44 所示，期间不要松开鼠标左键。

> 💡 提示　您也可以在选择"星形工具"☆的情况下在文档窗口中单击，然后编辑"星形"对话框中的选项来绘制星形。

❸ 按一次↓键，星形上的芒点数会减少到 4 个，如图 3-45 所示，期间不要松开鼠标左键。

图 3-44

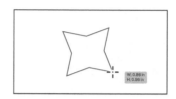

图 3-45

❹ 按住 Option 键（macOS）或 Ctrl 键（Windows），然后按住鼠标左键继续向星形中心拖动一点。这将使得星形的内半径保持不变，但星臂会变短，直到图形如图 3-46 所示，停止拖动但不要松开鼠标左键，然后松开 Option 键或 Ctrl 键，注意不要松开鼠标左键。

❺ 按住 Shift 键，当星形直立时，松开鼠标左键和 Shift 键，如图 3-47 所示。

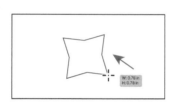

图 3-46

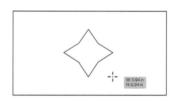

图 3-47

3.3.11　编辑星形

创建完星形之后，本小节将变换和复制星形。

❶ 选择"选择工具"▶，按住 Shift 键和鼠标左键将星形定界框的一角向中心拖动。当星形的宽度大约为"0.4 in"时，松开鼠标左键和 Shift 键，如图 3-48 所示。

❷ 选择"星形工具"☆，按住 Shift 键，再绘制一个小一点的星形，然后松开鼠标左键和 Shift 键，如图 3-49 所示。请注意，新绘制的星形的基本设置与绘制的第一颗星形相同。

图 3-48

图 3-49

③ 旋转星形。在"属性"面板中，设置旋转角度为"45°"，按 Enter 键确认更改，如图 3-50 所示。

④ 缩放星形。确保"宽"和"高"右侧的"约束宽度和高度比例"按钮■为开启状态，设置"高"为"0.14"，按 Enter 键确认更改。

⑤ 选择"选择工具"▶，然后按住鼠标左键将小星形拖动到大星形中心位置。

⑥ 在"属性"面板中将小星形的填色改成黄色，如图 3-51 所示。

⑦ 单击画板中的空白区域取消选择，然后选择大星形将其填色改为白色，如图 3-51 所示。

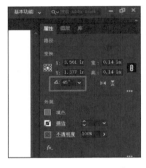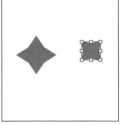

图 3-50

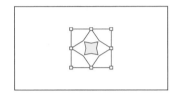

图 3-51

⑧ 按住鼠标左键，框选两个星形形状，然后点击"属性"面板中的"编组"按钮，将其编组在一起。

⑨ 选择"文件">"存储"，保存文件。

3.3.12　绘制线条

本小节将使用"直线段工具"╱创建线条和线段（称为开放路径）。"直线段工具"╱创建的线是实时线条，与实时形状类似，它们在绘制之后有许多可编辑的属性。

① 选择"视图">"画板适合窗口大小"。

② 在工具栏中的"星形工具"☆上长按鼠标左键，然后选择"直线段工具"╱。在碗的右侧单击并按住鼠标左键向上拖动绘制一条直线。拖动时按住 Shift 键，将线条角度限定为 45° 的倍数。请注意鼠标指针旁边的测量标签中的长度和角度，拖动到线条的长度为"2 in"为止，如图 3-52 所示。

③ 选择新绘制的线条，将鼠标指针移动到线条顶端之外。当鼠标指针变为旋转箭头↻时，按住鼠标左键并向下拖动，如图 3-53 所示，直到鼠标指针旁边的测量标签显示为"0°"。这将使线条变为水平。

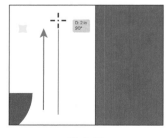

图 3-52

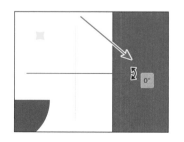

图 3-53

默认情况下，线条围绕其中心点旋转，您也可以直接在"属性"面板中更改线条的角度。

④ 在工具栏中选择"选择工具" ▶，然后按住鼠标左键将线条拖动到碗的正下方。当线条和碗底接触时，线条将和碗水平对齐（当线条和碗对齐时，您将看到一条垂直的对齐参考线），松开鼠标左键，如图 3-54 所示。

该线条表示碗所在的桌面，因此请确保该线条接触碗的底部。

⑤ 选择该线条，然后在"属性"面板中将描边粗细更改为"2 pt"。

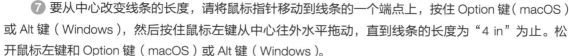

图 3-54

⑥ 在"属性"面板中单击"描边"框，单击"色板"按钮 ▦，选择色值为"C=35 M=60 Y=80 K=25"的颜色。

⑦ 要从中心改变线条的长度，请将鼠标指针移动到线条的一个端点上，按住 Option 键（macOS）或 Alt 键（Windows），然后按住鼠标左键从中心往外水平拖动，直到线条的长度为"4 in"为止。松开鼠标左键和 Option 键（macOS）或 Alt 键（Windows）。

> ♀ 注意　如果在拖动线条端点时线条发生旋转，则可以按住 Shift 键来限制线条使其保持水平状态。

如果以与原始路径相同的轨迹拖动直线，则会在直线的两端看到"直线延长"和"位置"标签，如图 3-55 所示。出现这些提示是因为智能参考线已经打开。您可以按住鼠标左键拖动一条线使其变长或变短而无须更改角度。

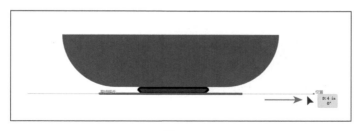

图 3-55

⑧ 按住鼠标左键框选组成碗的两个矩形和碗下的线条，单击"属性"面板中的"编组"按钮，将它们编组在一起。

3.4　使用图像描摹将栅格图像转换为可编辑矢量图

本节将介绍如何使用"图像描摹"面板。使用"图像描摹"面板可以把栅格图像（如 Adobe Photoshop 中的图片）转换为可编辑矢量图。这在您需要把绘制在纸上的图像转换为矢量图稿、描摹栅格化的 Logo、描摹图案或纹理等时非常有用。本节将描摹柠檬图片并获得可编辑形状。

> ♀ 提示　Adobe Capture 可以在您的设备上拍摄任何对象、设计或形状，并通过几个简单的步骤将其转换为矢量图形，然后在您的 Creative Cloud 库中存储生成的矢量图形，您可以在 Adobe Illustrator 或 Adobe Photoshop 中访问或完善它们。Adobe Capture 目前可用于 iOS (iPhone 和 iPad) 和 Android。

3.4.1　将描摹对象转换为路径

① 选择"文件">"置入"，在"置入"对话框中，在"Lessons">"Lesson03"文件夹中选择"lemon.jpg"文件，保持所有选项为默认状态。

② 在画板空白区域单击置入图像，如图 3-56 所示。

③ 将选择的图像在文档窗口中居中（因为它很大），选择"视图">"缩小"。

④ 选择图像后，单击"属性"面板中的"图像描摹"按钮，选择"低保真度照片"选项，如图 3-57 所示。

图 3-56　　　　　　　　　　　　　　　图 3-57

> **注意** 您还可以选择"对象">"图像描摹">"建立"，并选择栅格内容，或者从"图像描摹"面板（选择"窗口">"图像描摹"）进行描摹。

这会将图像转换为描摹对象。这意味着您还不能编辑矢量内容，但您可以更改描摹设置或最初置入的图像，然后查看更新。

⑤ 在"属性"面板中显示的"预设"下拉菜单中选择"剪影"选项，如图 3-58 所示。

"剪影"预设将描摹图像，强制生成的矢量内容变为黑色。图像描摹对象由源图像和描摹结果（即矢量插图）组成。默认情况下，仅描摹结果可见。但是，您可以更改源图像和描摹结果的显示方式，以适合您的需求。

⑥ 单击"属性"面板中的"打开图像描摹面板"按钮，如图 3-59 所示。

图 3-58　　　　　　　　　　　　　　　图 3-59

> **提示** 您还可以选择"窗口">"图像描摹"来打开"图像描摹"面板。

单击"图像描摹"面板顶部的按钮可以将图像转换为灰度、黑白等模式。在"图像描摹"面板顶部的按钮下方，您将看到"预设"选项，这与"属性"面板中的选项相同。"模式"选项允许您更改生成图像的颜色模式（彩色、灰度或黑白）。"调板"选项用于限制调色板或从颜色组中指定颜色。

⑦ 在"图像描摹"面板中，单击"高级"选项左侧的三角形按钮以显示折叠起来的"高级"选项。更改"图像描摹"面板中的以下选项，使用这些值作为初始值，如图 3-60 所示。

- 阈值：206（比阈值低的颜色会转变为黑色）。
- 路径：20%（路径拟合，值越大表示契合越紧密）。
- 边角：50%（默认设置，值越大表示角越多）。
- 杂色：100 px（通过忽略指定像素大小的区域来减少杂色，值越大表示杂色越少）。

⑧ 关闭"图像描摹"面板。

💡 提示　修改描摹相关值时，可以取消勾选"图像描摹"面板底部的"预览"复选框，以免 Adobe Illustrator 在每次更改设置时都将描摹设置应用于要描摹的内容。

⑨ 在描摹对象仍处于选中状态的情况下，单击"属性"面板中的"扩展"按钮，如图 3-61 所示。

图 3-60

图 3-61

柠檬不再是图像描摹对象，而是由编组在一起的形状和路径组成。

3.4.2　清理描摹的路径

由于已将描摹对象转换为路径，您现在可以调整路径形状以使柠檬看起来更符合需要。

❶ 在选择柠檬形状的情况下，单击"属性"面板中的"取消编组"按钮，将其分解成不同的形状以分别进行编辑。

❷ 选择"选择">"取消选择"，以取消选择对象。

❸ 单击描摹出来的多余的形状，按 Delete 键或 Backspace 键将其删除，如图 3-62 所示。

图 3-62

④ 单击柠檬形状将其选中。如果需要更改颜色，请在"属性"面板中单击"填色"框。在打开的面板中单击"色板"按钮 🖼，然后选择黄色填充到柠檬形状中。

为了使边缘更平滑，接下来将应用"简化"命令。"简化"命令减少了构成路径的锚点数量，而不会过多影响整体形状。

⑤ 选择柠檬形状，选择"对象">"路径">"简化"。

⑥ 在弹出的"简化"对话框，默认情况下，"减少锚点"滑块为自动简化的值。向右拖动滑块以保留更多锚点，如图 3-63 所示。

您可以拖动滑块减少锚点来进一步简化路径。滑块的位置和值用于指定简化路径与原始路径曲线的匹配程度。滑块越靠近左侧的最小值，锚点越少，但是路径很可能与一开始看起来有较大的不同；滑块越靠近右侧的最大值，则路径与原始曲线越接近。

⑦ 单击"更多选项"按钮 •••，如图 3-64 所示。

图 3-63

图 3-64

⑧ 在弹出的对话框中，确保勾选了"预览"复选框以实时查看更改。您可以在"原始值"处查看柠檬形状的原始锚点数，以及在应用"简化"命令后的锚点数（新值）。按住鼠标左键将"简化曲线"滑块一直拖动到最右边（最大值），此时形状看起来跟应用"简化"命令之前一样。按住鼠标左键向左拖动滑块，直到看到"新值"为"8 点"。您需要每拖动一点滑块就松开鼠标左键来查看"新值"的变化，如图 3-65 所示。

⑨ 单击"确定"按钮。

⑩ 若要缩放柠檬，请按住 Shift 键和鼠标左键，拖动图形的一个角使其变小。当您在工具提示框中看到宽度大约为"1.2 in"时，松开鼠标左键和 Shift 键，如图 3-66 所示。

图 3-65

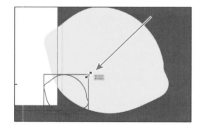

图 3-66

⑪ 按住鼠标左键将柠檬拖动到画板的空白区域。

3.5 使用绘图模式

Adobe Illustrator 有 3 种不同的绘图模式：正常绘图、背面绘图和内部绘图，您可以在工具栏的底部找到它们，如图 3-67 所示。绘图模式允许您以不同的方式绘制形状。3 种绘图模式的介绍如下。

· 正常绘图模式：每个文件开始时都是在正常模式下绘制形状，该模式将形状彼此堆叠。

· 背面绘图模式：如果未选择任何对象，则此模式允许您在所选图层上所有图形底层进行绘制；如果选择了对象，则会直接在所选对象的下层绘制新对象。

· 内部绘图模式：此模式允许您在其他对象（包括实时文本）内部绘制对象或置入图形，并自动为所选对象创建剪切蒙版，您将在第 15 课学习更多关于蒙版的内容。

图 3-67

> ♀ 提示　您可以按"Shift+D"组合键在不同绘图模式之间循环切换。

3.5.1　置入图形

本小节将置入另一个 AI 文件中的图形，其中包含文本形状和用于创建另一水果形状的图形。

> ♀ 提示　橙子形状是由用"椭圆工具"绘制的圆形、用"星形工具"绘制的星形及用"直线段工具"绘制的一系列线条组成的。

❶ 选择"文件">"打开"，在"打开"对话框中，在"Lesson">"Lesson03"文件夹中选择"artwork.ai"文件，单击"打开"按钮。

❷ 在工具栏中选择"选择工具" ▶，选择"选择">"现用画板上的全部对象"，选择当前画板上所有内容，选择"编辑">"复制"。

❸ 单击"Postcard.ai"文件的选项卡，回到明信片文件中。

❹ 选择"视图">"画板适合窗口大小"。

❺ 选择"编辑">"粘贴"，粘贴"FARM FRESH"文本和部分橙子插图，如图 3-68 所示。

❻ 选择"选择">"取消选择"。

图 3-68

3.5.2　使用内部绘图模式

本小节将使用内部绘图模式，把从"artwork.ai"文件中复制的橙子图形添加到红色半圆形中去。如果您想要隐藏（遮挡）部分图形，这个模式将非常有用。

❶ 选择您在创建苹果图形时绘制的红色半圆形状副本。

❷ 单击"属性"面板中的"填色"框，在打开的面板中单击"色板"按钮█，然后选择色值为"C = 0 M = 50 Y = 100 K = 0"的橙色来填充形状。

❸ 选择橙色半圆形状，然后单击工具栏底部的"绘图模式"按钮█，选择"内部绘图"选项，如图 3-69 所示。

如果您看到的工具栏显示为双列，则会在工具栏底部看到所有的3个"绘图模式"按钮。

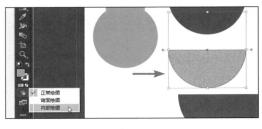

图 3-69

当选择单个对象（路径、复合路径或文本）时，该按钮处于激活状态，并且它仅允许您在所选对象内部进行绘制。请注意，橙色半圆形状周围有一个开放的虚线矩形，这表示如果绘制、粘贴或置入内容，内容将位于该形状内。

④ 选择"选择">"取消选择"。

请注意，橙色半圆形状周围仍有开放的虚线矩形，表示"内部绘图"模式仍处于激活状态。您可以在"内部绘图"模式为激活状态时，绘制、置入或粘贴内容到形状中，而不需要始终选择要在其中添加内容的形状。

⑤ 在工具栏中选择"选择工具" ▶，选择将要在橙色半圆形状内部粘贴的图形（即橙子）。选择"编辑">"剪切"，从画板剪切所选图像。

⑥ 选择"编辑">"粘贴"，如图 3-70 所示。

图形将被粘贴到橙色半圆形状中。

⑦ 单击工具栏底部的"绘图模式"按钮 ◙，选择"正常绘图"选项。

在形状中添加完内容后，可以返回"正常绘图"模式，以便正常创建（堆叠而不是在内部绘制）新内容。

可以通过选择"对象">"剪切蒙版">"释放"来分隔形状，这会使两个对象堆叠起来。

⑧ 选择"选择">"取消选择"，如图 3-71 所示。

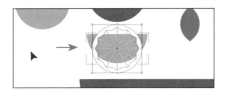

图 3-70

图 3-71

3.5.3 编辑内部绘图的内容

本小节将编辑半圆形状内部的橙子图形，以了解如何编辑形状内部的内容。

① 选择"选择工具"，选择粘贴的橙子图形。请注意，现在选择的是整个半圆形状，如图 3-72 所示。

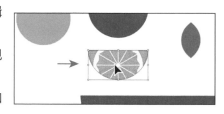

图 3-72

半圆形状现在是蒙版，也被称为"剪切路径"。半圆形状和粘贴的橙子图形一起构成了一个"剪切组"，并被视为单个对象。

如果查看"属性"面板的顶部，则将看到"剪切组"文本。

与其他组一样，如果要编辑剪切路径（即包含内部绘制内容的对象，此处是半圆形状）或内部内容，则可以双击"剪切组"对象。

② 在选择"剪辑组"的情况下，单击"属性"面板中的"隔离蒙版"按钮以进入隔离模式，如图 3-73 所示。这样就能够选择剪切路径（半圆形状）或其内部的粘贴的橙子图形。

图 3-73

③ 选择粘贴的橙子图形，然后按住鼠标左键将其向着橙色半圆形状中心的直边拖动，如图 3-74 所示。

④ 按 Esc 键退出隔离模式。

⑤ 选择"选择">"取消选择"，选择"文件">"存储"，保存文件。

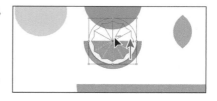

图 3-74

3.6 使用背面绘图模式

本节将使用"背面绘图"模式在已有内容的下层绘制一个覆盖画板的矩形。

① 单击工具栏底部的"绘图模式"按钮，然后选择"背面绘图"选项，如图 3-75 所示。

只要选择了此绘图模式，使用目前所学到的方法创建的每个形状都将位于画板中的其他形状的下层。

"背面绘图"模式也会影响置入的内容（选择"文件">"置入"）。

② 在工具栏中的"直线段工具"／上长按鼠标左键，然后选择"矩形工具"。

③ 将鼠标指针放在画板左上角红色出血参考线交叉的位置，单击并按住鼠标左键拖动到右下方红色出血参考线的位置，如图 3-76 所示。

图 3-75

图 3-76

④ 选中新矩形，单击"属性"面板中的"填色"框，单击"色板"按钮，然后选择灰色，色值为"C=0 M=0 Y=0 K=20"，如图 3-77 所示。

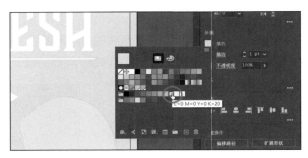

图 3-77

⑤ 按 Esc 键隐藏面板。

⑥ 选择"对象">"锁定">"所选对象",锁定背景矩形使其不再移动。

3.7 完稿

要完成明信片,您还需要将图形移动到画板的合适位置上,旋转某些图形,以及复制一些图形的副本。

① 选择"视图">"画板适合窗口大小",以便查看整个画板。

② 选择"选择工具" ▶ ,单击苹果中的某个红色形状,然后按住 Shift 键并单击其他两个形状。松开鼠标左键和 Shift 键,单击"属性"面板中的"编组"按钮,将苹果形状组合在一起,如图 3-78 所示。

③ 将每个水果和文本拖动到适当位置,如图 3-79 所示。

图 3-78

图 3-79

> 💡 **注意** 如果在"属性"面板中没有看到"排列"按钮,还可以选择"对象">"排列",然后选择一个排列选项。

④ 制作水果和叶子图形的副本。选择需要创建副本的图形,选择"编辑">"复制",然后选择"编辑">"粘贴",对副本位置进行调整,最终位置如图 3-80 所示。

⑤ 如果要旋转图形组,可以将鼠标指针移动到所选图形组的某个角外,在看到旋转箭头 ↰ 时按住鼠标左键拖动,如图 3-80 所示。

⑥ 如果要将图形置于其他图形之上,请单击图形以将其选中。单击"属性"面板中的"排列"按钮,然后选择"置于顶层"选项。继续对图形进行调整,最终效果如图 3-81 所示。

图 3-80

图 3-81

先创建的图形位于后创建图形的下层。

7 选择"文件">"存储"。

8 要关闭所有打开的文件，请多次选择"文件">"关闭"。

3.8 复习题

1. 在创建新文件时，什么是文件类别？
2. 有哪些创建形状的基本工具？
3. 什么是实时形状？
4. 描述"内部绘图"模式的作用。
5. 如何将栅格图像转换为可编辑的矢量形状？

参考答案

1. 可以通过选择类别，根据不同类型的输出（例如打印、Web、视频等）需求设置文件。例如，如果正在设计网页模型，则可以选择"Web"类别并选择文件预设（大小）。该类别将以像素为单位设置文件，将颜色模式设置为 RGB，将光栅效果设置为"屏幕"（72 ppi），这是 Web 设计文件的最佳设置。

2. "基本功能"工作区的工具栏里有 5 种形状工具："矩形工具""椭圆工具""多边形工具""星形工具""直线段工具"（"圆角矩形工具"和"光晕工具"不在"基本功能"工作区的工具栏里）。

3. 使用形状工具绘制矩形、椭圆或多边形（或圆角矩形，但圆角矩形不能直接绘制）后，可以继续修改其属性，如"宽度""高度""圆角""边角类型""边角半径"（单独或同时）等，这就是所谓的实时形状。可在"变换"面板、"属性"面板或直接在图形中编辑形状属性（如"边角半径"）。

4. 通过"内部绘图"模式可以在其他对象（包括实时文本）内部绘制对象或置入图形，并自动创建所选对象的剪切蒙版。

5. 选择栅格图像，然后单击"属性"面板中的"图像描摹"按钮，将该图像转换为可编辑的矢量形状。若要将描摹结果转换为路径，可单击"属性"面板中的"扩展"按钮，或选择"对象">"图像描摹">"扩展"。如果要将描摹的内容作为独立的对象使用，可以使用此方法，生成的路径会自行编组。

编辑和组合形状与路径

本课概览

在本课中，您将学习如何执行以下操作。

- 用"剪刀工具"剪切。
- 连接路径。
- 使用"刻刀工具"。
- 轮廓化描边。
- 使用"橡皮擦工具"。

- 创建复合路径。
- 使用"形状生成器工具"。
- 使用"路径查找器"命令创建形状。
- 使用"整形工具"。
- 使用"宽度工具"编辑描边。

学习本课大约需要 **45**分钟

在创建了简单的路径和形状后，您可能希望使用它们来创建更复杂的图形。在本课中，您将了解如何编辑和组合形状与路径。

4.1 开始本课

在本课中，您将学习如何编辑和组合基本形状和路径来创建新形状，以完成恐龙图稿。

❶ 为了确保工具的功能和默认值完全如本课所述，请删除或停用（通过重命名实现）Adobe Illustrator 首选项文件。具体操作请参阅本书"前言"中的"还原默认首选项"部分。

❷ 启动 Adobe Illustrator。

❸ 选择"文件">"打开"，选择"Lessons">"Lesson04"文件夹中的"L4_end.ai"文件，单击"打开"按钮。此文件包含本课最终创建的图形，如图 4-1 所示。

❹ 选择"视图">"全部适合窗口大小"，使文件保持打开状态以供参考，或选择"文件">"关闭"，关闭文件。

❺ 选择"文件">"打开"，在"打开"对话框中，打开"Lessons">"Lesson04"文件夹，然后选择"L4_start.ai"文件，单击"打开"按钮，效果如图 4-2 所示。

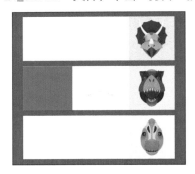

图 4-1

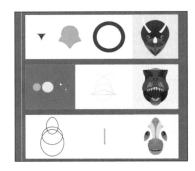

图 4-2

❻ 选择"文件">"存储为"，如果弹出"云文档"对话框，请单击"保存在您的计算机上"按钮，将其保存在本地计算机上。

> 💡 **提示** 默认情况下，.ai 扩展名显示在 macOS 上，但您可以在"存储为"对话框中的任意平台上添加扩展名。

❼ 在"存储为"对话框中，将名称改为"Dinosaurs.ai"（macOS）或者"Dinosaurs"（Windows），并选择"Lesson04"文件夹。从"格式"菜单中（macOS）选择"Adobe Illustrator（ai）"选项或者从"保存类型"菜单（Windows）中选择"Adobe Illustrator（*.AI）"选项，然后单击"保存"按钮。

❽ 在"Illustrator 选项"对话框中，使"Illustrator 选项"保持默认设置，然后单击"确定"按钮。

❾ 选择"窗口">"工作区">"重置基本功能"。

> 💡 **注意** 如果您没有在"工作区"菜单中看到"重置基本功能"选项，请在选择"窗口">"工作区">"重置基本功能"之前，先选择"窗口">"工作区">"基本功能"。

4.2 编辑路径和形状

在 Adobe Illustrator 中，您可以通过多种方式编辑和组合形状和路径，以创建需要的图形。有时，这意味着您可以从简单的形状和路径开始，使用不同的方法来生成更复杂的形状和路径。生成复杂形状和路径的方法包括使用"剪刀工具" ✂、轮廓化描边、"刻刀工具" ✐ 和"橡皮擦工具" ◆、连接路径等。

> ♀ 注意　您将在第 5 课中学习其他变换图稿的方法。

4.2.1　用剪刀工具进行剪切

在 Adobe Illustrator 中，您可以使用多种工具剪切和分割形状。本小节将从使用"剪刀工具" ✂ 开始，在锚点或线段上分割路径来创建一条开放路径。接下来将使用"剪刀工具"剪切一个形状并对其进行调整。

① 单击"视图"菜单，确保勾选了"智能参考线"复选框。当其被勾选时，前面将显示复选标记。

② 从文档窗口左下角的"画板导航"下拉菜单中选择"1 Dino 1"选项，选择"视图">"画板适合窗口大小"以确保画板适应文档窗口，如图 4-3 所示。

③ 在工具栏中选择"选择工具" ▶，选择画板左侧的紫色形状。

④ 按"Command + +"（macOS）或"Ctrl + +"（Windows）组合键 3 次，放大所选图形，如图 4-4 所示。

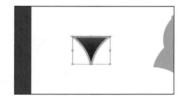

图 4-3　　　　　　　　　　　　　　　　图 4-4

在您完成对此形状的修改后，需要将其添加到画板右侧的恐龙头上以完成尖鼻子的绘制。

⑤ 选择此形状，在工具栏中的"橡皮擦工具" ◆ 上长按鼠标左键，然后选中"剪刀工具" ✂。

⑥ 将鼠标指针移动到形状的顶部边缘的中间位置，如图 4-5（a）所示。当看到"交叉"一词和一条垂直的紫红色直线时，单击以剪断该点所在的路径，然后将鼠标指针移开，如图 4-5（b）所示。

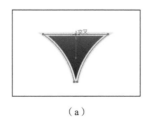
（a）

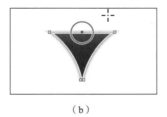
（b）

图 4-5

当使用"剪刀工具"进行剪切时，剪切的点必须位于直线或曲线段上，而不能位于开放路径的端点上。当使用"剪刀工具"单击形状（如本例中的形状）的描边时，会在单击的位置剪断路径，并且会将路径变为开放路径。

💡注意 若要了解更多关于开放路径和闭合路径的内容，请参阅第 3 课中的"使用基本形状"部分。

⑦ 在工具栏中选择"直接选择工具" ▷，将鼠标指针移动到所选的锚点（蓝色）上，然后将它朝右上方拖动，如图 4-6 所示。

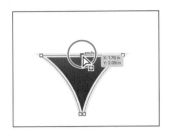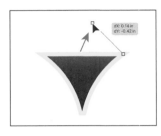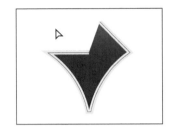

图 4-6

⑧ 从最初剪开形状的位置向左上方拖动另一个锚点，直到出现洋红色的对齐参考线，表明它与您刚刚拖动的另一个锚点对齐，如图 4-7 所示。

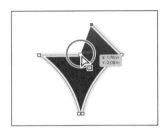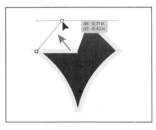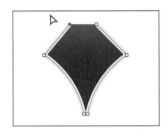

图 4-7

请注意，描边（黄色边框）并未完全包围紫色形状。这是因为使用"剪刀工具"切割形状后会形成一条开放路径。如果您只是想用颜色填充形状，则描边可以不是封闭路径。但是，如果您希望在整个填充区域周围出现描边，则路径必须是闭合的。

4.2.2 连接路径

假设您绘制了一个"U"形，然后决定闭合该形状，那么实质上是用一条直线将"U"形的端点连接起来，如图 4-8 所示。如果选择了路径，则可以使用"连接"命令在端点之间创建一条线段，从而闭合路径。

当选择多个开放路径时，您可以将它们连接起来创建一个闭合路径。您还可以连接两个独立路径的端点。本小节将连接 4.2.1 小节所编辑路径的端点以再次创建一个闭合形状。

开放路径　　　端点连接

图 4-8

① 在工具栏中选择"选择工具" ▶，在紫色形状的路径外单击以取消选择它，然后在紫色形状的填色内单击重新选择它，如图 4-9 所示。

这一步很重要，因为 4.2.1 小节中只选择了一个锚点。如果在只选择了一个锚点的情况下使用"连接"命令，则会弹出一条错误信息。如果选择了整个路径，当您使用"连接"命令时，Adobe Illustrator 只需找到路径的两个端点，然后用一条直线连接它们。

图 4-9

❷ 单击"属性"面板中"快速操作"选项组中的"连接"按钮，如图 4-10 所示。

默认情况下，将"连接"命令应用于两个或多个开放路径时，Adobe Illustrator 会寻找端点最接近的路径并连接它们。每次应用"连接"命令时，Adobe Illustrator 都会重复此过程，直到将所有路径都连接起来。

❸ 在"属性"面板中，将形状设置为无描边，如图 4-11 所示。

图 4-10

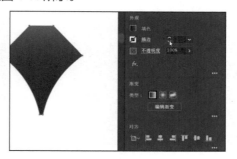

图 4-11

接下来对形状顶部的角进行圆角处理。

❹ 选择工具栏中的"直接选择工具"▷，按住鼠标左键在形状顶部框选顶部的两个锚点，如图 4-12（a）所示。

❺ 将其中一个锚点向形状中心拖动以圆化顶部的角，如图 4-12（b）和图 4-12（c）所示。

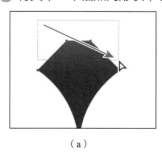

（a）

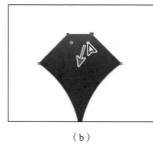

（b）

（c）

图 4-12

❻ 选择"选择">"取消选择"，然后选择"文件">"存储"，保存文件。

4.2.3　使用刻刀工具切割

您还可以使用"刻刀工具"✐来切割形状。使用"刻刀工具"划过形状将创建闭合路径而不是开放路径。

❶ 按住空格键临时切换到"抓手工具"✋，然后在文档窗口中按住鼠标左键拖动画板以查看右侧的绿色形状。

❷ 选择"选择工具"▷，选择绿色形状，如图 4-13 所示。

如果选择了某个对象，"刻刀工具"将只切割该对象。如果未选择任何内容，它将切割它接触的任何矢量对象。

③ 单击工具栏底部的"编辑工具栏"按钮 ，在弹出的面板菜单中向底部拖动滚动条，您会看到"刻刀工具" 。将"刻刀工具"拖动到左侧工具栏中的"剪刀工具" 上，将其添加到工具栏中，如图 4-14 所示。

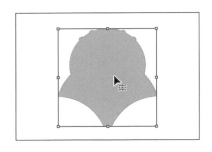

图 4-13

图 4-14

④ 按 Esc 键隐藏菜单。

⑤ 现在选择了工具栏中的"刻刀工具" ，将鼠标指针移动到所选形状的上方，按住鼠标左键以"U"字形划过整个形状，将其进行切割，如图 4-15 所示。

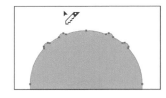
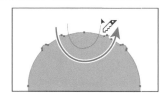

图 4-15

⑥ 选择"选择" > "取消选择"。

⑦ 选择"选择工具" ，然后选择顶部的新形状，如图 4-16 所示。

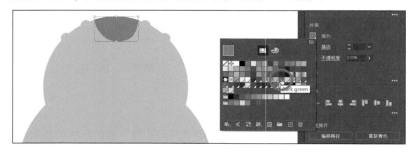

图 4-16

⑧ 单击"属性"面板中的"填色"框，单击"色板"按钮 ，然后选择更深的绿色，如图 4-16 所示。这里选择名为"Dark green"的颜色。

⑨ 选择"选择" > "取消选择"。

4.2.4　使用刻刀工具直线切割

正如您刚刚看到的，使用"刻刀工具"在形状上拖动默认会进行自由形式的切割。本小节将使用"刻刀工具"沿直线切割图形，以在恐龙头部（绿色形状部分）绘制高光。

① 选择"选择工具" ▶，选择浅绿色的大形状。

② 选择"刻刀工具" ✐，将鼠标指针移动到形状顶部的上方。按 Caps Lock 键，将鼠标指针变成十字线形状。

十字线形状的鼠标指针更精确，您可以借助它更轻松地确定开始切割的准确位置。

> 💡注意　按住 Opiton 键（macOS）或 Alt 键（Windows）可保持直线切割。此外，按住 Shift 键还可将切割角度限制为 45° 的倍数。

③ 按住"Option + Shift"（macOS）或"Alt + Shift"（Windows）组合键，然后按住鼠标左键向下拖动，直到将形状一分为二，如图 4-17 所示。松开鼠标左键，然后松开组合键。

④ 按住 Option 键（macOS）或 Alt 键（Windows），然后从形状的顶部向下拖动，以较小的角度向下直线穿过形状，将其切割成两个部分，松开鼠标左键和 Option 键（macOS）或 Alt 键（Windows），如图 4-18 所示。

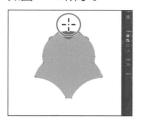 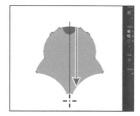

图 4-17

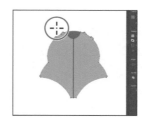 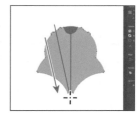

图 4-18

⑤ 选择"选择" > "取消选择"。

⑥ 选择"选择工具" ▶，单击刚刚创建的中间形状，如图 4-19（a）所示。

⑦ 单击"属性"面板中的"填色"框，单击"色板"按钮▦，然后选择名为"Green 1"的颜色，如图 4-19（b）所示。

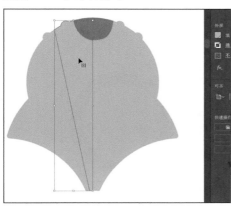 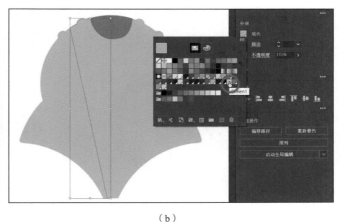

（a）　　　　　　　　　　　　　　　（b）

图 4-19

⑧ 按住鼠标左键框选所有绿色形状。

⑨ 单击"属性"面板的"快速操作"选项组中的"编组"按钮,如图 4-20 所示。

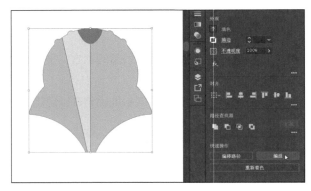

图 4-20

⑩ 按 Caps Lock 键,关闭十字线鼠标指针。

4.2.5 轮廓化描边

默认情况下,诸如直线等路径只有描边颜色而没有填色。如果您在 Adobe Illustrator 中创建了一条直线,且想要同时应用描边和填充,可以将路径的描边轮廓化,这将把直线转换为闭合形状或复合路径。本小节将轮廓化线条的描边,以便在 4.3 节中擦除它的部分内容,绘制完成第一个恐龙的最后一部分。

① 按住空格键临时切换到"抓手工具",然后在文档窗口中按住鼠标左键拖动画板,以查看右侧的蓝色圆圈形状。

② 选择"选择工具"▶,选择蓝色圆圈路径,如图 4-21 所示。

要擦除蓝色圆圈的一部分并使其看起来像恐龙的褶边,需要蓝色圆圈是填充形状,而不是路径。

您此时应该看到一组看起来像车轮辐条的灰色线条,这些是用于擦除的参考线。它们是通过多次复制一条直线并将每条线从上一条直线单独旋转 30° 来创建的。

③ 选择"对象">"路径">"轮廓化描边",这将创建一个路径闭合的填充形状,如图 4-22 所示。

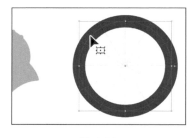

图 4-21

图 4-22

ℹ 注意 您不能擦除光栅图像、文本、符号、图形或渐变网格对象。

4.3 使用橡皮擦工具

"橡皮擦工具" ◆允许您擦除矢量图形的任意区域，而无须在意其结构。您可以对路径、复合路径、实时上色组内的路径和剪切内容使用"橡皮擦工具"。如果您选择了对象，则该对象将是唯一要擦除的对象。如果取消选择对象，"橡皮擦工具"则会擦除触及的所有图层内的任何对象。

本节将使用"橡皮擦工具"擦除所选形状的一部分，使其看起来像三角龙的褶边，如图 4-23 所示。

① 在工具栏的"刻刀工具" ✐上长按鼠标左键，然后选择"橡皮擦工具"。

> **💡提示** 选择"橡皮擦工具"后，您还可以单击"属性"面板顶部的"工具选项"按钮以打开"橡皮擦工具选项"对话框。

② 双击工具栏中的"橡皮擦工具" ◆，编辑工具属性。在弹出的"橡皮擦工具选项"对话框中，将"大小"更改为"30 pt"，使橡皮擦的擦除范围变大，单击"确定"按钮，如图 4-24 所示。

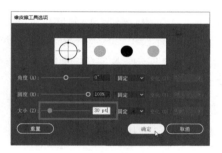

图 4-23

图 4-24

您可以根据需要更改"橡皮擦工具"的属性。

③ 将鼠标指针移动到选择的紫色圆圈上方，在两条参考线之间，按住鼠标左键按"U"形路径擦除以创建褶边，如图 4-25 所示。

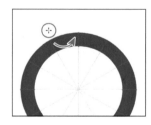
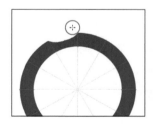
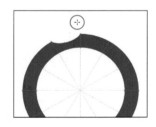

图 4-25

松开鼠标左键时，会擦除部分形状，但此形状仍然是闭合路径。

④ 围绕圆圈重复此操作，但先不要擦除底部，如图 4-26 所示。

⑤ 在紫色圆圈的底部来回拖动鼠标指针，将其擦除，如图 4-27 所示。

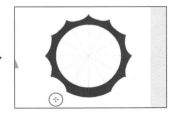

图 4-26

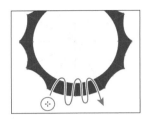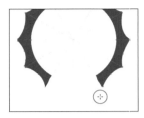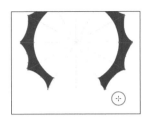

图 4-27

4.3.1　直线擦除

您也可以进行直线擦除。

① 按住空格键临时切换到"抓手工具",然后在文档窗口中按住鼠标左键并拖动画板以查看右侧完整的恐龙图形。

② 选择"选择工具",选择奶油色的鼻角,如图 4-28 所示。

③ 选择"视图">"放大"几次,查看更多细节。

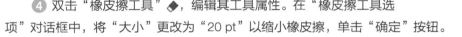

图 4-28

④ 双击"橡皮擦工具" ◆,编辑其工具属性。在"橡皮擦工具选项"对话框中,将"大小"更改为"20 pt"以缩小橡皮擦,单击"确定"按钮。

⑤ 选择"橡皮擦工具" ◆,将鼠标指针移动到所选形状的上方。按住 Shift 键和鼠标左键直接向右边拖动,如图 4-29 所示,松开鼠标左键和 Shift 键。

如果没有擦除任何内容,请重试一次。此外,可能看起来像是擦除了形状的其他部分,但其实由于您没有选择其他部分,因此其他部分不会受到影响。

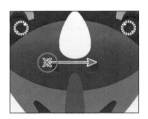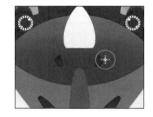

图 4-29

⑥ 选择"文件">"存储",保存文件。

4.3.2　组装第一只恐龙

要完成您所看到的恐龙图形,需要拖动并排布之前处理过的图形。

① 选择"视图">"窗口适合画板大小"。

② 选择"选择工具" ▶,将紫色形状拖动到恐龙的尖鼻子上。

③ 将绿色形状组拖动到头部,如图 4-30 所示。

④ 将紫色褶边拖动到头后的紫色圆圈上。

⑤ 如果紫色褶边覆盖了图形,请单击"属性"面板底部的"排列"按钮,然后多次选择"后移一层"选项,直到它看起来如图 4-30 所示。

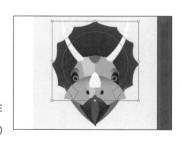

图 4-30

4.4 创建复合路径

复合路径允许您使用矢量对象在另一个矢量对象上"钻一个孔"。甜甜圈形状可以用两个圆形路径创建，两个圆形路径重叠的地方会出现"孔"。复合路径被当成一个组，并且复合路径中的各个对象仍然可以被编辑或释放（如果您不希望它们是复合路径）。本节将创建一条复合路径来为恐龙的眼睛做准备。

❶ 从文档窗口左下角的"画板导航"菜单中选择"2 Dino 2"画板。

❷ 选择"选择工具" ▶，选择左侧的深灰色圆形，然后拖动它，使其与右侧较大的黄色圆形重叠，如图 4-31 所示。

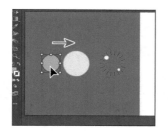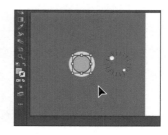

图 4-31

智能参考线可帮助您对齐圆形。您还可以在选择两个圆形之后，使用"属性"面板中的"对齐"选项将它们彼此对齐。

❸ 框选深灰色圆形和黄色圆形。

> 💡提示　您还可以在复合路径中编辑原始形状。要编辑它们，请使用"直接选择工具" ▶，或使用"选择工具"双击复合路径，进入隔离模式并选择单个形状。

❹ 选择"对象">"复合路径">"建立"，保持图形处于选中状态，如图 4-32（a）所示。

可以看到深灰色圆形似乎消失了，您可以在黄色圆形中看到蓝色背景。深灰色圆形被用来在黄色圆形上"打了一个孔"，如图 4-32（b）所示。在该形状仍保持选中状态的情况下，您应该能在右侧的"属性"面板顶部看到"复合路径"一词。

❺ 将黄色形状右侧的一组线条拖动到黄色圆形的中心。这组线应该在上层，如果不是，请选择"对象">"排列">"置于顶层"。

❻ 框选整个黄色圆形，如图 4-33 所示。

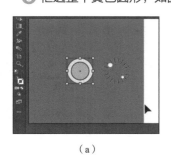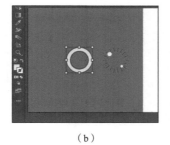

（a）　　　　　　　　（b）

图 4-32

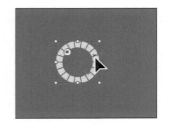

图 4-33

❼ 选择"对象">"编组"。

⑧ 选择"选择">"取消选择"，然后选择"文件">"存储"，保存文件。

4.5 组合形状

利用简单形状创建复杂形状比使用绘图工具（如"钢笔工具"）直接创建复杂形状更容易。在 Adobe Illustrator 中，您可以通过不同的方式组合矢量对象来创建形状，而生成的形状或路径因组合的方法而有所差异。在本节中，您将了解一些常用的组合形状的方法。

4.5.1 从创建形状开始

在开始组合形状之前，先创建一个三角形。然后把它与已经存在的其他一些形状结合起来。这些形状将成为恐龙的最后一部分。在创建三角形之前，需要交换形状的填色和描边，以便填色成为创建的新形状的描边。

① 要交换形状的填色和描边，使填色变成描边，可单击工具栏底部的"互换填充和描边"按钮，如图 4-34 所示。

形状上有一个描边，而不仅是填色，将更容易看到灰色的引导路径。

② 在工具栏中的"矩形工具"上长按鼠标左键，然后选择"多边形工具"。

图 4-34

③ 在眼睛形状的右侧、画板的中间，您会看到一些黄色的形状。从黄色圆圈的中心开始，按住鼠标左键拖动以创建多边形，如图 4-35（a）所示。拖动时，按↓键几次，直到形状具有 3 个边（三角形）。拖动形状直到与灰色参考三角形一样宽，按 Shift 键使其直立，如图 4-35（b）所示，完成后松开鼠标左键和 Shift 键。

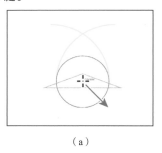
（a）

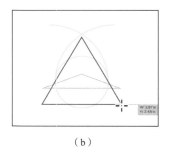
（b）

图 4-35

④ 向下拖动三角形的顶边以贴合到灰色参考三角形的顶点，然后向上拖动三角形底边锚点以贴合到灰色参考三角形底边，如图 4-36 所示。

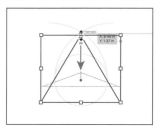

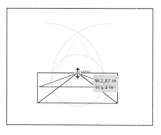

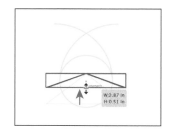

图 4-36

4.5.2 使用形状生成器工具

本小节将学习使用"形状生成器工具" 组合形状。此工具允许您直接在文件中合并、删除、填充和编辑重叠的形状和路径。本小节将使用"形状生成器工具"从创建的一系列简单的形状中为另一个恐龙头创建一个更复杂的形状。

1 选择"选择工具"，按住鼠标左键框选现有的黄色路径和您制作的形状。灰色的参考三角形路径已锁定，因此不会被选中。

2 在"属性"面板中将"描边"更改为"5 pt"。将描边颜色更改为名为"Orange"的颜色以使其更易于查看，如图 4-37 所示。

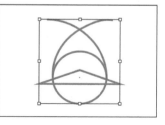

图 4-37

使用"形状生成器工具"编辑形状，需要先选择形状。您现在可以使用"形状生成器工具"组合、删除和为这些简单的形状上色。

3 在工具栏中选择"形状生成器工具" ，将鼠标指针移动到所选形状的左上方，然后在图 4-38（a）所示处按住鼠标左键向右下方拖动到形状的中间。松开鼠标左键以组合形状，如图 4-38（b）和图 4-38（c）所示。

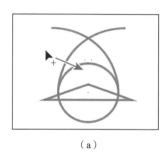 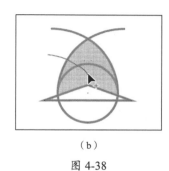 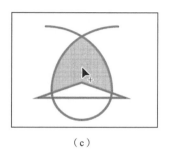

（a） （b） （c）

图 4-38

> 💡提示 选择"形状生成器工具"时，重叠的形状将临时分离为单独的对象。当将形状从一个部分拖动到另一个部分时，图形中会出现红色轮廓线来显示形状组合在一起时的最终样式。

4 在形状仍处于选中状态的情况下，按住 Option 键（macOS）或 Alt 键（Windows）。请注意，按住修饰键时，鼠标指针会显示一个减号，然后单击最左侧的形状（注意不是描边）的中间以将其删除，如图 4-39 所示。如有需要，请放大视图。

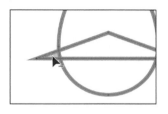 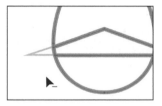

图 4-39

> 💡注意 当将鼠标指针放在形状上时，请确保在删除之前，可以在这些形状中看到网格。

⑤ 将鼠标指针移动到形状下方，按住 Option（macOS）或 Alt（Windows）键，按住鼠标左键并划过底部形状的其他部分，删除这部分形状，如图 4-40 所示。松开鼠标左键和 Option 键（macOS）或 Alt（Windows）键。

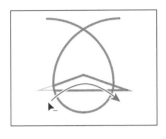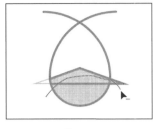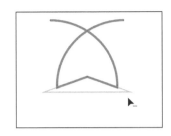

图 4-40

⑥ 按住 Option 键（macOS）或 Alt 键（Windows），按住鼠标左键拖动跨越两条曲线路径以删除它们，如图 4-41 所示。

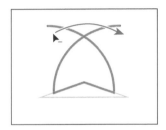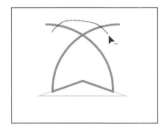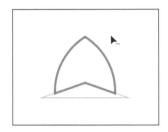

图 4-41

⑦ 选择"选择工具"，单击工具栏底部的"互换填充和描边"按钮，交换形状的填色和描边，使填色变成描边，如图 4-42 所示。

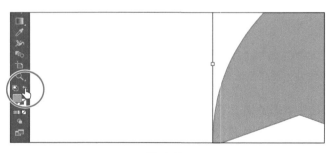

图 4-42

4.5.3　组装第二只恐龙

要完成第二只恐龙的绘制，您需要拖动并排布之前处理过的图形。

① 选择"视图">"窗口适合画板大小"。

② 选择"选择工具" ▶，将黄色眼睛形状拖动到恐龙眼眶上，将橙色形状拖动到鼻孔上层，如图 4-43 所示。暂时不用考虑精确位置。保持橙色形状处于选中状态。

③ 选择"视图">"放大"几次以放大恐龙。

④ 橙色形状要排列在鼻子上的其他图形的下层，单击"属性"面板中的"排列"按钮，然后根

据需要多次选择"下移一层"选项，如图 4-44 所示。

图 4-43   图 4-44

⑤ 选择眼睛周围的黄色圆圈，按住 Shift 键并拖动一个角，以调整眼睛大小，完成后松开鼠标左键和 Shift 键。将其拖动到正确的位置，如图 4-45 所示。

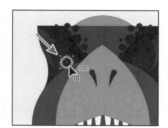

图 4-45

⑥ 按住 Option 键（macOS）或 Alt 键（Windows），选择黄色圆圈，然后按住鼠标左键拖动黄色圆圈到另一侧进行复制，如图 4-46 所示，完成后松开鼠标左键和 Shift 键。

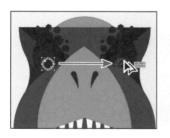

图 4-46

⑦ 选择"选择">"取消选择"，然后选择"文件">"存储"，保存文件。

4.5.4　使用路经查找器组合对象

"属性"面板或"路径查找器"面板（"窗口">"路径查找器"）中的"路径查找器"是另一种组合形状的方法。当应用"路径查找器"效果（如"联集"）时，所选原始对象将会发生永久的改变。

① 从文档窗口左下角的"画板导航"菜单中选择"3 Dino 3"画板。

② 选择"选择工具"，框选 3 个带有黑色描边的椭圆，如图 4-47 所示。

③ 选择这些形状，在右侧的"属性"面板中单击"联集"按钮，永久合并这些形状，如图 4-48 所示。

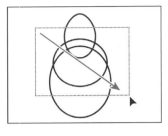

图 4-47

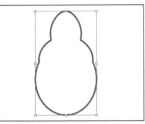

图 4-48

💡 **注意** 单击"属性"面板中的"联集"按钮能够将形状组合在一起，产生与使用"形状生成器工具"类似的效果。

④ 选择"编辑" > "还原相加"以撤销"联集"命令并恢复所有形状，让它们保持选中状态。

💡 **提示** 单击"属性"面板的"路径查找器"选项组中的"更多选项"按钮 ▪▪▪，将显示"路径查找器"面板，该面板中有更多选项。

4.5.5 了解形状模式

前面的内容中使用了"路径查找器"对形状进行了永久性更改。选择形状后，按住 Option 键（macOS）或 Alt 键（Windows），单击"属性"面板中显示的任何默认的"路径查找器"工具，都会创建复合形状而不是路径。复合形状中的原始底层对象都会保留下来，因此，您仍然可以选择复合形状中的任意原始对象。如果您认为稍后可能还需要使用原始形状，那么使用创建复合形状的模式将非常有用。

① 在选择形状的情况下，按住 Option 键（macOS）或 Alt 键（Windows），然后单击"属性"面板中的"联集"按钮 ▫，如图 4-49（a）所示。

这将创建一个复合形状，图 4-49（b）所示为合并后的形状轮廓，您仍然可以单独编辑其原始形状。

（a）

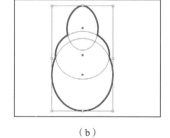

（b）

图 4-49

💡 **提示** 若要编辑类似于此复合形状中的原始形状，还可以使用"直接选择工具" ▷ 来单独选择它们。

② 选择"选择" > "取消选择"，查看最终形状。

③ 选择"选择工具"，双击新合并的形状的黑色描边，进入隔离模式。

您需要双击形状的描边而不是形状中的其他地方，因为它们没有填充内容。

④ 单击顶部椭圆的边缘，或按住鼠标左键框选该路径，如图 4-50（a）所示。

⑤ 按住 Shift 键，在中心的蓝点外或路径描边上按住鼠标左键向下拖动所选椭圆，如图 4-50（b）所示。拖动到合适位置之后，松开鼠标左键，然后松开 Shift 键，如图 4-50（c）所示。

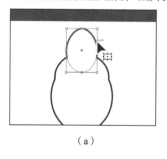
（a）

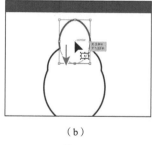
（b）

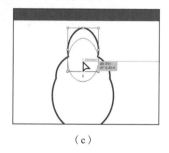
（c）

图 4-50

⑥ 按 Esc 键，退出隔离模式。

接下来将扩展图形外观。扩展外观将保持复合对象的形状，但您不能再次选择或编辑原始对象。当想要修改对象内部特定元素的外观属性和其他属性时，通常需要扩展对象。

⑦ 在形状外单击以取消选择，然后单击复合形状再次选择它，这样就选择了整个对象，而不仅是其中一个形状。

⑧ 选择"对象">"扩展外观"，如图 4-51 所示。

"路径查找器"使复合形状成了一个单一的、永久的形状。

⑨ 单击"属性"面板中的"填色"框，选择湖绿色色板，将描边粗细更改为"0 pt"。

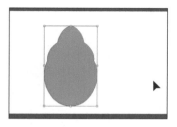

图 4-51

4.5.6 调整路径形状

第 3 课学习了如何创建形状和路径（线条）。您可以使用"整形工具" 拉伸路径的某部分而不扭曲其整体形状。本小节将改变一条线段的形状，让它更弯曲一点，这样就可以完成其中一只恐龙的鼻子的绘制。

① 确保智能参考线已打开（选择"视图">"智能参考线"）。

② 选择"选择工具" ，选择画板中间的绿色路径。

③ 为了更方便查看，请按"Command + +"组合键（macOS）或"Ctrl + +"组合键（Windows）几次，以放大视图。

④ 单击工具栏底部的"编辑工具栏"按钮 。在弹出的面板菜单中向下拖动滚动条，然后将"整形工具" 拖动到左侧工具栏中的"旋转工具" 上，将其添加到工具栏中，如图 4-52 所示。

图 4-52

> **♀ 注意** 您可能需要按 Esc 键来隐藏多余的工具菜单。

⑤ 选择"整形工具" ⚲，将鼠标指针移动到路径上。当鼠标指针变为 ⚲ 时，按住鼠标左键将路径
向左拖动以添加锚点，并调整路径形状，如图 4-53 所示。

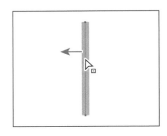 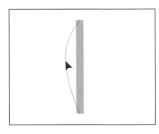 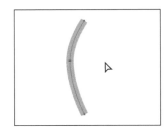

图 4-53

"整形工具"可用于拖动现有的锚点或路径段，如果拖动现有路径段，则会创建一个新锚点。

⑥ 将鼠标指针移动到路径的顶部锚点上，然后按住鼠标左键将其向左拖动一点，如图 4-54 所示。
保持路径的被选中状态。

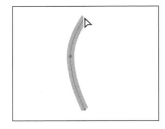 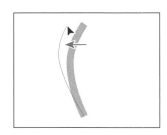 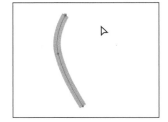

图 4-54

4.6　使用宽度工具

您不仅可以像在第 3 课中那样调整描边的粗细，还可以通过使用"宽度工具" 🖋 或将宽度配置文
件应用于描边来更改常规描边的宽度，这使您可以沿路径描边创建可变宽度。本节将使用"宽度工具"
来调整 4.5.6 小节中调整后的路径。

❶ 在工具栏中选择"宽度工具" 🖋，将鼠标指针放在 4.5.6 小节用"整形工具"调整后的路径
的中心。请注意，当鼠标指针位于路径上时，鼠标指针旁边有一个加号 ⚲。如果按住鼠标左键并拖动，
则会编辑描边的宽度。向右拖动蓝线，请注意，拖动时描边会以相等的距离向左右两边伸展。当测量
标签显示"边线 1"和"边线 2"大约为"0.4 in"时，松开鼠标左键，如图 4-55 所示。

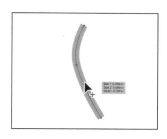 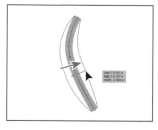 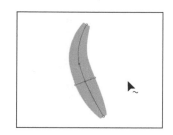

图 4-55

💡 提示 　如果选择宽度点，则可以按 Delete 键将其删除。如果描边上只有一个宽度点，删除该点将完全删除描边宽度。

现在在路径上创建了一个宽度可变的描边，而不是一个带有填色的形状。原始路径上的新点被称为"宽度点"，从宽度点延伸的线是宽度控制手柄。

② 在画板的空白区域单击，取消选择锚点。

③ 将鼠标指针放在路径上的任意位置，第 1 步创建的新宽度点（如图 4-56 箭头所示）将再次显示出来。

④ 将鼠标指针放在原始宽度点上，当从该点延伸出的线条，鼠标指针变为 ᐅ~ 时，沿着路径向上和向下拖动它以查看其对路径的影响，如图 4-57 所示。

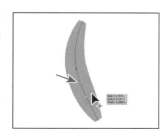

图 4-56

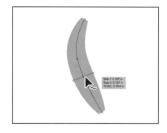 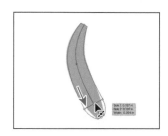 

图 4-57

除了通过拖动来为路径添加宽度点之外，还可以双击锚点来创建宽度点，并在"宽度点数编辑"对话框中输入数值。

⑤ 将鼠标指针移动到路径的顶部锚点上，注意鼠标指针会变为 ᐅ~，并出现"锚点"一词，如图 4-58（a）所示。双击该点以创建一个新的宽度点，并弹出"宽度点数编辑"对话框。

💡 提示 　您可以选择一个宽度点，按住 Option 键（macOS）或 Alt 键（Windows），拖动宽度点的一个宽度控制手柄来更改单侧描边宽度。

⑥ 在"宽度点数编辑"对话框中，将"总宽度"更改为"0 in"，然后单击"确定"按钮，如图 4-58（b）所示。

"宽度点数编辑"对话框允许您一起或单独调整宽度点边线的长度，此外，如果您勾选了"调整邻近的宽度点数"复选框，那么您对所选宽度点所做的任何更改也会影响相邻的宽度点。

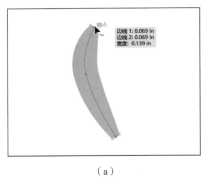 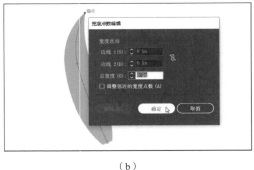

（a） （b）

图 4-58

提示 定义描边宽度后，您可以将可变宽度保存为配置文件，以后就可以从"描边"面板或"控制面板"中复用它。若要了解有关可变宽度配置文件的详细信息，请在"Illustrator 帮助"（选择"帮助">"Illustrator 帮助"）中搜索"带有填色和描边的绘制"。

⑦ 将鼠标指针移动到路径的底部锚点上双击，在弹出的"宽度点数编辑"对话框中，将"总宽度"更改为"0 in"，然后单击"确定"按钮，如图 4-59 所示。

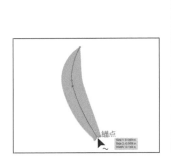 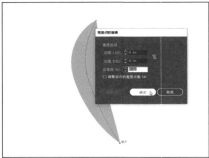 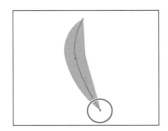

图 4-59

⑧ 将鼠标指针移动到原始宽度点上，当宽度控制手柄出现时，将其中一个控制手柄从路径中心向外拖离，使描边更宽一些，如图 4-60 所示。保持路径为选中状态，以备下一小节操作使用。

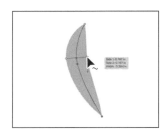 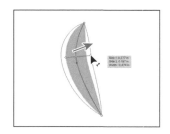 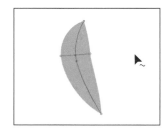

图 4-60

⑨ 将"属性"面板中的描边"颜色"更改为黑色。

组装最后一只恐龙

要完成您看到的恐龙，需要拖动并排布在此之前处理过的图形。

❶ 选择"视图">"窗口适合画板大小"。

图 4-61

❷ 选择"选择工具" ▶，将湖绿色恐龙头部形状和重新调整的路径拖动到右侧的恐龙上。保持重新调整的黑色路径为选中状态，如图 4-61 所示。

❸ 选择"视图">"放大"几次以放大恐龙视图。

❹ 按住 Shift 键和鼠标左键拖动黑色路径的一角使之变小，如图 4-62 所示。请注意，即使路径变小了，其描边粗细仍然不变。将"属性"面板中的描边粗细更改为"19 pt"。

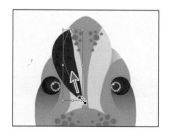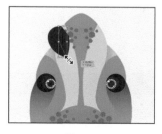

图 4-62

❺ 将黑色路径拖动到图 4-63（a）所示位置。

❻ 按住 Option 键（macOS）或 Alt 键（Windows），按住鼠标左键将黑色路径拖动到另一侧，复制出黑色路径的副本，如图 4-63（a）和图 4-63（b）所示。松开鼠标左键，然后松开 Option 键（macOS）或 Alt 键（Windows）。

❼ 在"属性"面板中，单击"水平翻转"按钮 ◀▶ 以翻转形状，如图 4-63（c）所示。

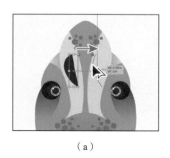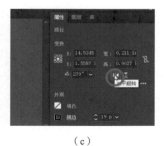

（a）　　　　　　　　（b）　　　　　　　　（c）

图 4-63

❽ 选择"视图">"全部适合窗口大小"，效果如图 4-64 所示。

❾ 选择"文件">"存储"，然后选择"文件">"关闭"。

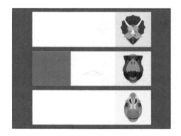

图 4-64

4.7 复习题

1. 描述两种可以将多个形状合并为一个形状的方法。
2. "剪刀工具" ✂ 和 "刻刀工具" ✐ 有什么区别？
3. 如何使用 "橡皮擦工具" ◆ 进行直线擦除？
4. 在 "属性" 面板或 "路径查找器" 面板中，"形状模式" 和 "路径查找器" 之间的主要区别是什么？
5. 为什么要轮廓化描边？

参考答案

1. 使用 "形状生成器工具" ⊕ 可以直观地在文件中合并、删除、填充和编辑相互重叠的形状和路径。还可以使用 "路径查找器"（可在 "属性" 面板、"效果" 下拉菜单或 "路径查找器" 面板中找到）在重叠的对象中创建新形状。
2. "剪刀工具" ✂ 用于在锚点或线段处剪切路径、图形框架或空文本框架。"刻刀工具" ✐ 会沿着使用该工具划过的路径切割对象，并将对象分离开来。使用 "剪刀工具" 剪切形状时，生成的形状是开放路径；使用 "刻刀工具" 切割形状时，生成的形状是闭合路径。
3. 要用 "橡皮擦工具" ◆ 进行直线擦除，需要按住 Shift 键，然后使用 "橡皮擦工具" 进行擦除。
4. 在 "属性" 面板中，应用 "形状模式"（如 "联集"）时，所选原始对象将永久转变。但如果按住 Option 键（macOS）或 Alt 键（Windows）应用 "形状模式"，此时将保留原始对象。应用 "路径查找器"（如 "联集"）时，所选原始对象也将永久转变。
5. 默认情况下，路径与线条一样，可以显示描边颜色，但不能显示填充颜色。如果在 Adobe Illustrator 中创建了一条线，并且希望同时应用描边和填充，则可以轮廓化描边，这将把线条转换为封闭的形状（或复合路径）。

第 5 课

变换图稿

本课概览

在本课中，您将学习如何执行以下操作。

- 在现有文件中添加、编辑、重命名和重新排序画板。
- 在画板之间导航。
- 使用标尺和参考线。
- 精确调整对象的位置。

- 使用多种方法移动、缩放、旋转、镜像和倾斜对象。
- 使用"自由变换工具"扭曲对象。
- 使用"操控变形工具"。

学习本课大约需要 **60**分钟

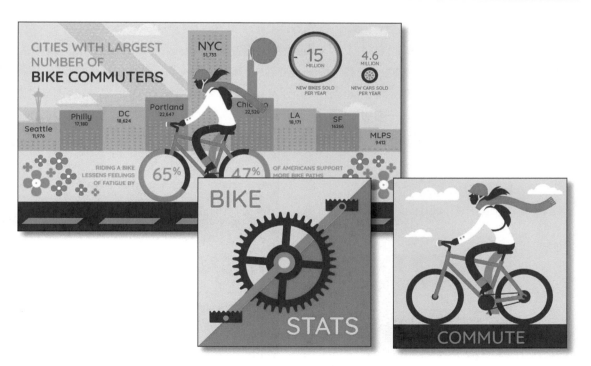

　　创建图稿时，您可以通过多种方式快速、精确地调整对象的大小、形状和方向。在本课中，您将创建多幅图稿，同时了解创建和编辑画板的方法、各种变换命令和专用工具。

5.1 开始本课

本课将变换图稿并使用它来完成一幅信息图。在开始之前，您需要还原 Adobe Illustrator 的默认首选项，然后打开一个包含已完成图稿的文件，查看您将创建的内容。

① 为了确保工具的功能和默认值完全如本课所述，请删除或停用（通过重命名实现）Adobe Illustrator 首选项文件，具体操作请参阅本书"前言"的"还原默认首选项"部分。

② 启动 Adobe Illustrator。

③ 选择"文件">"打开"，打开"Lessons">"Lesson 05"文件夹中的"L5_end.ai"文件，如图 5-1 所示。

图 5-1

该文件包含构成不同信息图表的 3 个画板，文件中所提供的数据纯属虚构。

④ 选择"视图">"全部适合窗口大小"，并在工作时使文件保持打开状态以供参考。

⑤ 选择"文件">"打开"，在"打开"对话框中，定位到"Lessons">"Lesson05"文件夹，然后选择"L5_start.ai"文件，单击"打开"按钮，如图 5-2 所示。

⑥ 系统弹出"缺少字体"对话框，确保在"激活"列中勾选了缺少的字体的复选框，然后单击"激活字体"按钮，如图 5-3 所示。一段时间后，字体就会被激活，您会在"缺少字体"对话框中看到一条激活成功的提示消息，单击"关闭"按钮。

图 5-2

图 5-3

⑦ 选择"文件">"存储为"，如果弹出"云文档"对话框，请单击"保存在您的计算机上"按钮。

⑧ 在"存储为"对话框中，将文件命名为"Infographic.ai"，然后定位到"Lesson05"文件夹。从"格式"下拉菜单中选择"Adobe Illustrator（ai）"选项（macOS）或从"保存类型"菜单中选择"Adobe Illustrator（*.AI）"选项（Windows），然后单击"保存"按钮。

⑨ 在"Illustrator 选项"对话框中，使"Illustrator 选项"保持默认设置，然后单击"确定"按钮。

> ♀ **注意** 如果在"工作区"菜单中没有看到"重置基本功能"选项，请在选择"窗口">"工作区">"重置基本功能"之前，先选择"窗口">"工作区">"基本功能"。

⑩ 选择"窗口">"工作区">"重置基本功能"。

5.2 使用画板

画板为包含可打印或可导出图稿的区域，类似于 Adobe Indesign 中的页或 Adobe Photoshop 和 Adobe Experience Design 中的画板。您可以使用画板创建各种类型的项目，例如多页 PDF 文件，大小或元素不同的打印页面，网站、应用程序或视频故事板的独立元素。

5.2.1 向文件添加画板

在使用文件时，您可以随时添加和删除画板，也可以创建不同尺寸的画板，还可以在画板编辑模式下调整它们的大小，并且可以将画板放在文档窗口中的任意位置。所有画板都有对应的编号，还可以指定名称。本小节将为"Infographic.ai"文件添加一些画板，该文件当前仅包含一个画板。

① 选择"视图">"画板适合窗口大小"，然后按"Option+–"（macOS）或"Ctrl +–"（Windows）组合键两次，以缩小视图。

② 按住空格键临时切换到"抓手工具" 🖐 。按住鼠标左键将画板向左拖动，可以查看画板右侧深色的画布（背景）。

③ 在工具栏中选择"选择工具"。

④ 在"属性"面板中单击"编辑画板"按钮，进入画板编辑模式，如图 5-4 所示，然后在工具栏中选择"画板工具"。

⑤ 将鼠标指针移动到现有画板的右侧，然后按住鼠标左键向右下方拖动，如图 5-5 所示。不用考虑具体尺寸。

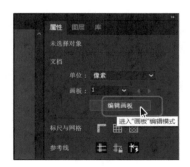

图 5-4

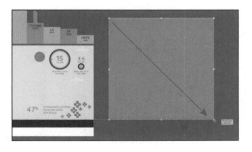

图 5-5

如果要在"属性"面板中查看文件选项，则不能选择任何内容。如果需要查看文件选项，请先选择"选择">"取消选择"。

您也可以在工具栏中选择"画板工具"，进入画板编辑模式。

现在应该选择了新画板，因为此画板周围有一个虚线框，所以您可以看出它是被选中的。在"属性"面板中，您能看到所选画板的属性，如位置（X 和 Y）、大小（宽和高）和名称等。

⑥ 在"属性"面板中，在"宽"文本框中输入"648 px"，在"高"文本框中输入"648 px"，按Enter 键确认输入值，如图 5-6 所示。当您稍后将文件单位转换为英寸时，您将看到 648 像素正好等于 9 英寸。

⑦ 在"属性"面板的"画板"选项组中将名称更改为"Bike Stats"。按 Enter 键确认更改，如图 5-7 所示。

图 5-6

图 5-7

⑧ 单击"属性"面板中的"新建画板"按钮⊞，在所选画板"Bike Stats"右侧创建一个与其大小相同的新画板，如图 5-8 所示。

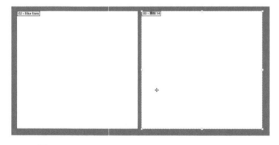

图 5-8

⑨ 在"属性"面板中，将新画板的名称更改为"Commute"。按 Enter 键确认更改，如图 5-9 所示。

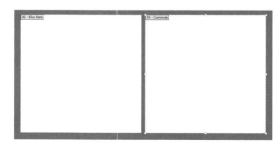

图 5-9

⑩ 选择"视图">"全部适合窗口大小"，查看所有画板。

在画板编辑模式下编辑画板时，您可以在画板的左上角看到每个画板的名称。

⑪ 单击"属性"面板顶部的"退出"按钮，退出画板编辑模式，如图 5-10 所示。

退出画板编辑模式将取消选择所有画板，并切换到您进入之前选择的工具。在本例中，将切换到"选择工具"。

💡提示　您还可以在工具栏中选择"画板工具"以外的其他工具或按 Esc 键退出画板编辑模式。

⑫ 选择"选择工具"▶，将最大画板下方的自行车和骑手图形组拖动到"Bike Stats"画板上，如图 5-11 所示。

图 5-10

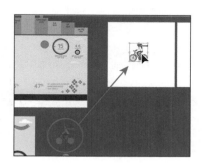

图 5-11

⑬ 选择"选择">"取消选择"。

5.2.2　编辑画板

创建画板后，您可以使用"画板工具"□、菜单命令、"属性"面板或"画板"面板对其进行编辑或删除。本小节将调整一个画板的位置和大小。

❶ 按"Option + −"（macOS）或"Ctrl + −"（Windows）组合键两次，以缩小画板。

❷ 选择"画板工具"□，进入画板编辑模式。

这是进入画板编辑模式的另一种方式，在选择图稿时很有用，因为在选择图稿时您看不到"属性"面板中的"编辑画板"按钮。

❸ 将名为"Commute"的画板拖动到原始画板的左侧。不需要精确确定它的位置，但要确保它没有覆盖任何图稿，如图 5-12 所示。

图 5-12

💡提示　若要删除画板，请使用"画板工具"选择该画板，然后按 Delete 键或 Backspace 键，或单击"属性"面板中的"删除画板"按钮圙。您可以不断删除画板，直到只留下一个画板。

在画板编辑模式下的"属性"面板上，您将看到许多用于编辑所选画板的选项，如图 5-13 所示。当选择一个画板后，您可以通过"预设"菜单将画板更改为预设大小。"预设"菜单中的大小包括常用的 A4、A3、B5 和 B4 等大小。您还可以切换画板方向、重命名或删除画板。

④ 单击中间较大的原始画板，然后选择"视图">"画板适合窗口大小"，让画板适应窗口的大小。

"画板适合窗口大小"命令通常用于所选画板或当前画板。

图 5-13

⑤ 按住鼠标左键向上拖动原始画板下边缘的中间控制点，调整画板大小。当控制点与蓝色形状的下边缘对齐时，松开鼠标左键，如图 5-14 所示。

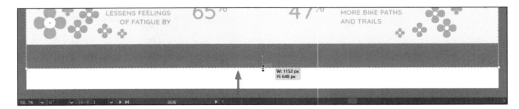

图 5-14

> 💡 提示　您也可以一次变换多个所选画板。

接下来删除右侧的"Bike Stats"画板，然后从另一个文件复制画板以替换它。

⑥ 选择"视图">"全部适合窗口大小"，查看所有画板。

⑦ 单击右侧的"Bike Stats"画板，然后按 Delete 或 Backspace 将其删除，如图 5-15 所示。

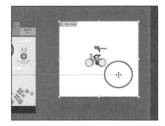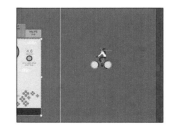

图 5-15

删除画板时，不会删除该画板上的图形。

⑧ 选择工具栏中的"选择工具"▶，然后将自行车和骑手图形再次向下拖动到较大的画板下方，如图 5-16 所示。

图 5-16

5.2.3　在文件之间复制画板

您可以从一个文件中复制或剪切画板并将它们粘贴到另一个文件中，并且该画板上的图形也会随之移动，这使得跨文件重用内容变得方便起来。本项目将从其他人为同一项目创建的文件中复制画板，并把它复制到处理的项目中，以将其全部保存在一个文件中。

①　选择"文件">"打开"，打开"Lessons">"Lesson05"文件夹中的"Bike_stats.ai"文件。

②　选择"视图">"画板适合窗口大小"，查看整个画板，如图 5-17 所示。

③　选择工具栏中的"画板工具"，此时应该是选择了单个画板。如果不是，请在画板中单击以选择它。

图 5-17

如果已经选择了画板，请小心单击画板！您可以在上面复制一份。

> 💡 提示　在您复制画板之前，如果在"属性"面板中取消勾选"随画板移动图稿"复选框，画板上的图形将不会与它一起被复制。

④　选择"编辑">"复制"，复制画板和画板上的图形。在文件中但不在画板上的任何图形（如画板右侧的橙色齿轮）不会被复制。

⑤　选择"文件">"关闭"，关闭文件。

⑥　返回到"Infographic.ai"文件，选择"编辑">"粘贴"，粘贴画板和图形，如图 5-18 所示。

图 5-18

5.2.4　对齐和排列画板

您可以移动和对齐画板，组织管理文件中的画板。本小节将选择所有画板并使它们对齐。

> 💡 提示　选择"画板工具"，按住 Shift 键和鼠标左键可以框选一系列画板，按住 Shift 键然后单击也可以选择需要的画板。

①　在"画板工具"仍处于选中状态的情况下，按住 Shift 键单击其他两个画板，一起选择它们，如图 5-19 所示。

图 5-19

选择"画板工具"时，按住 Shift 键可以将其他画板添加到所选内容中，而不是绘制一个新画板。

② 单击"属性"面板中的"垂直居中对齐"按钮，使 3 个画板对齐，如图 5-20 所示。 使画板保持选中状态。

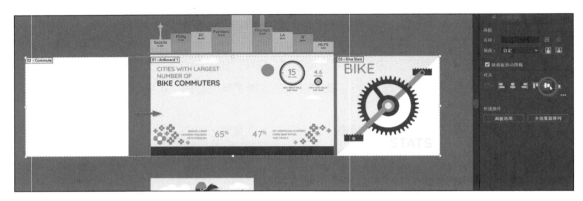

图 5-20

您可能会看到，最大画板上的浅绿色背景形状没有随画板移动，那是因为该对象被锁定了，锁定的对象在移动画板时不会随之移动。

③ 选择"编辑">"还原对齐"，将画板恢复到原来的位置。

④ 选择"对象">"全部解锁"，解锁背景对象和其他任何内容。

⑤ 在"属性"面板中单击"垂直居中对齐"按钮，使每个画板对齐。

在画板编辑模式下，您还可以使用"全部重新排列"命令随意排列画板。此选项可以按列或行排列画板并精确定义画板之间的间距。

⑥ 单击"属性"面板中的"全部重新排列"按钮，如图 5-21 所示，弹出"重新排列所有画板"对话框。

⑦ 在"重新排列所有画板"对话框中，单击"按行排列"按钮，这样 3 个画板可以保持水平相邻。将"间距"设置为"40 px"，这将设置画板之间的间距。单击"确定"按钮，如图 5-22 所示。

图 5-21

图 5-22

请注意，现在最大的画板位于画板行中的第一个，而较小的画板则位于其右侧，如图 5-23 所示。这是因为"按行排列"是根据画板编号对画板进行排序。

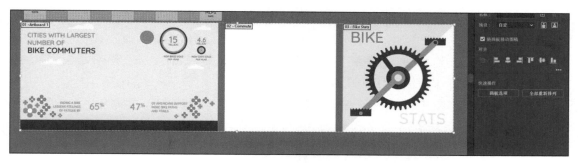

图 5-23

5.2.5 设置画板选项

默认情况下，画板会被指定一个编号和一个名称。当您浏览文件中的画板时，对画板进行命名会很有用。本小节将重命名画板，为这些画板添加更有意义的名称，并且您将看到可以为每个画板设置的其他选项。

① 在画板编辑模式下，选择最大的画板。

② 单击"属性"面板中的"画板选项"按钮，如图 5-24 所示。

③ 在弹出的"画板选项"对话框中，将"名称"更改为"Main Infographic"，勾选"显示中心标记"复选框以在画板中心显示十字（当您希望将内容与中心对齐时，这对于找到画板中心很有用），如图 5-25 所示，单击"确定"按钮。

图 5-24

图 5-25

"画板选项"对话框为画板提供了许多额外的选项，以及一些您已经见过的选项，例如"宽度"和"高度"。

④ 选择"文件">"存储"，保存文件。

5.2.6 调整画板的排列顺序

在选择"选择工具"但未选择任何内容，且未处于画板编辑模式时，您可以使用"属性"面板中的"下一项"按钮▶和"上一项"按钮◀，在文件中的画板之间切换，您也可以在文档窗口的左下角进行类似的操作。默认情况下，画板的排列顺序与其创建顺序相同，但您也可以更改该顺序。本小节将对"画板"面板中的画板重新进行排序，以便您在使用"下一项"按钮或"上一项"按钮时，按您确定的画板顺序切换。

① 选择"窗口">"画板"，打开"画板"面板。

"画板"面板允许您查看文件中所有画板的列表，它还允许您重新排序、重命名、添加和删除画板，以及选择与画板相关的许多其他选项，而无须处于画板编辑模式。

② 打开"画板"面板，双击名称"Commute"左侧的数字"2"，然后双击"画板"面板中名称"Main Infographic"左侧的数字"1"，如图 5-26 所示。

双击"画板"面板中未被选中的画板名称左侧的编号，可使该画板成为当前画板，并使其适应文档窗口的大小。

③ 按住鼠标左键向上拖动名为"Commute"的画板，直到名为"Main Infographic"的画板上方出现一条直线，松开鼠标左键，如图 5-27 所示。

图 5-26　　　　　　　　　　　　　　　　　　图 5-27

这将使"Commute"画板成为列表中的第一个画板。

当您从"属性"面板中选择画板（在本例中为 1、2 或 3）时，画板的编号将按照您在"画板"面板中看到的顺序进行排列。

> 💡 提示　您还可以通过在"画板"面板中选择画板，并单击面板底部的"上移"按钮⬆或"下移"按钮⬇来调整画板排序。

> 💡 提示　在"画板"面板中，每个画板名称右侧会显示"画板选项"按钮📄。它不仅允许您访问每个画板的画板选项，还表示此画板的方向（垂直或水平）。

④ 单击"属性"面板顶部的"退出"按钮，退出画板编辑模式。

⑤ 单击"画板"面板组顶部的"关闭"按钮，将该面板组关闭。

⑥ 选择"视图">"全部适合窗口大小"，如图 5-28 所示。

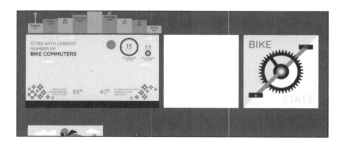

图 5-28

▌5.3　使用标尺和参考线

设置好画板后，接下来您将了解如何使用标尺和参考线来对齐和测量内容。标尺有助于精准地放置对象和测量对象之间的距离。标尺显示在文档窗口的上边缘和左边缘，且可以选择显示或隐藏。Adobe Illustrator 中有两种类型的标尺：画板标尺和全局标尺。每个标尺（水平和垂直方向）上 0（零）刻度的点被称为"标尺原点"。画板标尺将标尺原点设置在当前画板的左上角。不论哪个画板是当前画板，全局标尺都将标尺原点设置在第一个画板（即"画板"面板中顶层的画板）的左上角。默认情况下，标尺设置为画板标尺，这意味着标尺原点位于当前画板的左上角。

5.3.1　创建参考线

参考线是用标尺创建的非打印线，有助于对齐对象。本小节将创建一些参考线，以便更精确地对齐画板上的内容。

① 在选择"选择工具"▶但未选择任何内容的情况下，单击"属性"面板中的"单击可显示标尺"按钮▛，显示页面标尺，如图 5-29 所示。

💡 提示 您也可以选择"视图">"标尺">"显示标尺"，显示页面标尺。

② 单击每个画板，同时观察水平和垂直标尺（沿文档窗口的上边缘和左边缘）的变化。

请注意，对于每个标尺，0 刻度点总是位于当前画板（单击的最后一个画板）的左上角。默认情况下，标尺原点位于当前画板的左上角。正如您所看到的，两个标尺上的 0 刻度点对应于当前画板的边缘，如图 5-30 所示。

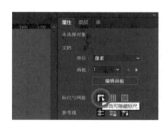

图 5-29

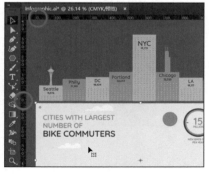

图 5-30

③ 选择"选择工具"，单击最左侧画板中包含文本"CITIES WITH LARGEST"的文本框，如图 5-31 所示。

注意画板周围的细微黑色轮廓，以及"画板导航"菜单（位于文档窗口下方）中显示的"2"，这些都表示"Main Infographic"画板是当前正在使用的画板。一次只能有一个当前画板。"视图">"画板适合窗口大小"命令可以用于当前画板。

④ 选择"视图">"画板适合窗口大小"。

这个操作将使当前画板适合窗口大小，并使标尺原点（0,0）位于该画板的左上角。

⑤ 在文档窗口上边缘标尺处按住鼠标左键向下拖动到画板中。当参考线到达标尺上大约 400 像素处时，松开鼠标左键，如图 5-32 所示。

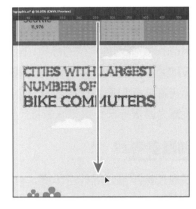

图 5-31 图 5-32

创建了参考线后，此参考线呈选中状态。当移开鼠标指针时，参考线的颜色将和它所在图层的颜色一致（本例中为深蓝色）。

💡 提示 按住 Shift 键并拖动标尺，参考线会与标尺上的刻度值对齐。

💡 提示 您可以双击水平或垂直标尺，以添加新的参考线。

⑥ 在仍选择该参考线的情况下（在本例中，如果参考线被选中，它将显示为蓝色），将"属性"面板中的"Y"值更改为"400 px"，如图 5-33 所示，按 Enter 键确认更改。

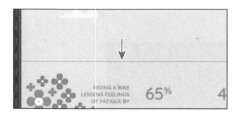

图 5-33

⑦ 选择"选择">"取消选择"，取消选择参考线。

⑧ 选择"文件">"存储"，保存文件。

5.3.2　编辑标尺原点

在水平标尺上，0 刻度点右侧的测量值为正数，左侧的测量值为负数。在垂直标尺上，0 刻度点往下的测量值为正数，往上的测量值为负数。您可以移动标尺原点，在另一个位置开始水平或垂直测量。本小节需要在距画板底边缘 1.5 英寸的空白区域的左下角添加内容。

❶ 选择"视图">"缩小"。

❷ 打开"属性"面板中的"单位"菜单，选择"英寸"选项以更改整个文件的单位。现在，您可以看到标尺显示为英寸而不再是像素，如图 5-34 所示。

> 💡 提示　若要更改文件的单位（英寸、点等），您还可以用鼠标右键单击标尺任意位置，并在弹出的菜单中选择新的单位。

❸ 在文档窗口的左上角的标尺相交处██按住鼠标左键，拖动到较大画板的左下角，如图 5-35 所示。这会将标尺原点（0，0）设置到画板的左下角。换句话说，现在测量将从画板的左下角开始计算。

图 5-34

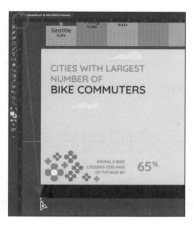

图 5-35

❹ 将鼠标指针移动到左侧的垂直标尺上 1 到 2 英寸之间的某个位置，如图 5-36 所示，双击标尺以添加参考线。

❺ 在右侧的"属性"面板查看"Y"值。因为标尺原点（0，0）已移动到画板底部，所以"Y"值为到画板下边缘的垂直距离。将"Y"值更改为"–1.5in"，如图 5-37 所示，按 Enter 键确认更改。

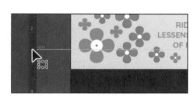

图 5-36

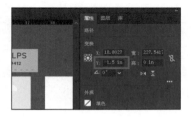

图 5-37

❻ 选择"选择工具"，将包含花朵的图形组拖动到参考线上方，如图 5-38 所示，为以后要添加的内容留出空间。

❼ 移动鼠标指针到文档窗口左上角标尺相交处██，双击将标尺原点重置在画板左上角，如图 5-39 所示。

图 5-38

图 5-39

💡提示 您也可以通过选择"视图">"参考线">"锁定参考线"来
锁定参考线。您可以单击"属性"面板中的"隐藏参考线"按钮，或
按"Command + ;"（macOS）或"Ctrl + ;"（Windows）组合键
来隐藏和显示参考线。

⑧ 选择"选择">"取消选择"。

⑨ 单击"属性"面板中的"锁定参考线"按钮▦，锁定所有参
考线以防止选中它们，如图 5-40 所示。

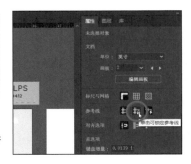

图 5-40

5.4 变换内容

第 4 课介绍了如何选择简单的路径和形状，并通过编辑和组合这些内容来创建更复杂的图形，这
其实是一种变换内容的方式。本节将介绍如何使用多种工具和方法以其他方式缩放、旋转和变换
内容。

5.4.1 使用定界框

当选择了内容后，所选内容周围会出现一个定界框，您可以使用定界框来变换内容，也可以将其
关闭。关闭定界框后，您就无法通过使用"选择工具"拖动定界框
来调整内容的大小。

① 在显示较大画板的情况下，请选择"视图">"缩小"，
直到看到包含画板上方建筑物的图形组。

② 选择"选择工具"▶，选择此图形组。将鼠标指针移动到所
选图形组的左下角，如图 5-41 所示。如果现在按住鼠标左键进行
拖动，将调整所选内容的大小。

③ 选择"视图">"隐藏定界框"。

此命令隐藏了图形组周围的定界框，这会使您无法通过使用
"选择工具"拖动定界框来调整图形组的大小。

图 5-41

④ 再次将鼠标指针移动到此图形组的左下角的锚点上，然后按住鼠标左键向下拖动到您创
建的第一条参考线之上，如图 5-42 所示。请注意，建筑物并未完全与参考线对齐。

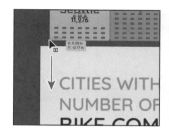 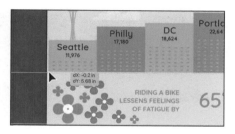

图 5-42

要使建筑物与参考线对齐或贴合，您需要放大视图。

⑤ 选择"缩放工具"并在建筑物的左下角拖动以放大视图。

⑥ 选择"选择工具"，拖动建筑物图形组左下角的锚点，使其与画板的左边缘和参考线对齐。当鼠标指针的箭头变为白色时，表示图形组与参考线对齐，此时就可以松开鼠标左键，如图 5-43 所示。

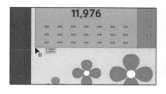 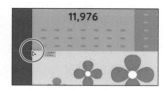

图 5-43

⑦ 选择"视图">"显示定界框"，为所有图形重新启用定界框。

5.4.2 使用属性面板放置对象

有时您需要相对于其他对象或画板精确地放置对象，那么您可以使用"对齐"选项。您也可以使用"智能参考线"和"属性"面板中的"变换"选项，将对象精确地移动到画板的 X 轴和 Y 轴上的特定坐标处，这种方法还可以控制对象相对于画板边缘的距离。本小节将向画板添加图形，并精确放置该图形。

① 选择"视图">"适合所有窗口"以查看 3 个画板。

② 单击中间的空白画板，使其成为当前画板。

③ 单击当前画板上的带有"COMMUTE"文本的图形组，如图 5-44 所示，您可能需要缩小或平移画板才能看到它。

图 5-44

> **提示** 您还可以选择"对齐"选项将内容对齐到画板，在 Adobe Illustrator 中有多种方法供您完成大多数任务。

④ 在"属性"面板的"变换"选项组中单击参考点定位器的左上角▦，将"X"值和"Y"值更改为"0 in"，如图 5-45（a）所示，按 Enter 键确定。

这组内容将被移动到活动画板的左上角，如图 5-45（b）所示。参考点定位器中的点对应于所选内容的定界框的点，例如，参考点定位器左上角的点指向定界框的左上角的点。

⑤ 选择"选择">"取消选择"，然后选择"文件">"存储"，保存文件。

（a）

（b）

图 5-45

5.4.3 缩放对象

到目前为止，您都在使用"选择工具"来缩放大多数的对象。本小节将使用其他几种方法来缩放对象。

① 如有必要，按"Command+ –"（macOS）或"Ctrl+ –"（Windows）组合键（或选择"视图">"缩小"）缩小视图，查看画板底部边缘的自行车和骑手图形组。

② 选择"选择工具"▶，选择自行车和骑手图形组，如图 5-46 所示。

③ 按"Command + +"（macOS）或"Ctrl + +"（Windows）组合键几次，将图形放大。

④ 在"属性"面板中，单击参考点定位器的中心参考点▦，以从中心点调整大小。确保启用了"保持宽度和高度比例"按钮█，设置"宽"为"200％"，如图 5-47 所示。按 Enter 键放大图形。

图 5-46

图 5-47

💡提示 输入值来变换内容时，可以输入不同的单位，如"％"（百分比）或"px"（像素），它们会转换为默认单位，在本例中为"in"（英寸）。

⑤ 选择"视图">"隐藏边缘"，隐藏内部边缘。

请注意，图形变大了，但人的手背和腿仍然是原来的宽度，如图 5-48 所示。这是因为它们是一个应用了描边的路径。默认情况下，描边和效果（如投影）不会随对象一起缩放。例如，如果放大一个描边为 1pt 的圆，那么描边粗细仍然是 1pt。但是如果在缩放之前勾选"缩放描边和效果"复选框，如图 5-49（a）所示，再缩放对象，则 1pt 描边将根据应用于对象的缩放比例进行缩放。

⑥ 选择"视图">"显示边缘"，再次显示内部边缘。

⑦ 选择"编辑">"还原缩放"。

⑧ 在"属性"面板中，单击"变换"选项组中的"显示更多"按钮•••以查看更多选项。勾选"缩放描边和效果"复选框，设置"宽"为"225％"，按 Enter 键放大图形，如图 5-49（b）所示，效果如图 5-49（c）所示。

图 5-48

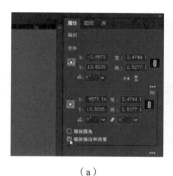
（a）

（b）

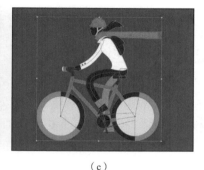
（c）

图 5-49

现在，应用于路径的描边将按比例缩放。

⑨ 按住空格键临时切换到"抓手工具"，然后按住鼠标左键向上拖动，查看人物下方的花朵图形。

⑩ 选择"选择工具" ▶，选择花朵图形。

> **💡 提示** 您可能会在工具栏中看到另外一个工具，而不是"旋转工具" ↻。如果是这种情况，请长按该工具然后选择"比例缩放工具" 🗗。

⑪ 在工具栏中的"旋转工具" ↻ 上长按鼠标左键，然后选择"比例缩放工具" 🗗。

"比例缩放工具"通过按住鼠标左键拖动来缩放内容。对于很多变换工具（如"比例缩放工具"），还可以通过双击该工具，在其对话框中编辑所选内容，效果等同于选择"对象">"变换">"缩放"。

> **💡 提示** 您还可以选择"对象">"变换">"缩放"以打开"缩放"对话框。

⑫ 双击工具栏中的"比例缩放工具" 🗗，在弹出的"比例缩放"对话框中，将"等比"更改为"50%"，勾选"比例缩放描边和效果"复选框，花中心白色路径的笔触将正确缩放。先勾选"预览"复选框，以查看大小变化，单击"确定"按钮，如图 5-50 所示。

如果有大量重叠的图形，或者当图形的精度要求很高时，又或者当您需要不等比缩放内容时，这种缩放的方法会很有用。

⑬ 选择"选择工具"，将花朵向上拖动到画板上其他花朵的右下角，如图 5-51 所示。

图 5-50

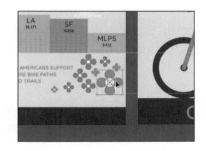

图 5-51

⑭ 选择"文件">"存储"，保存文件。

5.4.4 创建对象的镜像

创建对象的镜像时，Adobe Illustrator 会基于一条不可见的垂直轴或水平轴翻转该对象。与缩放和旋转类似，在创建对象的镜像时，可以指定镜像参考点，也可以使用默认的对象中心点。本小节将复制对象并使用"镜像工具" ▷◁ 将对象沿轴翻转 90°。

① 选择"视图">""全部适合窗口大小"。

② 选择"选择工具" ▶，选择右侧"Bike Stats"画板背景中的绿色三角形，如图 5-52 所示。

③ 选择"编辑">"复制"，然后选择"编辑">"贴在前面"，在所选形状的上层创建一个副本。

④ 在"属性"面板中单击"填色"框，选择名为"Orange"的色板，如图 5-53 所示。

图 5-52

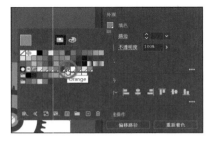

图 5-53

在工具栏中选择"镜像工具" ▷◁，该工具包含在"比例缩放工具" 🔲 组中。将鼠标指针移动到"Bike Stats"画板的右下角，然后按住鼠标左键顺时针拖动，如图 5-54（a）所示。拖动时，按住 Shift 键将旋转角度限制为 45°，最终形成轴对称镜像图形，如图 5-54（b）所示，松开鼠标左键和 Shift 键。

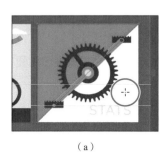

（a）

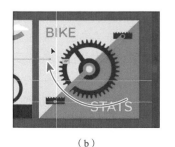

（b）

图 5-54

💡 提示　如果您只想原地翻转对象，可以单击"属性"面板中的"水平轴翻转"按钮▨或"垂直轴翻转"按钮▨。

💡 提示　如果要在拖动时复制对象并创建镜像，请在使用"镜像工具"拖动对象时，按住 Option 键（macOS）或 Alt 键（Windows）。当对象旋转到目标位置时，松开鼠标左键，然后松开 Option 键（macOS）或 Alt 键（Windows）。按住"Shift+Option"（macOS）或"Shift+Alt"（Windows）组合键则会在复制镜像的同时将镜像每次旋转角度限制为 45°。

⑤ 选择"选择工具"▶，按住 Shift 键依次单击绿色三角形，以同时选择两个三角形。单击"属性"
面板中的"编组"按钮，将这两个三角形组合在一起。

5.4.5 旋转对象

旋转对象的方法有很多，如精确角度旋转、自由旋转等。在前面的课程中，您已经了解到可以使
用"选择工具"旋转所选对象。默认情况下，对象会围绕对象中心的指定参考点旋转。本小节将学习
使用"旋转工具"和"旋转"命令。

① 选中"选择工具"▶，选择"Commute"画板上的自行车和骑手图形组。

② 选择"视图">"窗口适合画板大小"。

③ 双击骑手头盔进入该图形组的隔离模式，然后选择骑手的头盔，如图 5-55 所示。

图 5-55

④ 按"Command + +"（macOS）或"Ctrl + +"（Windows）组合键几次，将视图放大。

⑤ 将鼠标指针放到定界框的一个角点外，当出现旋转箭头↰ 时，按住鼠标左键顺时针稍微拖动
以旋转头盔，以免遮挡骑手视线，如图 5-56 所示。

图 5-56

默认情况下，使用"选择工具"会围绕中心旋转内容。使用"属性"面板（"控制"面板或"变换"
面板）是另一种精确旋转对象的方法。在"变换"面板中，您始终可以看到每个对象的旋转角度，并
可进行更改。

> 💡 提示　当您拖动旋转对象时，按住 Shift 键会将旋转角度限制为 45°。

> 💡 提示　使用各种方法（包括旋转）变换对象后，您可能会注意到定界框也发生了变化，您可以选择"对
> 象">"变换">"重置定界框"来重置对象的定界框。

⑥ 按 Esc 键，退出隔离模式。

⑦ 从文档窗口左下方的"画板导航"菜单中选择"3 Bike Stats"画板。

⑧ 选中"选择工具"，选择齿轮中间的蓝线，如图 5-57（a）所示。

⑨ 在工具栏中选择"旋转工具"↻（它位于"镜像工具"▷◁组内），将鼠标指针移动到齿轮中间

的绿色圆圈的中心位置，当出现"中心点"标签时，表示这个点是绿色圆圈的中心，单击以设置参考点（图形将围绕该点旋转），如图 5-57（b）所示。

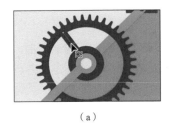 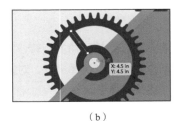

（a）　　　　　　　　　　（b）

图 5-57

现在您将围绕齿轮中心拖动旋转蓝色路径，拖动旋转时需要复制副本。

⑩ 将鼠标指针移动到所选路径上方并按住鼠标左键顺时针拖动，拖动时按住"Option+Shift"（macOS）或"Alt+Shift"（Windows）组合键可在旋转时复制对象并将每次旋转角度限制为 45°。当您在测量标签中看到"–90°"时，松开鼠标左键，然后松开"Option + Shift"（macOS）或"Alt + Shift"（Windows）组合键，如图 5-58 所示。

图 5-58

您还需要创建两条相同的路径，每条路径都围绕齿轮中心分别再旋转 90°。

⑪ 选择"对象">"变换">"再次变换"两次，最终齿轮中共有 4 个蓝色路径。

⑫ 选择"选择工具"▶，选择最后一条蓝色路径，按住 Shift 键并单击其他 3 个路径以选择所有 4 个路径，如图 5-59 所示。

⑬ 单击"属性"面板中的"编组"按钮，将它们组合在一起。

⑭ 在仍选择此图形组的情况下，双击工具栏中的"旋转工具"。在弹出的"旋转"对话框中，将"角度"更改为"50°"。勾选"预览"复选框以查看更改，单击"确定"按钮，如图 5-60 所示。

图 5-59　　　　　　　　　　　　　图 5-60

5.4.6　使用自由变换工具进行变换

"自由变换工具"▦是一种多用途工具，您可以利用它，结合移动、缩放、倾斜、旋转和扭曲（透视扭曲或自由扭曲）等功能扭曲对象。"自由变换工具"还支持触控功能，这意味着您可以在某些设备上使用触控控件来控制变换。本小节将为较大画板上的建筑物添加阴影。

> 💡**注意** 想要了解有关触控控件的详细信息，请在"Illustrator 帮助"（选择"帮助">"Illustrator 帮助"）中搜索"触控工作区"。

❶ 从文档窗口左下方的"画板导航"菜单中选择"2 Main Infographic"画板。

❷ 选择"选择工具"▶，选择画板上的建筑物图形。选择"编辑">"复制"，然后选择"编辑">"贴在后面"，制作粘贴在原件下方的副本。

❸ 单击工具栏底部的"编辑工具栏"按钮 ⚫⚫⚫，在弹出的菜单中向下拖动滚动条，将"自由变换工具" ▣ 拖动到左侧的工具栏中，将其添加到工具列表中。将"操控变形工具" ✦ 拖动到"自由变换工具"上，将它们放在一组里，如图 5-61 所示。

❹ 在工具栏中长按"操控变形工具" ✦，然后选择"自由变换工具" ▣。

❺ 按 Esc 键，隐藏工具菜单。

选择"自由变换工具"后，自由变换小部件将显示在文档窗口中。这个小部件是自由浮动的，可以放置在窗口其他位置，它包含用于更改"自由变换工具"工作方式的选项，如图 5-62 所示。默认情况下，您可以使用"自由变换工具"移动、倾斜、旋转和缩放对象。通过选择其他选项（如"透视扭曲"），您可以更改"自由变换工具"的工作方式。

图 5-61

- 限制
- 自由变换
- 透视扭曲
- 自由扭曲

图 5-62

❻ 将鼠标指针移动到所选建筑物的顶部的中间锚点上，当鼠标指针变为 ✛ 时，按住鼠标左键并向左上角拖动，如图 5-63（a）所示，当建筑物如图 5-63（b）所示时松开鼠标左键。

（a）　　　　　　　　　　　（b）

图 5-63

❼ 单击"属性"面板中的"填色"框并将颜色更改为黑色，将"属性"面板中的"不透明度"更改为"20%"，如图 5-64 所示。

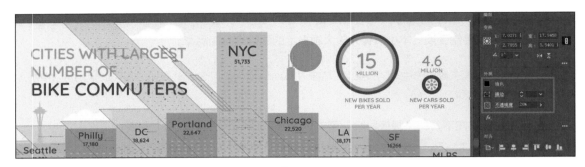

图 5-64

⑧ 选择"选择">"取消选择"。

5.4.7 倾斜对象

使用"倾斜工具"可使对象的侧边沿指定的轴倾斜，在保持其对边平行的情况下使对象不再对称。本小节将倾斜将要制作的道路中的虚线。

💡提示 您可以设置一个参考点，进行剪切甚至复制操作。选择"剪切工具" ，按住 Option 键（macOS）或 Alt 键（Windows）单击以设置参考点并打开"剪切"对话框，您可以在其中设置选项，甚至在必要时进行复制。

① 选择"选择工具" ，单击选中画板底部的蓝色矩形。

② 在工具栏中选择"矩形工具" ，绘制道路上的虚线。先在道路上创建一个小矩形，并确保它垂直居中，如图 5-65 所示。

③ 在"属性"面板中单击"填色"框，选中名为"Dark Green"的绿色色板。如有必要，将描边粗细更改为"0 pt"。

④ 在选择矩形的情况下，在工具栏中选择包含在"旋转工具" 组中的"倾斜工具" 。

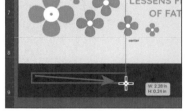

图 5-65

⑤ 将鼠标指针移动到矩形上方或者右边缘之外，按住 Shift 键将图形限制在其原始高度，然后按住鼠标左键向右拖动。当您看到倾斜角度大约为"S: −130°"时，松开鼠标左键和 Shift 键，如图 5-66 所示。

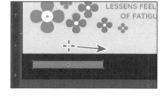 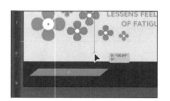

图 5-66

⑥ 选择"对象">"变换">"移动"，在"移动"对话框中将"水平"更改为"3.2 in"，将矩形向右移动该距离，并确保"垂直"为"0"，使其保持在相同的垂直位置。单击"复制"按钮，如图 5-67 所示。

⑦ 按"Command+D"（macOS）或"Ctrl+D"（Windows）组合键 3 次，重复变换并再制作 3 个副本，制作更长的路面虚线，如图 5-68 所示。

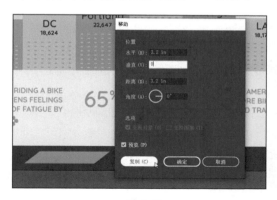

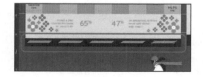

图 5-67

图 5-68

"Command+D"（macOS）或"Ctrl+D"（Windows）组合键是"对象">"变换">"再次变换"的快捷命令。

⑧ 选择"视图">"全部适合窗口大小"，然后选择"文件">"存储"，保存文件。

5.4.8　定位骑自行车的人

在开始使用"操控变形工具" ✦ 之前，您需要先准备一些图形。

① 选择"选择工具" ▶，将自行车和骑手的图形组拖动到最大的画板上，如图 5-69 所示。

确保文本"65%"和"47%"在自行车车轮的中心位置。

> 💡 **提示**　您可以按方向键以小增量移动图形。

② 按住 Shift 键，单击加选包含数字的花朵图形组，然后选择"对象">"排列">"置于顶层"，如图 5-70 所示。

图 5-69

图 5-70

③ 多次按"Command + +"（macOS）或"Ctrl + +"（Windows）组合键，连续放大自行车图形。

④ 单击作为道路的蓝色矩形，然后向上拖动顶边中间的边界点，使其变高到与自行车车轮相接触，如图 5-71 所示。

图 5-71

5.4.9　使用操控变形工具

在 Adobe Illustrator 中，您可以使用"操控变形工具" ✦ 轻松地将图形扭转和扭曲成不同的形状。本小节将扭曲自行车和骑手图形组。

❶ 单击骑自行车的人以选择图形组。

❷ 在工具栏中长按"自由变换工具" ⛶，然后选择"操控变形工具" ✦，图形上出现变换针脚，如图 5-72 所示。

Adobe Illustrator 默认会识别变换图形的最佳区域，并自动将变换针脚添加到图形中。变换针脚用于将所选图形的一部分固定在画板上，您可以通过添加或删除变换针脚来变换对象。您可以围绕变换针脚旋转图形，或者重新放置变换针脚以移动图形等。

> 💡 **注意**　Adobe Illustrator 默认添加到图形中的变换针脚可能与您在图 5-72 中看到的不一样。如果是这样，请注意本书中的标注。

❸ 在"属性"面板中，您会看到"操控变形"选项组。取消勾选"显示网格"复选框，这样会更容易看到变换针脚，并更清楚地看到您所做的任何变换，如图 5-73 所示。

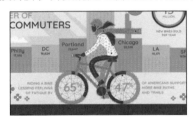

图 5-72　　　　　　　　　　　　　　　　　　图 5-73

❹ 单击围巾末端的变换针脚将其选中，如果一个变换针脚被选中，它的中心会出现一个白点。按住鼠标左键上下拖动所选变换针脚，查看图形的变化，如图 5-74（a）所示。当围巾看起来像图 5-74（b）所示时，松开鼠标左键。

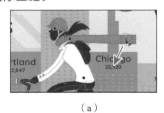 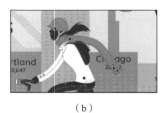

（a）　　　　　　　　　　　　　　（b）

图 5-74

默认情况下，图形上的变换针脚有助于将固定的部位保持在原位。在图形上确定至少 3 个变换针脚通常会带来更好的变换效果，在本例中，您会注意到头发和背包也在变形。

> 💡 **注意**　如果在围巾末端没看到变换针脚，那就单击添加一个。

> 💡 **注意**　可以按住 Shift 键并单击多个变换针脚将其全部选中，也可以单击"属性"面板中的"选择所有变换针脚"按钮来选择所有变换针脚。

❺ 根据需要，多次选择"编辑">"还原操控变形"，将围巾还原到其原始位置。

⑥ 按住 Option 键（macOS）或 Alt 键（Windows）拖动相同的变换针脚，注意图形的其他部分将不像之前那样跟随移动，如图 5-75 所示。

图 5-75

> ♀ **注意** 在拖动后，您很有可能会看到一条提示消息"扩展的形状"。您拖动的形状是实时形状，但在拖动后它不再是实时形状。

按住 Option 或 Alt 键会直接影响您正在拖动的变换针脚周围的区域，但不会旋转您正在拖动的图形部分。

⑦ 如果头部和颈部有变换针脚，请一次单击一个，然后按 Delete 键或 Backspace 键将其删除，如图 5-76（a）所示。

您无法在不移动图形的情况下移动图形上的变换针脚。因此，如果变换针脚不在颈部旋转所需的正确位置，您可以删除它们，然后在需要的位置再次添加变换针脚。

⑧ 单击颈部添加变换针脚，然后单击白色夹克的上部添加变换针脚，如图 5-76（b）所示。

图 5-76

此时脖子上的变换针脚在合适位置。如果在该点进行旋转，则可以旋转头部。白色夹克上的变换针脚则有助于防止身体部分移动太多。

⑨ 选择颈部的变换针脚，将鼠标指针移动到虚线圆上，然后按住鼠标左键逆时针稍微拖动以围绕该变换针脚旋转，如图 5-77 所示。

⑩ 选择"选择">"取消选择"，然后选择"视图">"适合全部窗口大小"，效果如图 5-78 所示。

⑪ 选择"文件">"存储"，然后选择"文件">"关闭"。

图 5-77　　　　　　　　　　　　　　　图 5-78

5.5 复习题

1. 简述 3 种改变当前画板大小的方法。
2. 什么是标尺原点?
3. 画板标尺和全局标尺有什么区别?
4. 简述"属性"面板或"变换"面板中的"缩放描边和效果"复选框的作用。
5. 简述"操控变形工具"的作用。

参考答案

1. 要改变现有画板的大小,可以执行以下任意操作。

   · 双击"画板工具" 🖵,然后在"画板选项"对话框中编辑当前画板的尺寸。

   · 在未选择任何内容但选择了"选择工具"的情况下,单击"编辑画板"按钮进入画板编辑模式。选择"画板工具"后,将鼠标指针放在画板的边缘或边角,然后按住鼠标左键拖动以调整其大小。

   · 在未选择任何内容但选择了"选择工具"的情况下,单击"编辑画板"按钮进入画板编辑模式。选择"画板工具"后,在窗口中单击画板,然后在"属性"面板中更改尺寸。

2. 标尺原点是每个标尺上 0 刻度的交点。默认情况下,标尺原点位于当前画板左上角的 0 刻度处。

3. 画板标尺(默认标尺)将标尺原点设置在当前画板的左上角。无论哪个画板是当前画板,全局标尺都将标尺原点设置在第一个画板的左上角。

4. 可以从"属性"面板或"变换"面板找到"缩放描边和效果"复选框,勾选该复选框可在缩放对象时缩放任何描边和效果。 可以根据当前需求勾选或取消勾选此复选框。

5. 在 Adobe Illustrator 中可以使用"操控变形工具"轻松地扭转和扭曲图形为不同的形状。

使用基本绘图工具

在第5课中，您变换了图稿。接下来，您将学习如何使用"铅笔工具"和"曲率工具"创建直线、曲线或更复杂的形状。您还将了解创建虚线、箭头等内容。

6.1 开始本课

本节将使用"曲率工具" 创建和编辑自由形式的路径，并了解其他绘制方法。

❶ 为了确保工具的功能和默认值完全如本课所述，请删除或停用（通过重命名实现）Adobe Illustrator 首选项文件。具体操作请参阅本书"前言"中的"还原默认首选项"部分。

❷ 启动 Adobe Illustrator。

❸ 选择"文件">"打开"，找到"Lessons">"Lesson06"文件夹，找到"L6_end.ai"文件，单击"打开"按钮。

该文件包含本课中创建的最终图稿，如图 6-1 所示。

❹ 选择"视图">"全部适合窗口大小"，使文件保持打开状态以供参考，或选择"文件">"关闭"，关闭文件。

❺ 选择"文件">"打开"，在"Lessons">"Lesson06"文件夹中打开"L6_start.ai"文件，如图 6-2 所示。

图 6-1

图 6-2

❻ 选择"文件">"存储为"。

如果弹出"云文档"对话框，则单击"保存在您的计算机上"按钮。

❼ 在"存储为"对话框中，定位到"Lesson06"文件夹并将其打开，将该文件重命名为"Outdoor_Logos.ai"。

从"格式"菜单中选择"Adobe Illustrator (ai)"选项（macOS）或从"保存类型"菜单中选择"Adobe Illustrator (*.AI)"选项（Windows），单击"保存"按钮。

❽ 在"Illustrator 选项"对话框中，将"Illustrator 选项"保持为默认设置，单击"确定"按钮。

❾ 选择"窗口">"工作区">"重置基本功能"。

> 💡注意　如果在菜单中看不到"重置基本功能"选项，请在选择"窗口">"工作区">"重置基本功能"之前，先选择"窗口">"工作区">"基本功能"。

6.2 使用曲率工具创作

本节将介绍"曲率工具" ，它是易于掌握的绘图工具。使用"曲率工具" ，您可以绘制和编辑路径，创建具有直线和平滑曲线的路径。使用"曲率工具" 创建的路径由锚点组成，并且可以被任何绘图工具或"选择工具"编辑。

6.2.1 使用曲率工具绘制路径

本小节将使用"曲率工具" 绘制一条弯曲的路径，这将成为 Logo 中的地平线，如图 6-3 所示。

① 从文件窗口下方的"画板导航"菜单中选择"1 Logo 1"以切换画板，选择"视图">"画板适合窗口大小"，使画板适合窗口大小。

② 在工具栏中选择"选择工具" ，选择圆形的边缘。选择"对象">"锁定">"所选对象"，对其进行锁定，这样就可以进行绘制而不会意外编辑到圆形。

③ 在工具栏中选择"曲率工具" 。

④ 在绘制前设置要创建的路径的描边和填色。在"属性"面板中单击"填色"框，选择"无"选项，去除填充颜色。单击"描边"框，选择深灰色色板，色值为"C=0 M=0 Y=0 K=90"，设置描边粗细为"4 pt"。这些参数应该是已经设置好的，因为您选择并锁定的圆形也是这个设置，Adobe Illustrator 会及记住其填色和描边。

选择"曲率工具"，在任意空白处单击，将创建一个锚点以开始绘制路径。然后您可以创建锚点来更改路径的方向和弯曲程度。对于要创建的路径，您可以从任意端开始绘制。

⑤ 在圆形的左边缘上单击，开始绘制路径，如图 6-4 所示。

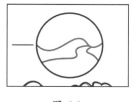

图 6-3

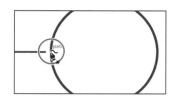

图 6-4

⑥ 向右移动鼠标指针，单击后松开将创建新锚点，然后再将鼠标指针移开，如图 6-5（a）和图 6-5（b）所示。

注意预览添加新锚点前后的曲线，如图 6-5（c）所示。"曲率工具"的工作原理是在单击的地方创建锚点，同时绘制的曲线将围绕该锚点动态弯曲。

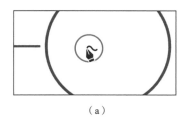

（a）

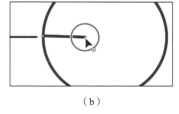

（b）

（c）

图 6-5

⑦ 将鼠标指针向右移动，单击创建一个锚点。移动鼠标指针以查看路径的变化，如图 6-6 所示。

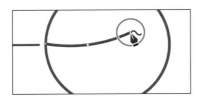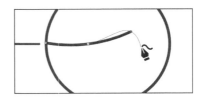

图 6-6

⑧ 在锚点右侧单击，创建另一个锚点，如图 6-7 所示。

⑨ 最后，要完成地平线的绘制，请将鼠标指针移动到圆形的右边缘并单击，创建最后一个锚点，如图 6-8 所示。

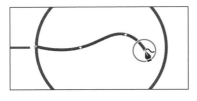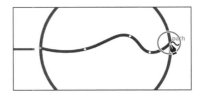

图 6-7   图 6-8

⑩ 选择"对象">"锁定">"所选对象"，停止绘制并锁定绘制的路径。这样就不会在之后的操作中意外编辑到它。

6.2.2　绘制一条河道

为了让您对"曲率工具"有更多的了解，本小节将绘制一条从 6.2.1 小节中创建的地平线延伸出的河道。先绘制河道的一侧，然后绘制另一侧。图 6-9 所示为河流的外观。您绘制的河道外观可以与图 6-9 有所不同。

❶ 将鼠标指针移动到地平线路径上并单击，开始创建新路径，如图 6-10 所示。

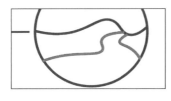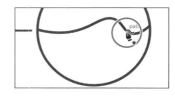

图 6-9   图 6-10

❷ 移动鼠标指针后单击，重复该操作 4 遍以添加锚点，绘制出河流的一侧，如图 6-11 所示。确保您创建的最后一个锚点在圆形的边缘上。

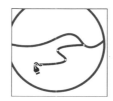

图 6-11

③ 按 Esc 键停止绘制河流路径。

通过单击并移动鼠标指针这种方式来了解"曲率工具"如何影响路径，这对学习"曲率工具"很有帮助。接下来，将使用类似的方法绘制河流的另一侧。

④ 选择"选择">"取消选择"。

⑤ 将鼠标指针移动到刚绘制的路径起点右侧的水平位置上并单击，开始绘制新的路径，如图 6-12 所示。

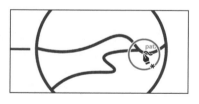

图 6-12

鼠标指针不要太靠近绘制的第一条河道，否则您可能会编辑该路径而不是开始绘制新的路径。如果您不小心单击并编辑了其他路径，请按 Esc 键停止编辑。

⑥ 移动鼠标指针，然后单击以添加另一个锚点，再进行两次该操作，添加锚点来创建河道的另一侧。确保创建的最后一个锚点在圆形的边缘上，如图 6-13 所示。

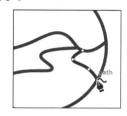

图 6-13

⑦ 按 Esc 键，停止绘制河道路径。

6.2.3　使用曲率工具编辑路径

您可以使用"曲率工具"通过移动、删除或添加新的锚点来编辑正在绘制的路径或已创建的任何其他路径，而与创建该路径所使用的绘图工具无关。本小节将编辑已经创建的路径。

① 选择"曲率工具"，选择绘制的河道左侧，这将显示该路径上的所有锚点。

使用"曲率工具"编辑路径，需要先选择路径。

② 将鼠标指针移动到红色圆圈中的锚点上，如图 6-14（a）所示。当鼠标指针变为▸时单击，将该锚点选中，按住鼠标左键稍微拖动该点以重塑曲线，如图 6-14（b）所示。

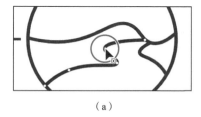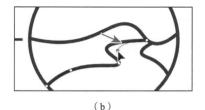

（a）　　　　　　　　　　（b）

图 6-14

> ♀提示　如何使用"曲率工具"闭合路径？将鼠标指针悬停在路径中创建的第一个点上，当鼠标指针变为▸时，单击以闭合路径。

③ 尝试选择并拖动路径中的其他点，最终效果如图 6-15所示。

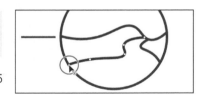

图 6-15

④ 选择"对象">"全部解锁"，这样就能够编辑之前绘制的地平线路径。

⑤ 选择"曲率工具"，选择该水平路径，查看其上的锚点。

⑥ 将鼠标指针移动到第一个锚点（最左侧的锚点）右侧的路径上。当鼠标指针变为▶时单击，添加一个新锚点，如图6-16（a）所示。

⑦ 按住鼠标左键向下拖动新锚点，以重塑路径，如图6-16（b）所示。

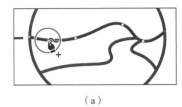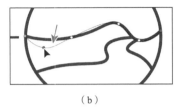

（a）　　　　　　　　　　　　　（b）

图 6-16

⑧ 单击新锚点右侧的锚点，然后按 Delete 或 Backspace 键将其删除，如图 6-17 所示。

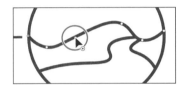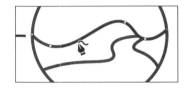

图 6-17

除了删除和添加锚点，您也可以通过移动删除的锚点来调整路径形状。

⑨ 选择"对象">"锁定">"所选对象"，锁定路径，以免在下面的操作中意外编辑到它。

6.2.4　使用曲率工具创建拐角

默认情况下，使用"曲率工具"会创建平滑的锚点，即导致路径弯曲的锚点。路径可以具有两种锚点：角部锚点和平滑锚点。在角部锚点处，路径突然改变方向；在平滑锚点处，路径段会连接形成连续曲线。使用"曲率工具"可以通过创建角部锚点来创建直线路径。本小节将绘制一座山峰。

① 选择"曲率工具"，将鼠标指针移动到地平线路径的左侧单击，添加第一个锚点，如图6-18所示。

② 向右上方移动鼠标指针并单击，创建第一座山峰的顶点，如图6-19（a）所示。

图 6-18

③ 向右下方移动鼠标指针并单击，创建一个新锚点，如图6-19（b）所示。

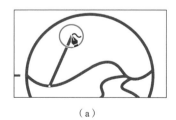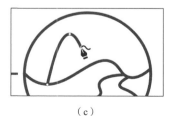

（a）　　　　　　　　　　　　　（c）

图 6-19

要使峰顶具有一个点而不是一段曲线，则需要将您刚创建的锚点转换为角部锚点。

④ 将鼠标指针移动到山峰路径的最高锚点上，当鼠标指针变为 时双击，将该锚点转换为角部锚点，如图 6-20 所示。

您可以从角部外观上分辨出哪些锚点是平滑锚点，哪些锚点是角部锚点。使用"曲率工具"创建的每个锚点具有 3 种外观来指示其当前状态：被选中锚点●、未被选中的角部锚点◉和未被选中的平滑锚点○。

⑤ 向右上方移动鼠标指针并单击，创建另一个锚点，开始另一座山峰顶点的绘制，如图 6-21 所示。

图 6-20

图 6-21

本步创建的锚点及第 3 步创建的锚点也需要转换为角部锚点。事实上，所有为创建山峰路径添加的锚点都必须为角部锚点。

⑥ 双击最后创建的两个锚点，使其成为角部锚点，如图 6-22 所示。

为了完成山峰路径的绘制，需要创建更多锚点，您可以在绘制时按住修饰键来直接创建角部锚点。

⑦ 按住 Option 键（macOS）或 Alt 键（Windows），鼠标指针将变为 ，单击创建另一个角部锚点，如图 6-23 所示。

图 6-22

图 6-23

⑧ 仍然按住 Option 键（macOS）或 Alt 键（Windows），单击几次以完成山峰路径的绘制。确保创建的最后一个锚点在地平线路径上，如图 6-24 所示。

图 6-24

如果要调整任何锚点，请随时将鼠标指针移动到该锚点上，单击该锚点，然后按住鼠标左键拖动以重塑路径，或者双击该锚点，使锚点在角部锚点和平滑锚点之间转换，按 Delete 键或 Backspace 键可将锚点从路径中删除。最终调整过的山峰路径如图 6-25 所示。

⑨ 按 Esc 键停止绘图。

⑩ 选择"选择">"取消选择"，选择"文件">"存储"，保存文件。

图 6-25

6.3　创建虚线

如果想要为图形添加一些设计感，可以在闭合路径（如正方形）或开放路径（如直线）的描边中添加虚线。在"描边"面板中可以创建虚线，还可以在其中指定虚线短线的长度及间隔。本节将在直线中添加虚线，向同一 Logo 添加更多元素。

① 选择"选择工具" ▶，选择圆形左侧的路径，如图 6-26 所示。

图 6-26

> ♀提示　单击"保留虚线和间隙精确长度"按钮 [===] 可以使虚线的外观保持不变，而无须对准角或虚线末端。

② 在"属性"面板中，单击"描边"一词，显示"描边"面板。在"描边"面板中更改以下选项，如图 6-26 所示。

- 描边粗细：3 pt。
- "虚线"复选框：勾选。
- "保留虚线和间隙间的精确长度" [===] 按钮：单击。
- 第 1 个虚线值：35 pt（这将创建 35 pt 虚线、35 pt 间隙的样式）。
- 第 1 个间隙值：4 pt（这将创建 35 pt 虚线、4 pt 间隙的样式）。
- 第 2 个虚线值：5 pt（这将创建 35 pt 虚线、4 pt 间隙、5pt 虚线、5pt 间隙的样式）。
- 第 2 个间隙值：4 pt（这将创建 35 pt 虚线、4 pt 间隙、5pt 虚线、4pt 间隙的样式）。

输入最后一个值后，按 Enter 键确认该值并关闭"描边"面板。

现在将在圆形周围制作虚线副本。

③ 在仍选择虚线的情况下，选择"旋转工具" ↻，将鼠标指针移动到圆心，然后看到"中心点"标签，如图 6-27 所示。按住 Option 键（macOS）或 Alt 键（Windows）单击以设置参考点（图形旋转的点）并打开"旋转"对话框。

> ♀注意　如果没有出现"中心点"标签，请检查是否已打开智能参考线（选择"视图">"智能参考线"）。

④ 勾选"预览"复选框，以查看在对话框中所做的更改。将"角度"更改为"−15°"，单击"复制"按钮，如图 6-28 所示。

⑤ 选择"对象">"变换">"再次变换"，以同样的旋转角度再次复制虚线。

图 6-27

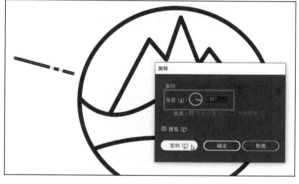

图 6-28

⑥ 按"Command + D"（macOS）或"Ctrl + D"（Windows）组合键 10 次，再制作 10 个副本，如图 6-29 所示。

该操作将调用在上一步执行的"再次变换"命令。

⑦ 选择"矩形工具" ▢，然后绘制一个矩形覆盖圆形的下部，如图 6-30 所示。

注意，虚线会应用到矩形上。

⑧ 选择"选择工具" ▶，按住鼠标左键框选矩形和圆形，如图 6-30 所示。

图 6-29

图 6-30

⑨ 在工具栏中选择"形状生成器工具" ⬡，按住 Option 键（macOS）或 Alt 键（Windows），然后按住鼠标左键框选圆圈底部和矩形，将其删除，如图 6-31 所示。松开鼠标左键，然后松开 Option 键（macOS）或 Alt 键（Windows）。

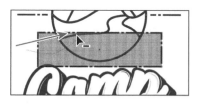

图 6-31

⑩ 选择"选择工具" ▶，选择画板底部的文本，按住鼠标左键将文本向上拖动到 Logo 上。

⑪ 单击"属性"面板中的"排列"按钮，选择"置于顶层"选项，最终效果如图 6-32 所示。

⑫ 选择"选择 > 取消选择"，然后选择"文件" > "存储"，保存文件。

图 6-32

6.4 使用铅笔工具绘图

Adobe Illustrator 中的另一个绘图工具是"铅笔工具" ✏。"铅笔工具" ✏ 的效果类似于在纸上绘图，它允许您自由绘制包含曲线和直线的开放路径和闭合路径。使用"铅笔工具" ✏ 绘制时，根据设置的"铅笔工具"选项，锚点将创建在您需要的路径上。完成路径绘制后，您还可以轻松调整路径。

6.4.1 使用铅笔工具绘制路径

本小节将绘制并编辑一条简单的路径来练习使用"铅笔工具" ✏。

① 从文档窗口左下角的"画板导航"菜单中选择"2 Pencil"选项。

② 从工具栏中的"画笔工具" ✏ 组中选择"铅笔工具" ✏。

③ 双击"铅笔工具" ✏，在弹出的"铅笔工具选项"对话框中设置以下选项，如图 6-33 所示。

图 6-33

- 将"保真度"滑块一直拖动到最右边，这将平滑路径并减少使用"铅笔工具"绘制的路径上的锚点数。
- "保持选定"复选框：勾选（默认设置）。
- "当终端在此范围内时闭合路径"复选框：勾选（默认设置）。

> **💡 提示** 设置"保真度"值时，将滑块拉近至"精确"端通常会创建更多锚点，并更准确地反映您绘制的路径。将滑块向"平滑"端拖动，则可减少锚点，绘制出更平滑、更简单的路径。

④ 单击"确定"按钮。

⑤ 在"属性"面板中，确保填色为"无" ☑，描边颜色为深灰色色板，色值为"C=0 M=0 Y=0 K=90"。另外，在"属性"面板中确保描边粗细为"3 pt"。

> **💡 注意** 如果鼠标指针为 ✕ 而不是 ✏，则 Caps Lock 键处于激活状态。按 Caps Lock 键，"铅笔工具"的鼠标指针会变成"☒"，可以提高精度。

如果将鼠标指针移动到文档窗口中，鼠标指针旁边出现星号 ✱，表示将要创建新路径。

⑥ 从标有"A"的模板的红点开始，按住鼠标左键并顺时针拖动，围绕模板的虚线绘制路径。当鼠标指针靠近路径起点（红点）时，它旁边会显示一个小圆圈 ✏，如图 6-34 所示。这意味着，此时如果松开鼠标左键，该路径将闭合。当您看到圆圈时，松开鼠标左键以闭合路径。

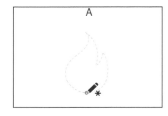
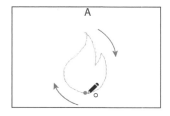

图 6-34

请注意，在绘制时，路径可能看起来并不完美。松开鼠标左键后，Adobe Illustrator 将根据"铅笔工具选项"对话框中设置的"保真度"值对路径进行平滑处理。接下来将使用"铅笔工具"重新绘制部分路径。

⑦ 将鼠标指针移动到需要重绘的路径上或路径附近。当鼠标指针旁边的星号消失后，按住鼠标左键并拖动以重绘路径，使图形底部与之前不同。最后要确保回到原来的路径上结束重绘，如图 6-35 所示。

图 6-35

⑧ 在仍选择火焰形状的情况下，在"属性"面板中将"填色"更改为红色，如图 6-36 所示。

图 6-36

6.4.2　使用铅笔工具绘制直线

除了绘制更多形式自由的路径之外，您还可以使用"铅笔工具"创建 45°角倍数的直线。本小节将使用"铅笔工具"绘制火焰附着的原木。请注意，虽然我们可以通过绘制圆角矩形来创建要绘制的形状，但是我们希望绘制出来的原木看起来更像是手工绘制的，这就是要使用"铅笔工具"绘制它的原因。

❶ 将鼠标指针移动到标记为"B"的路径左侧的红点上，按住鼠标左键向上拖动到图形顶部附近，在到达蓝点时松开鼠标左键，如图 6-37 所示。

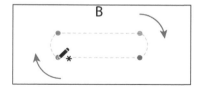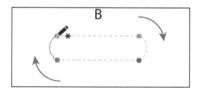

图 6-37

使用"铅笔工具"进行绘制时，您可以轻松地继续绘制路径中的直线。

❷ 将鼠标指针移动到上一步绘制的路径的末端，当鼠标指针变为 时，表明您可以继续绘制该路径。按住 Option 键（macOS）或 Alt 键（Windows），按住鼠标左键并向右拖动到橙点，当到达橙点时，松开 Option 键（macOS）或 Alt 键（Windows），但不要松开鼠标左键，如图 6-38 所示。

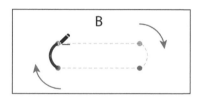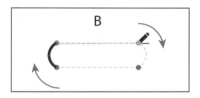

图 6-38

使用"铅笔工具"进行绘制时，按住 Option 键（macOS）或 Alt 键（Windows），可在任意方向上创建直线路径。

💡提示　您也可以在使用"铅笔工具"进行绘制时按住 Shift 键，然后拖动鼠标指针以创建角度增量为 45°的直线。

❸ 仍然按住鼠标左键，继续按照模板路径的底部进行绘制。到达紫点时，请按住鼠标左键，然后按住 Option 键（macOS）或 Alt 键（Windows），继续向左绘制，直到到达红点处的路径起点。当鼠标指针变为 ✐ 时，松开鼠标左键，然后松开 Option 键或 Alt 键以闭合路径，如图 6-39 所示。

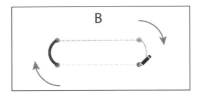 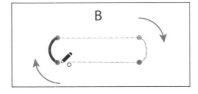

图 6-39

❹ 在路径仍被选中的情况下，在"属性"面板中将填色更改为棕色。

❺ 选择"选择工具" ▶，将火焰形状向下拖动到原木形状上，如图 6-40（a）所示。

❻ 单击"属性"面板中的"排列"按钮，选择"置于顶层"选项，将火焰形状置于圆木形状的上层，如图 6-40（b）和图 6-40（c）所示。

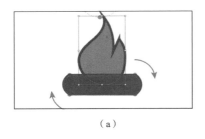  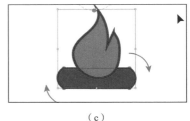

（a）　　　　　　　　　　（b）　　　　　　　　　　（c）

图 6-40

❼ 按住鼠标左键框选这两个形状。

❽ 选择"编辑">"复制"，复制这两个形状。

❾ 在文档窗口下方的状态栏中单击"下一个画板"按钮 ▶，切换到下一个画板。

❿ 选择"编辑">"粘贴"，粘贴复制的形状。

⓫ 将形状拖动到图稿上，如图 6-41 所示。

图 6-41

6.5　使用连接工具连接

在 4.2.2 小节中使用了"连接"命令（选择"对象">"路径">"连接"）来连接和闭合路径，还可以使用"连接工具" ✐ 连接路径。使用"连接工具" ✐，您可以使用擦除手势来连接交叉、重叠或末端开放的路径。

❶ 选择"直接选择工具" ▷，在画板上单击黄色圆圈。

❷ 选择"视图">"放大"几次，以放大视图。

③ 选择与“橡皮擦工具”在同一组的“剪刀工具”，将鼠标指针移动到顶部锚点上。当您看到“锚点”一词时，单击以切断该处的路径，如图 6-42 所示。

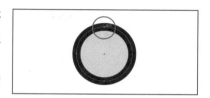

图 6-42

文档窗口顶部将显示一条消息，表示形状已经扩展。默认情况下，该圆形是实时形状，切断路径后，它不再是实时形状。

④ 选择“直接选择工具”，按住鼠标左键向上拖动顶部锚点，将其稍微向右拖动，如图 6-43 所示。

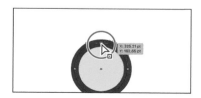

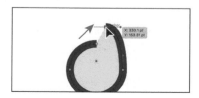

图 6-43

⑤ 将路径另一端的锚点拖动到左侧，当该锚点与第一个锚点对齐时，将出现一条洋红色的对齐参考线，如图 6-44 所示。

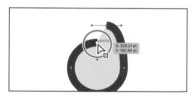

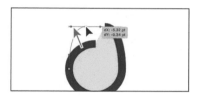

图 6-44

现在连接两个端点的路径是弯曲的，但是我们需要它是笔直的。

⑥ 在仍然选择“直接选择工具”的情况下，框选这两个锚点，如图 6-45 所示。

⑦ 在“属性”面板中单击“将所选锚点转换为尖角”按钮，拉直路径的两端，如图 6-46 所示。

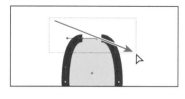

图 6-45

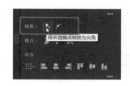

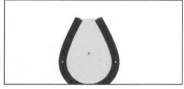

图 6-46

在第 7 课中，您将了解有关转换锚点的更多信息。

注意 您可能需要按 Esc 键来隐藏多余的工具菜单。

⑧ 单击工具栏底部的“编辑工具栏”按钮，在弹出的菜单中向下拖动滚动条，然后按住鼠标左键将“连接工具”拖入左侧的工具列表中，放在“铅笔工具”上，如图 6-47 所示。

⑨ 选择"连接工具" ，按住鼠标左键拖过路径的顶部的两端，如图 6-48 所示，确保在靠近尖端附近拖过。

当拖过（也称为"擦过"）路径时，路径将被"扩展并连接"或"修剪并连接"。在本例中，路径的两端已被"扩展并连接"。此外，将取消选择生成的连接图形，以方便您可以继续在其他路径上进行连接。

> **提示** 按 Caps Lock 键会将"连接工具"的鼠标指针变成⁺⁺⁻，这将更容易查看连接发生的位置。

图 6-47

> **注意** 如果通过按"Command + J"（macOS）或"Ctrl + J"（Windows）组合键来连接开放路径的末端，则会使用直线连接末端。

⑩ 选择"视图" > "画板适合窗口大小"。

⑪ 选择"选择工具" ▶，确保黄色形状仍处于选中状态。

⑫ 单击"属性"面板中的"排列"按钮，然后选择"置于顶层"选项，将黄色形状置于其他图形的顶层。

⑬ 将黄色形状拖动到火焰形状上，并使其与火焰形状的底部对齐。

⑭ 将画板底部的"Camp"文本拖动到 Logo 上。

⑮ 单击"属性"面板中的"排列"按钮，然后选择"置于顶层"选项，将文本放置在其他图形之上，如图 6-49 所示。

图 6-48

图 6-49

⑯ 选择"选择" > "取消选择"，然后选择"文件" > "存储"，保存文件。

6.6 向路径添加箭头

在 Adobe Illustrator 中，有许多不同的箭头样式及箭头编辑选项可供选择。您可以使用"描边"面板将箭头添加到路径的两端。本节将把箭头应用于一些路径以完成 Logo 的绘制。

① 从文档窗口下方的"画板导航"菜单中选择"4 logo 3"选项，以切换画板。

② 选择"选择工具" ▶，选择左侧的粉红色弯曲路径。按住 Shift 键，然后选择右侧的粉红色弯曲路径。

③ 仍选择路径，单击"属性"面板中的"描边"一词打开"描边"面板。在"描边"面板中更

改以下选项，如图 6-50 所示。

- 将描边粗细更改为"3 pt"。
- 从右侧的"箭头"菜单中选择"箭头 5"选项，这将在两条路径的末尾各添加一个箭头。
- 缩放（选择"箭头 5"的位置的正下方）: 70%。
- 从左侧的"箭头"菜单中选择"箭头 17"选项，这将在两条路径的起点各添加一个箭头。
- 缩放（选择"箭头 17"的位置的正下方）: 70%。

图 6-50

> **注意** 当绘制一条路径，"起点"是绘制开始的位置，"终点"是绘制结束的位置。如果需要交换箭头方向，可以单击"描边"面板中的"互换箭头起始处和结束处"按钮。

您可以尝试一些箭头设置，如更改"缩放"值或尝试使用其他箭头样式。

④ 仍选择路径，在"属性"面板中将描边颜色更改为白色，最终效果如图 6-51 所示。

图 6-51

⑤ 选择"选择">"取消选择"。

⑥ 选择"文件">"存储"，然后选择"文件">"关闭"。

1. 默认情况下，"曲率工具"创建的是曲线路径还是直线路径？
2. 当使用"曲率工具"时，如何创建角部锚点？
3. 如何更改"铅笔工具"的工作方式？
4. 如何使用"铅笔工具"重新绘制路径中的某些部分？
5. 如何使用"铅笔工具"绘制直线路径？
6. "连接工具"与"连接"命令（"对象">"路径">"连接"）有何不同？

参考答案

1. 使用"曲率工具"绘制路径时，默认情况下会创建曲线路径。
2. 使用"曲率工具"绘制路径时，可以双击路径上现有的锚点，将其转换为角部锚点，或者在绘制时按住 Option 键（macOS）或 Alt 键（Windows）单击以创建新的角部锚点。
3. 要更改"铅笔工具"的工作方式，可以双击工具栏中的"铅笔工具"，或单击"属性"面板中的"工具选项"按钮以打开"铅笔工具选项"对话框，在其中更改"保真度"和其他选项。
4. 选择路径后，可以选择"铅笔工具"，然后将鼠标指针移动到路径上，再重绘部分路径，最后回到原来路径上结束重绘。
5. 使用"铅笔工具"创建的路径默认情况下为自由格式。为了使用"铅笔工具"绘制直线路径，可以按住 Option 键（macOS）或 Alt 键（Windows），同时按住鼠标左键并拖动来创建一条直线。
6. "连接工具"可以在连接时修剪重叠的路径，"连接"命令是在要连接的锚点之间创建一条直线。"连接工具"考虑了要连接的两条路径之间的角度。

使用钢笔工具绘图

本课概览

在本课中，您将学习如何执行以下操作。

- 使用"钢笔工具"绘制曲线和直线。
- 编辑曲线和直线。

- 添加和删除锚点。
- 在平滑锚点和角部锚点之间转换。

学习本课大约需要 **60**分钟

在之前的课程里，您使用的是 Adobe Illustrator 的基本绘图工具。在本课中，您将学习使用"钢笔工具"创建和修改图稿。

7.1 开始本课

本课将主要使用"钢笔工具" ✐来创建路径，先以练习文件来学习"钢笔工具"的基本功能，然后使用"钢笔工具"来绘制一只天鹅。

1 为了确保工具的功能和默认值完全如本课所述，请删除或停用（通过重命名实现）Adobe Illustrator 首选项文件。具体操作请参阅本书"前言"中的"还原默认首选项"部分。

2 启动 Adobe Illustrator。

3 选择"文件">"打开"，选择"Lessons">"Lesson07"文件夹中的"L7_practice.ai"文件，单击"打开"按钮，如图 7-1 所示。

4 选择"文件">"存储为"。如果弹出"云文档"对话框，单击"保存在您的计算机上"按钮。

5 在"存储为"对话框中，定位到"Lesson07"文件夹并打开它，将文件重命名为"PenPractice.ai"。

从"格式"菜单中选择"Adobe Illustrator (ai)"选项（macOS）或从"保存类型"下拉菜单中选择"Adobe Illustrator (*.AI)"选项（Windows），单击"保存"按钮。

6 在"Illustrator 选项"对话框中，保持"Illustrator 选项"为默认设置，单击"确定"按钮。

7 选择"视图">"全部适合窗口大小"。

8 选择"窗口">"工作区">"重置基本功能"。

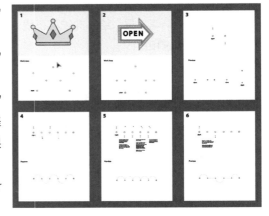

图 7-1

> **注意** 如果您没有在"工作区"菜单中看到"重置基本功能"选项，请在选择"窗口">"工作区">"重置基本功能"之前，先选择"窗口">"工作区">"基本功能"。

7.2 理解曲线路径

在第 6 课中，您使用"曲率工具" ✐和"铅笔工具" ✐创建了曲线和直线路径。您也可以使用"钢笔工具" ✐创建曲线和直线路径，而且使用"钢笔工具"可以更好地控制绘制的路径的形状。"钢笔工具"是 Adobe Illustrator 中的主要绘制工具之一，能够和其他绘图工具一起创建新的矢量图形及编辑已有图稿。Adobe Photoshop 和 Adobe InDesign 等其他应用中也有"钢笔工具"。理解如何利用"钢笔工具"创建和编辑路径，可以让您在 Adobe Illustrator 中拥有更大的创作自由，在其他软件中也是如此。学习和掌握"钢笔工具"需要进行大量练习。因此，请根据本课中的步骤多加练习。

选择"钢笔工具"，单击可以创建角部锚点。如果您创建了两个角部锚点，就绘制出了一条直线。为了使用"钢笔工具"创建曲线路径，您需要在单击时按住鼠标左键并拖动来创建具有方向线的锚点。方向线用于控制锚点前后路径的长度和斜率，如图 7-2 所示。当您使用"曲率工具"或"铅笔工具"

绘制曲线路径时，您也在创建方向线，但是使用这些工具绘制的时候您看不到方向线，也不能（也没必要）调整方向线。

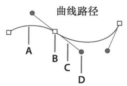

A. 路径段
B. 锚点
C. 方向线
D. 方向点

方向线和方向点合称为"方向手柄"。

图 7-2

7.3 钢笔工具绘图简介

本节将打开一个练习文件并在设定的工作区练习使用"钢笔工具" ✏️ 绘图。

① 如果尚未选择画板，请从文档窗口左下角的"画板导航"菜单中选择"1"画板。

如果画板没有适合文档窗口大小，请先选择"视图">"画板适合窗口大小"。

② 在工具栏中选择"缩放工具" 🔍，然后在画板的下半部分单击，放大画板。

③ 选择"视图">"智能参考线"，关闭智能参考线。

智能参考线在其他绘图方式中非常有用，它可以帮您对齐锚点，但现在不需要它。

7.3.1 开始使用钢笔工具

本小节将按照第 1 块画板顶部的皇冠图形，使用"钢笔工具"绘制直线来创建皇冠图形的主要路径。

① 选择工具栏中的"钢笔工具" ✏️ 。

② 在"属性"面板中单击"填色"框，单击"色板"按钮■，选择"无"选项☑。

单击"描边"框，选择"Black"色板。确保"属性"面板中的描边粗细为"1 pt"。

当您开始使用"钢笔工具"绘图时，最好不要在创建的路径上填色，因为填色会覆盖路径的某些部分。如确有必要，可以稍后进行填色。

> 💡注意　如果您看到的鼠标指针是✕而不是"钢笔工具"的鼠标指针🖋，则表明"Caps Lock"键处于激活状态。
>
> 按"Caps Lock"键，将鼠标指针变为✕可以提高精度。
>
> 开始绘图后，如果"Caps Lock"键处于激活状态，则鼠标指针🖋会变为-⊩。

③ 将鼠标指针移动到画板上标有"Work Area 工作区"的区域，并注意鼠标指针为🖋，这表示如果开始绘图，将创建新路径。

④ 在橙色起始点"1"上单击，设置第一个锚点，如图 7-3 所示。

⑤ 将鼠标指针从第 4 步创建的点上移开，无论将鼠标指针移动到何处，您都会看到一条连接第

一个锚点和鼠标指针的直线,如图 7-4 所示。

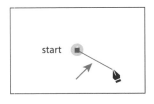

图 7-3

图 7-4

这条线被称为"钢笔工具预览线"或"Rubber Band"(橡皮筋)。当您创建曲线路径时,它会使曲线绘制变得更容易,因为它可以显示路径的外观。此外,当鼠标指针旁边的星号消失时,表示您正在绘制路径。

⑥ 将鼠标指针移动到标记为"2"的灰色点上单击,创建另一个锚点,如图 7-5 所示。

⑦ 依次单击点 3 ~ 7,每次单击后都将创建一个锚点,如图 7-6 所示。

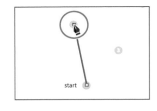

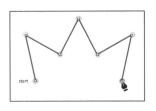

图 7-5

图 7-6

"钢笔工具"在单击时会直接创建角部锚点和直线。

⑧ 选择"选择工具" ▶,单击画板中没有对象的区域,或者选择"选择">"取消选择"。

7.3.2 选择和编辑路径

第 2 课中学习了使用"选择工具" ▶和"直接选择工具" ▷来选择内容。本小节将介绍使用这两种选择工具选择图形的其他技巧。

① 在工具栏中选择"选择工具",将鼠标指针移动到 7.3.1 小节创建的路径中的一条直线上,如图 7-7 所示。当鼠标指针显示为▶.时,单击路径选择整个路径及路径上所有锚点。

> 💡提示 您也可以选择"选择工具",按住鼠标左键框选一条路径。

② 将鼠标指针移动到路径中的一条直线上,当鼠标指针变为▶□时,按住鼠标左键将路径拖动到画板的任意一个新位置上,然后松开鼠标左键,所有锚点会保持路径的形状一起移动,如图 7-8 所示。

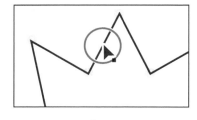

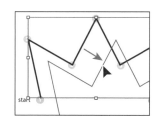

图 7-7

图 7-8

③ 选择"编辑">"还原移动"，可将路径还原至原始位置。

④ 选择"选择工具"，单击画板的空白区域取消选择路径。

⑤ 在工具栏中选择"直接选择工具"▷，将鼠标指针移动到锚点之间的路径上。当鼠标指针变为▷时单击路径，以显示所有锚点，如图 7-9 所示。

> 💡 提示　当选择"直接选择工具"，将鼠标指针移动到尚未被选中的线段上时，鼠标指针旁边会出现一个黑色的实心正方形，表示将选中该线段。

您刚刚选择了一条线段（路径）。如果按 Delete 键或 Backspace 键（不要这样做），则这两个锚点之间的线段（路径）会被删除。

> 💡 提示　如果您仍选择了"钢笔工具"，则可以按住 Command 键（macOS）或 Ctrl 键（Windows），并在画板空白区域单击来取消选择路径，这将临时切换到"直接选择工具"。松开 Command 键（macOS）或 Ctrl 键（Windows）时，将再次回到"钢笔工具"。

⑥ 将鼠标指针移动到标记为"4"的锚点上，此锚点会变得比其他锚点稍大一些，且鼠标指针旁边将显示为一个中心有点的小框▷，如图 7-10 所示。这表明如果单击，将选择该锚点。单击锚点，选择的锚点会被填色（看起来是实心的），而其他锚点仍然是空心的（未被选中）。

⑦ 按住鼠标左键将所选锚点向上拖动一点，重新定位它，如图 7-11 所示。

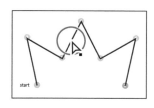

图 7-9

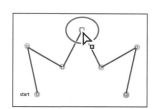

图 7-10

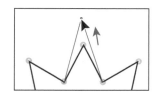

图 7-11

在该锚点移动的过程中，其他锚点保持静止。

⑧ 在画板的空白区域中单击，取消选择此锚点。

> 💡 注意　如果整个路径消失，请选择"编辑">"撤消剪切"，然后再次尝试选择该路径。

⑨ 选择"直接选择工具"，将鼠标指针移动到锚点 5 和锚点 6 之间的路径上。当鼠标指针变为▷时，单击该路径。选择"编辑">"剪切"，如图 7-12 所示。这将删除锚点 5 和点 6 之间的所选线段。

⑩ 选择"钢笔工具"✐，将鼠标指针移动到标记为"5"的蓝色锚点上。请注意，此时鼠标指针为▷，如图 7-13 所示。这表示如果再次单击，将继续从该锚点绘制。单击该锚点。

⑪ 将鼠标指针移动到另一个锚点（锚点 6），此时将连接之前切断的线段。现在鼠标指针会显为▷，如图 7-14 所示。这表示如果单击，则会连接到另一条路径。单击该锚点重新连接路径。

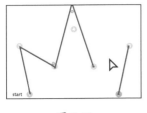
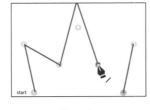
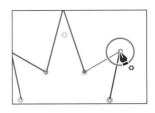

图 7-12　　　　　　　　　　图 7-13　　　　　　　　　　图 7-14

⑫ 选择"选择">"取消选择"，保持文件呈打开状态，以供下一小节使用。选择"文件">"存储"，保存文件。

7.3.3　使用钢笔工具绘制直线

前面学习了使用形状工具创建形状时，结合使用 Shift 键和智能参考线均可约束对象的形状。Shift 键和智能参考线也可用于"钢笔工具"，可将创建直线路径时的角度约束为 45°的整数倍。本小节将介绍如何在绘制直线时约束角度。

① 从文档窗口左下角的"画板导航"菜单中选择"2"画板。

② 在工具栏中选择"缩放工具" ，然后单击画板的下半部分进行放大。

③ 选择"视图">"智能参考线"，开启智能参考线。

④ 选择"钢笔工具" ，在标记为"Work Area"的区域中单击标记为"1"且旁边标有"Start"的点，以绘制第一个锚点。

智能参考线会试图将创建的锚点与画板上的其他内容对齐，这可能会使您很难准确地将锚点添加到所需位置。这是可以预期的行为，也是有时在绘图时关闭智能参考线的原因。

⑤ 将鼠标指针从第一个锚点移动到标记为"2"的锚点，当鼠标指针旁边的灰色测量标签中显示约为"D:1.5 in"时，单击添加另一个锚点，如图 7-15 所示。

如之前的课程所述，测量标签和对齐参考线是智能参考线的一部分。在使用"钢笔工具"绘图时，显示距离的测量标签是很有用的。

⑥ 选择"视图">"智能参考线"，关闭智能参考线。

关闭"智能参考线"后，您需要按住 Shift 键来对齐锚点。

⑦ 按住 Shift 键，单击标记为"3"的锚点，如图 7-16 所示，松开 Shift 键。

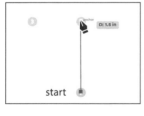
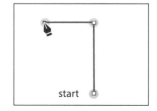

图 7-15　　　　　　　　　　　　　　图 7-16

关闭智能参考线后不再显示测量标签，并且按住 Shift 键后新建锚点仅与上一个锚点对齐。

⑧ 单击添加锚点 4，再单击添加锚点 5，如图 7-17 所示。

如果不按住 Shift 键，则可以在任何位置添加锚点，路径的角度也不会被约束为 45° 的整数倍。

⑨ 按住 Shift 键单击，添加锚点 6 和锚点 7，如图 7-18 所示，松开 Shift 键。

⑩ 移动鼠标指针到锚点 1（第一个锚点）上，当鼠标指针变为 时，单击以闭合路径，如图 7-19 所示。

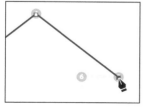

图 7-17

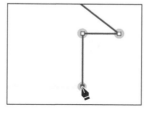

图 7-18

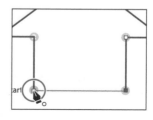

图 7-19

⑪ 选择"选择">"取消选择"。

7.3.4 了解曲线路径

本小节将介绍如何使用"钢笔工具"绘制曲线路径，如图 7-20 所示。为了创建曲线，您需要在创建锚点时按住鼠标左键并拖动方向手柄来确定曲线的形状。这种带有方向手柄的锚点称为"平滑锚点"。

以这种方式绘制曲线，可以在创建路径时获得最大的可控性和灵活性。当然，掌握这项技术需要一定的时间。本课练习的目的不是创建任何具体的内容，而是习惯创建曲线的感觉。

① 从文档窗口左下角的"画板导航"菜单中选择"3"画板。

② 在工具栏中选择"缩放工具" Q，然后在画板的下半部分单击两次以放大视图。

③ 在工具栏中选择"钢笔工具" ✐。在"属性"面板中，确保填色为"无" ☐，描边颜色为"Black"，描边粗细仍为"1 pt"。

④ 选择"钢笔工具"后，在画板的空白区域单击以创建起始锚点，然后将鼠标指针移开，如图 7-21 所示。

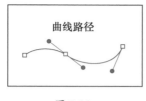

图 7-20

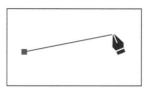

图 7-21

⑤ 在空白区域单击，同时按住鼠标左键拖动创建一条曲线路径，如图 7-22 所示，松开鼠标左键。

当按住鼠标左键从锚点拖离时，就会出现方向手柄。方向手柄是两端带有圆形方向点的方向线，其角度和长度决定了曲线的形状和大小。方向手柄不会被打印出来。

⑥ 将鼠标指针拖离刚创建的锚点，以便观察前一段路径，如图 7-23 所示。将鼠标指针移开一点，观察曲线是如何变化的。

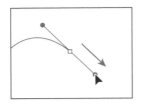

图 7-22

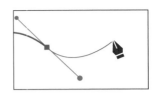

图 7-23

⑦ 继续在不同区域中按住鼠标左键并拖动鼠标指针，创建一系列平滑锚点。

⑧ 选择"选择">"取消选择"。保持此文件处于打开状态，以便下一小节使用。

7.3.5　使用钢笔工具绘制曲线

本小节将使用 7.3.4 小节中学习到的曲线绘制知识，使用"钢笔工具"来绘制弯曲的形状。这需要您仔细模仿模板路径。

① 按住空格键临时切换到"抓手工具" ✋，按住鼠标左键向下拖动，直到看到当前画板（画板 3）顶部的曲线。

⚡注意　拖动鼠标指针时，画板可能会随之滚动。如果看不到曲线了，请选择"视图">"缩小"，直到再次看到曲线和锚点。按住空格键使用"抓手工具"重新定位图稿。

② 选择"钢笔工具" ✒，单击标记为"1"的点，按住鼠标左键向上拖动到橙色点位置，然后松开鼠标左键，如图 7-24 所示。

到目前为止，您还没绘制任何内容，只是简单地创建了一条与路径方向（向上）大致相同的方向线。在第一个锚点上就拖出方向线，有助于绘制更弯曲的路径。

⚡注意　拉长方向手柄会使曲线更弯曲，而缩短方向手柄会使曲线更平坦。

③ 在点 2 上单击并按住鼠标左键向下拖动，当鼠标指针到达橙色点时，松开鼠标左键。两个锚点之间会沿着灰色弧线创建一条路径，如图 7-25 所示。

如果您创建的路径与模板没有完全对齐，请选择"直接选择工具" ▷，每次选择一个锚点以显示方向手柄。然后拖动方向手柄的两端（称为"方向点"），直到您的路径与图 7-25 完全一致为止。

图 7-24

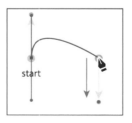

图 7-25

⚡提示　在使用"钢笔工具"绘图时，要取消选择对象，可以按住 Command 键（macOS）或 Ctrl 键（Windows）临时切换到"直接选择工具"，然后在画板空白处单击。结束路径绘制的另一种方法是在完成绘图时按 Esc 键。

④ 选择"选择工具" ▶，然后在画板空白区域单击，或选择"选择">"取消选择"。

取消选择第一条路径将允许您新建另一条路径。如果在仍选择路径的情况下，使用"钢笔工具"在画板上某处单击，则生成的新路径会连接到您绘制的前一个锚点上。

7.3.6 使用钢笔工具绘制系列曲线

本小节将绘制一个包含多个连续曲线的形状。

① 从文档窗口左下角的"画板导航"菜单中选择"4"画板。选择"缩放工具" ，然后在画板的上半部分单击几次以放大视图。

② 选择"钢笔工具" ，在"属性"面板中，确保填色为"无" ，描边颜色为"Black"，描边粗细仍为"1 pt"。

③ 在标记为"start"的点 1 上单击并按住鼠标左键沿着弧线的方向（向上）拖动，然后停在橙色点处。

> **注意** 如果您绘制的路径不精确，不要担心。当绘制完后，您可以使用"直接选择工具"进行调整。

④ 将鼠标指针移动到标记为"2"的点（点 1 右边）上，单击并按住鼠标左键向下拖动到橙色点（点 2 下方）所在位置，使用方向手柄调整第一个圆弧（在点 1 和点 2 之间），然后松开鼠标左键，如图 7-26 所示。

当使用平滑锚点（曲线）时，您会发现花了很多时间在正在创建的当前锚点之后的路径段上。请牢记，默认情况下，锚点有两条方向线，使用方向线可以控制路径段形状。

> **提示** 当拖动锚点的方向手柄时，可以按住空格键来重新定位锚点。当锚点位于所需位置时，松开空格键。

⑤ 继续绘制这条路径，交替执行单击并按住鼠标左键向上或向下拖动的操作。在标有数字的地方添加锚点，并在标记为"6"的点处结束绘制，如图 7-27 所示。

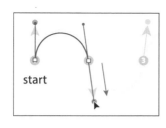

图 7-26

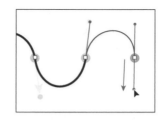

图 7-27

如果您在绘制过程中出错，可以选择"编辑">"还原钢笔"来撤销此步操作，然后重新绘制。如果您的方向线与图 7-27 所示并不一致也没问题。

⑥ 路径绘制完成后，选择"直接选择工具" ▶，然后单击路径中的任意一个锚点。

选择锚点后，将显示其方向手柄，如有必要，您可以重新调整路径的曲率。选择曲线后，还可以修改曲线的描边和填色。修改之后，绘制的下一条线段将具有与之相同的属性。如果想要练习绘制形状，请在该画板的下半部分（标记为"Practice"的区域）描摹形状。

⑦ 选择"选择">"取消选择"，然后选择"文件">"存储"，保存文件。

7.3.7 将平滑锚点转换为角部锚点

创建曲线时，方向手柄有助于确定曲线段的形状和大小。如果您想在直线路径之后接着创建曲线路径，可以移除锚点的方向线将平滑锚点转换为角部锚点。本小节将练习在平滑锚点和角部锚点之间进行转换，如图 7-28 所示。

① 从文档窗口左下角的"画板导航"菜单中选择"5"画板。

在画板顶部，您将看到要描摹的路径。

② 选择"缩放工具" Q，在画板顶部单击几次以放大视图。

③ 选择"钢笔工具" ✏，在"属性"面板中，确保填色为"无" ☑，描边颜色为"Black"，描边粗细仍为"1 pt"。

④ 按住 Shift 键，单击并按住鼠标左键，从标记为"start"的点 1 向上朝着圆弧方向拖动，到橙色点处停止拖动。松开鼠标左键和 Shift 键，如图 7-29 所示。

拖动时按住 Shift 键可将方向手柄角度约束为 45°的整数倍。

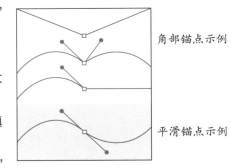

图 7-28

⑤ 在点 2（点 1 右侧）处单击并按住鼠标左键向下拖动到橙色点，拖动时按住 Shift 键。当曲线合适时，松开鼠标左键和 Shift 键，如图 7-29 所示。保持路径为选中状态。

现在，您需要切换曲线方向并创建另一条弧线。接下来将拆分方向手柄，或者说将两条方向线移动到不同方向，从而使平滑锚点转换为角部锚点。当使用"钢笔工具"按住鼠标左键并拖动来创建平滑锚点时，您将创建前导方向线和后随方向线，如图 7-30 所示。默认情况下，这两条方向线成对且等长。

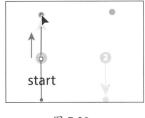

图 7-29

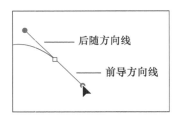

图 7-30

⑥ 按住 Option 键（macOS）或 Alt 键（Windows），将鼠标指针移动到您在上一步创建的锚点（点 2）上。当鼠标指针变为 ◣ 时，单击并按住鼠标左键，将一条方向线向上拖动到橙色点处，如图 7-31 所示。松开鼠标左键，然后松开 Option 键（macOS）或 Alt 键（Windows）。如果鼠标指针没变为 ◣，您最终可能会创建一个环。

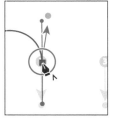

图 7-31

> 💡 **注意** 按住 Option 键（macOS）或 Alt 键（Windows）允许您为该锚点创建一条独立的新方向线。如果不按住 Option 键（macOS）或 Alt 键（Windows），将不会拆分方向手柄，因此它仍是一个平滑锚点。

您还可以按住 Option 键（macOS）或 Alt 键，单击并按住鼠标左键拖动方向手柄端点（即方向点）。任何一种方法都可以"拆分"方向手柄，使它们指向不同的方向。

⑦ 将鼠标指针移动到模板路径右侧的点 3 上，然后按住鼠标左键向下拖动到橙色点处。当路径看起来类似于模板路径时，松开鼠标左键。

⑧ 按住 Option 键（macOS）或 Alt 键（Windows），然后将鼠标指针移动到您创建的上一个锚点（点 3）上。当鼠标指针变为 ▶‸ 时，单击并按住鼠标左键将方向线拖动到上面的橙色点处。松开鼠标左键，然后松开 Option 键（macOS）或 Alt 键（Windows）。

对于下一个点，将不松开鼠标左键来拆分方向手柄。

⑨ 对于锚点 4，单击并按住鼠标左键向下拖动到橙色点处，直到路径看起来正确为止。此时不要松开鼠标左键，按住 Option 键（macOS）或 Alt 键（Windows），然后向上拖动到红色点处，以创建下一条曲线。松开鼠标左键，然后松开 Option 键（macOS）或 Alt 键（Windows），如图 7-32 所示。

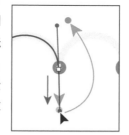

图 7-32

⑩ 继续此过程，按住 Option 键（macOS）或 Alt 键（Windows）创建角部锚点，直到路径完成。

⑪ 使用"直接选择工具"微调路径，然后取消选中路径。

7.3.8 组合曲线和直线

在实际绘图中使用"钢笔工具"时，常常需要在曲线和直线之间切换。本小节将学习如何从曲线切换到直线，又如何从直线切换到曲线。

① 从文档窗口左下角的"画板导航"菜单中选择"6"画板。选择"缩放工具" 🔍，然后在画板的上半部分单击几次，以放大视图。

② 选择"钢笔工具" ✏，单击标记为"start"的点 1，然后按住鼠标左键向上拖动到红色点处。松开鼠标左键。

到目前为止，您一直在模板中拖动鼠标指针到色点上。在实际绘图中，这些点显然是不存在的，所以创建下一个锚点时不会有模板作为参考。别担心，您可以随时选择"编辑">"还原钢笔"进行多次尝试。

③ 单击点 2 并按住鼠标左键向下拖动，当路径与模板大致匹配时松开鼠标左键，如图 7-33 所示。

现在您应该已经熟悉这种创建曲线的方法了。

如果单击点 3 继续绘制，甚至按住 Shift 键（生成直线）单击，则路径都是弯曲的。因为您创建的最后一个锚点是平滑锚点，并且有一个前导方向手柄。图 7-34 显示了如果使用"钢笔工具"单击下一个点，创建的路径会是什么样子。

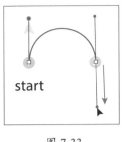

start

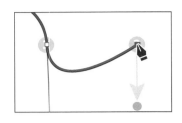

图 7-33   图 7-34

④ 将鼠标指针移动到创建的最后一个点（点 2）上。当鼠标指针变成 ✎ 时，单击该点，如图 7-35（a）所示。这将从锚点中删除前导方向手柄（而不是后随方向手柄），结果如图 7-35（b）所示。

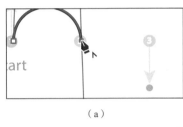

（a）   （b）

图 7-35

⑤ 按住 Shift 键，然后在模板路径右侧的点 3 上单击以添加下一个锚点。松开 Shift 键，创建一条直线段，如图 7-36 所示。

⑥ 对于下一条弧线，将鼠标指针移动到创建的最后一个点上。当鼠标指针变成 ✎ 时，单击并按住鼠标左键从该点向下拖动到橙色点位置。这将创建一条新的、独立的方向线，如图 7-37 所示。

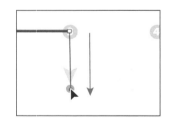

图 7-36   图 7-37

对于本小节的其他部分，您可以按照模板的指引自行完成路径绘制。剩余部分没有图示，所以如果需要指导，请查看前面步骤的图示。

⑦ 单击并按住鼠标左键向上拖动以创建下一个点（点 4），完成弧线绘制。

⑧ 单击上一步创建的最后一个锚点，删除前导方向线。

⑨ 按住 Shift 键并单击下一个点，创建第二条直线段。

⑩ 单击并按住鼠标左键从创建的最后一个点向上拖动，创建一条方向线。

⑪ 单击并按住鼠标左键向下拖动到终点（点 6），创建最后的弧线。

如果您想要练习绘制相同的形状，请向下滚动到同一画板中的"Practice"区域，然后在那里描摹形状。绘制前确保已取消选择之前的图稿。

⑫ 选择"文件">"存储",然后选择"文件">"关闭"。

您可以根据需要多次打开"L7_practice.ai"文件,并在该文件中反复使用这些"钢笔工具"模板,根据自己的需求不断练习。

7.4 使用钢笔工具创建图稿

本节将运用所学的知识在项目中创建一些图稿,先绘制一只结合了曲线和角部的天鹅。请您花时间练习绘制这个形状,您可以使用本书提供的参考模板。

> 💡提示　别忘了,您可以随时撤销已绘制的点(选择"编辑">"还原钢笔"),然后重新绘制。

① 选择"文件">"打开",打开"Lessons">"Lesson07"文件夹中的"L7_end.ai"文件,查看最终图稿,如图 7-38 所示。

② 选择"视图">"全部适合窗口大小",查看最终图稿。如果您不想让该图稿保持打开状态,请选择"文件">"关闭"。

③ 选择"文件">"打开",打开"Lessons">"Lesson06"文件夹中的"L7_start.ai"文件,如图 7-39 所示。

图 7-38

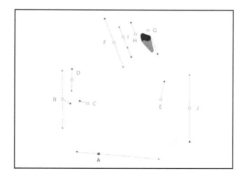

图 7-39

④ 选择"文件">"存储为"。

如果弹出"云文档"对话框,则单击"保存在您的计算机上"按钮。

⑤ 在"存储为"对话框中,将文件命名为"Swon. ai",选择"Lesson07"文件夹。从"格式"菜单中选择"Adobe Illustrator (ai)"选项(macOS)或从"保存类型"菜单中选择"Adobe Illustrator (*.AI)"选项(Windows),然后单击"保存"按钮。

⑥ 在"Illustrator 选项"对话框中,保持选项设置为默认值,然后单击"确定"按钮。

⑦ 选择"视图">"画板适合窗口大小",确保您能看到整个画板。

⑧ 打开"图层"面板("窗口 > 图层"),然后单击名为"Artwork"的图层,如图 7-40 所示。

⑨ 在工具栏中选择"钢笔工具" ✐。

图 7-40

⑩ 在"属性"面板（选择"窗口 > 属性"）中，确保填色为"无" ，描边颜色为"Black"，描边粗细为"1 pt"。

绘制天鹅

本小节将根据前面几节中对"钢笔工具"的练习来绘制一只漂亮的天鹅。

① 选择"钢笔工具" ，在天鹅主体模板上标记为"A"的蓝色正方形上单击并按住鼠标左键拖动到红色点处，以设置第一条曲线的起始锚点和方向，如图 7-41 所示。

💡 注意　您不必一定从蓝色方块（A 点）开始绘制此形状。您可以使用"钢笔工具"按顺时针或逆时针方向进行绘制。

② 移动鼠标指针到点 B 处，单击并按住鼠标左键拖动方向手柄到橙色点处，创建第一条曲线，如图 7-42 所示。

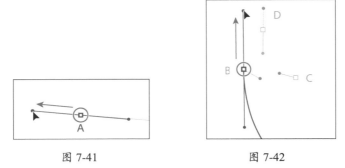

图 7-41　　　　　　　　　　图 7-42

记住，当您拖动方向手柄时，要关注路径的外观。将鼠标指针拖动到模板上的彩色点很容易，但是当您创建自己的内容时，需要时刻留意正在创建的路径。

③ 将鼠标指针再次移动到点 B 上，当鼠标指针变为 时，按住 Option 键（macOS）或 Alt 键（Windows），单击并按住鼠标左键向红色点处拖动，创建新的方向线，如图 7-43 所示。松开鼠标左键，然后松开 Option 键（macOS）或 Alt 键（Windows）。

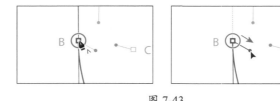

图 7-43

④ 将鼠标指针移动到点 C 上，单击添加锚点。

⑤ 要使下一条路径为曲线，可将鼠标指针移动到上一步在点 C 处创建的锚点上，单击并按住鼠标左键将其拖动到红色点位置，添加方向手柄，如图 7-44 所示。

⑥ 将鼠标指针移动到点 D，单击并按住鼠标左键并拖动到红色点位置，如图 7-45 所示。

路径的下一段是直线，因此需要删除点 D 上的一条方向线。

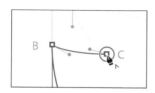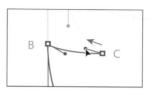

图 7-44

⑦ 再次将鼠标指针移动到点 D 上。当鼠标指针变为 时，单击点 D 以删除前导方向手柄，如图 7-46 所示。

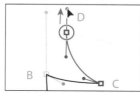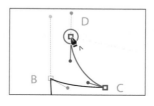

图 7-45　　　　　　　　　　　　　图 7-46

⑧ 在点 E 上单击，创建一条直线，如图 7-47 所示。

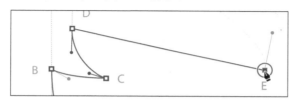

图 7-47

当使用"钢笔工具" 绘图时，您可能需要编辑您之前绘制的部分路径。选择"钢笔工具" ，按住 Option 键（macOS）或 Alt 键（Windows），将鼠标指针移动到前面的路径段上，按住鼠标左键并拖动，修改该路径。

⑨ 将鼠标指针移动到点 D 和点 E 之间的路径上。按住 Option 键（macOS）或 Alt 键（Windows），当鼠标指针变为 时，按住鼠标左键向上拖动路径使其弯曲，如图 7-48 所示。松开鼠标左键，然后松开 Option 键（macOS）或 Alt 键（Windows），这将为线段两端的锚点添加方向手柄。

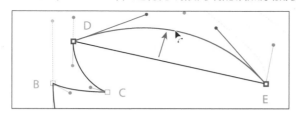

图 7-48

💡 提示 您还可以按住"Option + Shift"（macOS）或"Alt + Shift"（Windows）组合键，将手柄限制为垂直方向，且手柄的长度相等。

松开鼠标左键后，请注意，当您移动鼠标指针时，您可以看到鼠标指针仍然连着"橡皮筋"线，这意味着您仍然在绘制路径。

点 E 之后的路径是曲线，因此您需要在点 E 处为曲线添加前导方向手柄。

⑩ 将鼠标指针移动到点 E 上方，单击并按住鼠标左键向上拖动到红色点处，创建新的方向手柄，如图 7-49 所示。

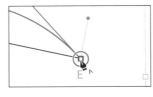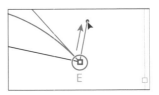

图 7-49

💡 注意　在第 9 步松开鼠标左键后，如果把鼠标指针移开，然后再把鼠标指针返回到点 E，鼠标指针旁边将出现转换点图标 ^。

这将创建一个新的前导方向手柄，并将下一段路径设置为曲线。

⑪ 在点 F 处单击并按住鼠标左键拖动到红色点处，继续绘图。

⑫ 在点 G 处单击并按住鼠标左键拖动到红色点处，如图 7-50（a）所示。

路径的下一段是直线，因此您将在点 G 处删除前导方向手柄。

💡 提示　创建锚点时，您可以按住空格键来移动该锚点。

⑬ 将鼠标指针移回点 G，当鼠标指针变为 ▸ 时，单击删除前导方向手柄，如图 7-50（b）所示。

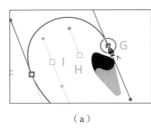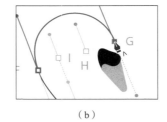

（a）　　　　　　　（b）

图 7-50

⑭ 单击点 H 创建一个新锚点。

路径的下一部分是曲线，因此您需要向点 H 添加一个前导方向手柄。

⑮ 再次将鼠标指针移动到点 H 上，当鼠标指针变为 ▸ 时，单击并按住鼠标左键从 点 H 处拖动到红色点处，添加前导方向手柄，如图 7-51 所示。

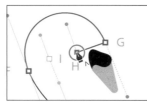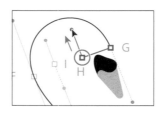

图 7-51

⑯ 在下一个锚点 I 处单击并拖动到橙色点，继续绘制点 I，然后松开鼠标左键，如图 7-52（a）所示。

⑰ 按住 Option 键（macOS）或 Alt 键（Windows），当鼠标指针变为 ⍉ 时，单击并按住鼠标左键

将方向手柄的末端从橙色点向下拖动到红色点处，如图 7-52（b）所示。

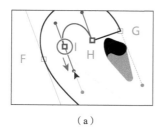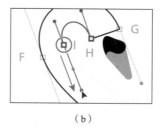

图 7-52

⑱ 在点 J 处单击并按住鼠标左键拖动到红色点处。

> 💡 **提示**　创建闭合锚点时，您可以按住空格键来移动该锚点。

⑲ 将鼠标指针移动到点 A 上，但不要单击。

请注意，此时鼠标指针会变成 ，如图 7-53 所示。这表示如果单击该锚点（现在不要单击）将闭合路径。如果您在该锚点处单击并按住鼠标左键拖动，则锚点两侧的方向手柄将成一条直线一起移动。此时需要扩展其中一个方向手柄，使路径与模板一致。

> 💡 **注意**　这是在选择"钢笔工具"时取消选择路径的快捷方法。您也可以使用其他方法，如选择"选择" > "取消选择"。

⑳ 按住鼠标左键向左稍微偏上一点拖动，如图 7-54 所示。注意，这会在相反方向（右下方）显示方向手柄。拖动鼠标指针，直到曲线看起来合适。

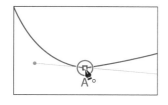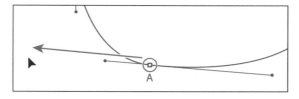

图 7-53　　　　　　　　　　　图 7-54

通常，当您从一个锚点上拖离鼠标指针时，该锚点之前和之后会显示方向线。如果不按住 Option 键（macOS）或 Alt 键（Windows），随着您在闭合锚点上拖动鼠标指针，您将重塑锚点之前和之后的路径；按住 Option 键（macOS）或 Alt 键（Windows），在闭合锚点上拖动鼠标指针则可以单独编辑闭合锚点之前的方向手柄。

㉑ 在"属性"面板中设置"填色"为白色。

㉒ 按住 Option 键（macOS）或 Alt 键（Windows），在路径以外的地方单击，取消选择路径，然后选择"文件" > "存储"，保存文件。

▌7.5　编辑路径和锚点

本节将编辑上一节创建的天鹅图形的一些路径和锚点。

❶ 选择"直接选择工具" ▷，然后单击点 J，按住鼠标左键向左拖动该锚点，大致匹配整个图形，如图 7-55 所示。

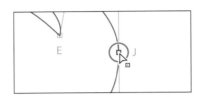

图 7-55

❷ 移动鼠标指针到点 F 和点 G 之间的路径段（位于天鹅颈部）上。当鼠标指针变为▷时，按住鼠标左键并朝上偏左一点拖动该路径段，以改变路径的曲率，如图 7-56 所示。这是一种对曲线路径进行编辑的简便方法，因为无须编辑每个锚点的方向手柄。

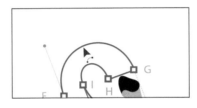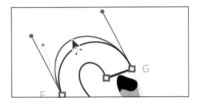

图 7-56

💡提示　当使用"直接选择工具"拖动路径时，还可以按住 Shift 键将方向手柄限制为垂直方向，这将确保手柄的长度相等。

注意，当在路径上的鼠标指针变为▷时，意味着您可以拖动该路径，并调节锚点和方向手柄。

❸ 选择"选择">"取消选择"，然后选择"文件">"存储"，保存文件。

7.5.1　删除和添加锚点

大多数情况下，使用"钢笔工具"或"曲率工具"等工具绘制路径是为了避免添加不必要的锚点。您可以删除不必要的锚点来降低路径的复杂度或调整其整体形状（从而使形状更可控），也可以向路径添加锚点来扩展路径。本小节将删除和添加天鹅路径上不同部分的锚点。

❶ 打开"图层"面板（选择"窗口">"图层"）。在"图层"面板中单击"Bird template"图层的眼睛图标👁️，隐藏图层内容，如图 7-57 所示。

❷ 选择"直接选择工具" ▷，单击天鹅路径将其选中。

❸ 在工具栏中选择"钢笔工具" ✒️，将鼠标指针移动到图 7-58（a）所示的锚点上。当鼠标指针变为▸时，单击以删除锚点。

图 7-57

💡提示　选择锚点后，您也可以单击"属性"面板中的"删除所选锚点"按钮 来删除锚点。

❹ 将鼠标指针移动到图 7-58（b）所示的锚点上，当鼠标指针变为▸时，单击以删除锚点。

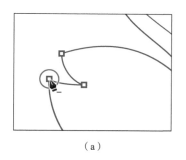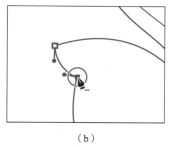

（a） （b）

图 7-58

在选择"钢笔工具"的时候，您可以按住 Command 键（macOS）或 Ctrl 键（Windows），临时切换到"直接选择工具"，以便编辑路径。松开 Command 键（macOS）或 Ctrl 键（Windows）后，则可以继续用"钢笔工具"绘制。

⑤ 按住 Command 键（macOS）或 Ctrl 键（Windows），临时切换到"直接选择工具"。移动鼠标指针到图 7-59 所示锚点上方，当鼠标指针变为 时，单击以选中此锚点。

⚡ **注意** 如果您不小心取消选择并丢失编辑的路径，可以按住 Command 键（macOS）或 Ctrl 键（Windows），单击该路径然后单击锚点查看方向手柄。

⑥ 不松开 Command 键（macOS）或 Ctrl 键（Windows），按住鼠标左键从选择锚点向左下方拖动方向手柄以调整路径形状，如图 7-60 所示。松开鼠标左键和 Command 键（macOS）或 Ctrl 键（Windows）。

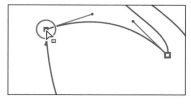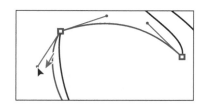

图 7-59 图 7-60

在调整过的路径上，您可以添加新的锚点来进一步调节路径的形状。

⑦ 移动鼠标指针到天鹅路径的左边，所选锚点的下方。当鼠标指针变为 时，单击以添加锚点，如图 7-61 所示。

⑧ 按住 Command 键（macOS）或 Ctrl 键（Windows），临时切换到"直接选择工具"，单击新建锚点并按住鼠标左键朝左下方拖动，调节路径形状，如图 7-62 所示。松开鼠标左键和 Command 键（macOS）或 Ctrl 键（Windows）。

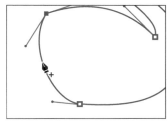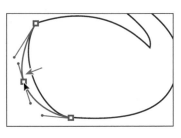

图 7-61 图 7-62

⑨ 移动鼠标指针到天鹅底部路径上，当鼠标指针变为 ◥ 时，单击以添加锚点，如图 7-63 所示。

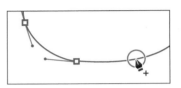

图 7-63

7.5.2 在平滑锚点和角部锚点之间转换

为了更精确地控制创建的路径，您可以使用多种方法将点从平滑锚点转换为角部锚点，以及从角部锚点转换为平滑锚点。

① 选择"直接选择工具" ▷，选择最后添加的锚点，按住 Shift 键并单击其左侧的锚点（之前标记为"A"的点），同时选择这两个锚点，如图 7-64 所示。

② 在"属性"面板中单击"将所选锚点转换为尖角"按钮 ⌐，将平滑锚点转换为角部锚点，如图 7-65 所示。

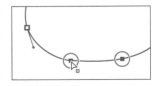

图 7-64

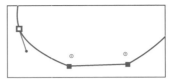

图 7-65

💡 **提示** 您还可以通过双击锚点和按住 Option 键（macOS）或 Alt 键（Windows）并单击锚点两种方法，在角部锚点和平滑锚点之间进行转换。

💡 **注意** 如果在单击对齐按钮后锚点未与画板对齐，请重试，确保在"属性"面板中勾选了"对齐关键锚点"复选框。

③ 单击"属性"面板中的"垂直底对齐"按钮 ⊥，这会将选择的第 1 个锚点与选择的第 2 个锚点对齐，如图 7-66 所示。

图 7-66

先选择的锚点将与最后选择的锚点（称为"关键锚点"）对齐。

④ 选择"选择">"取消选择"，然后选择"文件">"存储"，保存文件。

7.5.3 使用锚点工具

另一种将锚点在平滑锚点和角部锚点之间转换的方法是使用"锚点工具" ⌐。本小节将使用"锚点工具"来完成天鹅的头部的绘制。

① 选择"选择工具"，单击天鹅路径。

② 长按工具栏中的"钢笔工具" ✐，然后选择"锚点工具" ⌐。

如果使用"锚点工具"在平滑锚点上单击，锚点上的方向手柄将被移除并成为角部锚点。"锚点工具"可以用于从锚点删除两个或其中一个方向手柄，将平滑锚点转换成角部锚点，或者从该锚点拖出方向手柄。如果该锚点的方向手柄被拆分了，那么从锚点重新拖出方向手柄是一种非常方便的方法。

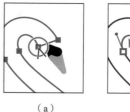

③ 将鼠标指针移动到图 7-67（a）所示的天鹅头部圆圈的锚点上，当鼠标指针变为Ｎ时，单击并按住鼠标左键从该角部锚点向左上方拖动，拖出方向手柄，然后拖动到颈部，如图 7-67（b）所示。拖动方向取决于之前路径绘制的方向，在反方向上拖动会反转方向手柄。

（a）　　　　　（b）

图 7-67

💡注意　如果鼠标指针变为▶.，请不要拖动。这意味着鼠标指针不在锚点上，如果拖动，则将重新调整曲线。

💡提示　如果将"锚点工具"的鼠标指针放在已拆分的方向手柄的末端，可以按住 Option 键（macOS）或 Alt 键（Windows），当鼠标指针变为▶.时，单击使方向手柄再次变成单一直线（非拆分）。

④ 将鼠标指针移动到上一步编辑过的锚点右侧的锚点上，当鼠标指针变为Ｎ时，单击并按住鼠标左键向右下方拖动。确保天鹅的头部看起来和它本来的样子相似，如图 7-68 所示。

⑤ 选择"直接选择工具"，然后向左上方拖动底部方向手柄的末端，使其更短、弯曲度更小，如图 7-69 所示。

图 7-68

图 7-69

当使用"锚点工具"创建锚点上的方向手柄时，方向手柄是拆分开的，这意味着您可以独立移动它们。

⑥ 打开"图层"面板（选择"窗口">"图层"）。在"图层"面板中，单击"Wing"图层和"Background"图层的眼睛图标◉，显示这两个图层的内容，如图 7-70 所示。

您现在应该能在绘制的天鹅形状上面看到天鹅的翅膀了。它由一系列相互重叠的简单路径组成。您需要把翅膀的右边缘变成一个角部锚点，而非平滑锚点。

⑦ 在工具栏中选择"直接选择工具"，单击较大的翅膀形状，您会看到翅膀上的锚点，如图 7-71 所示。

图 7-70

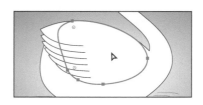

图 7-71

⑧ 在工具栏中选择“锚点工具”，将鼠标指针移动到图 7-72（a）所示的位置。在此单击可将该锚点从平滑锚点（带方向手柄）转换为角部锚点，如图 7-72（b）所示。

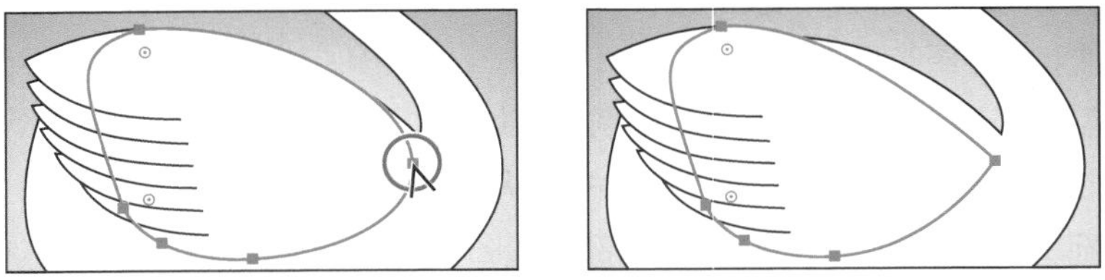

（a）　　（b）

图 7-72

注意 另一种将平滑锚点转换为角部锚点的方法是在“属性”面板中单击“将所选锚点转换为尖角”按钮。

⑨ 选择“直接选择工具”，然后按住鼠标左键拖动上一步转换的锚点，把它贴合到天鹅颈底部的锚点上，如图 7-73 所示。

⑩ 将鼠标指针移动到顶部锚点的方向手柄末端，然后按住鼠标左键拖动以更改路径的形状，如图 7-74 所示。

⑪ 选择“选择”>“取消选择”。

⑫ 选择“视图”>“画板适合窗口大小”，最终效果如图 7-75 所示。

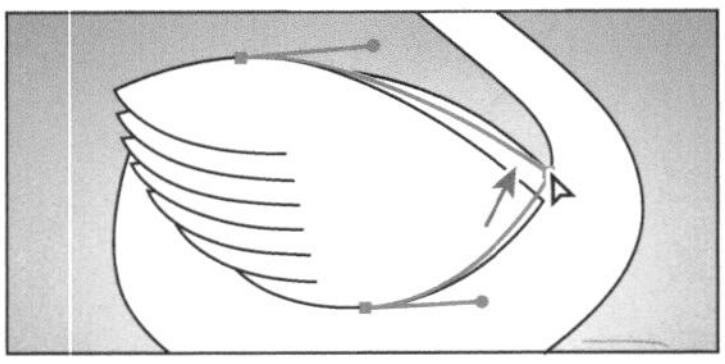

图 7-73

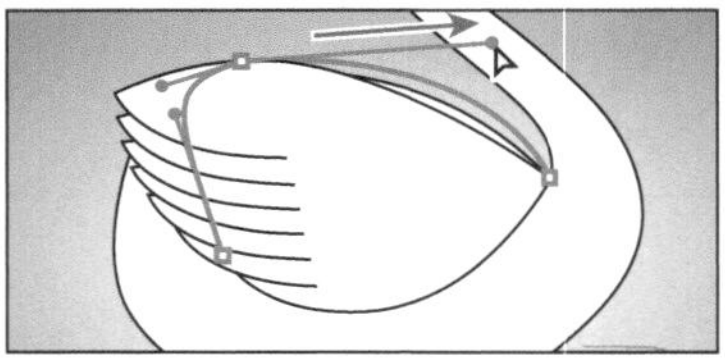

图 7-74

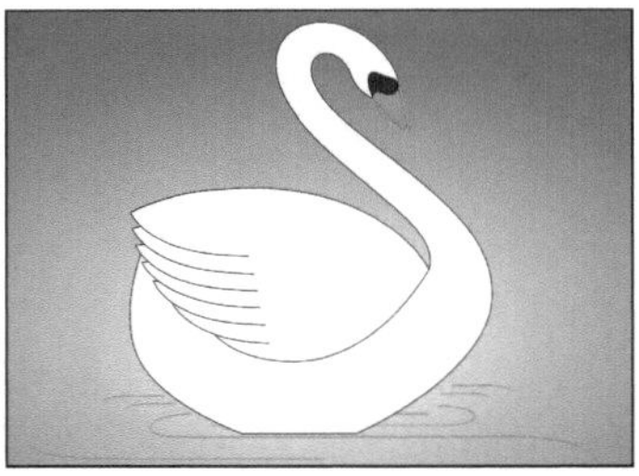

图 7-75

⑬ 选择“文件”>“存储”，选择“文件”>“关闭”，保存和关闭文件。

7.6 复习题

1. 如何使用“钢笔工具”绘制垂直直线、水平直线或对角线。
2. 如何使用“钢笔工具”绘制曲线？
3. “钢笔工具”可以创建哪两种锚点？
4. 指出两种将曲线上的平滑锚点转换成角部锚点的方法。
5. 哪种工具可以用于编辑曲线上的路径？

参考答案

1. 要绘制一条直线，可以使用“钢笔工具”在任意空白处单击，然后移动鼠标指针并再次单击。第一次单击设置直线的起始锚点，第二次单击设置直线的结束锚点。要约束直线为垂直、水平或 45° 对角线，可在使用“钢笔工具”单击创建第二个锚点时按住 Shift 键。
2. 要使用“钢笔工具”绘制曲线，可单击创建起始锚点，再拖动设置曲线的方向，然后单击设置曲线的终止锚点。
3. “钢笔工具”可以创建角部锚点或平滑锚点。角部锚点没有方向线或者具有拆分方向线，可以使路径改变方向。平滑锚点则具有成对方向线。
4. 若要将曲线上的平滑锚点转换为角部锚点，可以使用“直接选择工具”选择锚点，然后使用“锚点工具”拖动方向手柄更改方向。另一种方法是使用“直接选择工具”选择一个或多个锚点，然后单击“属性”面板中的“将所选锚点转换为尖角”按钮。
5. 要编辑曲线上的路径，请选择“直接选择工具”，然后按住鼠标左键拖动路径将其移动；或按住鼠标左键拖动锚点上的方向手柄，调整路径的长度和形状。按住 Option 键（macOS）或 Alt 键（Windows）并使用“钢笔工具”拖动路径段是调整路径的另一种方式。

使用颜色优化图稿

本课概览

在本课中，您将学习如何执行以下操作。

- 了解颜色模式和主要颜色控件。
- 使用多种方法创建、编辑和应用颜色。
- 命名和存储颜色。
- 将外观属性从一个对象复制并粘贴给另一个对象。

- 使用颜色组。
- 使用"颜色参考"面板获得创意灵感。
- 了解"重新着色图稿"命令。
- 使用"实时上色工具"组。

学习本课大约需要 75分钟

您可以使用 Adobe Illustrator 中的颜色控件，为您的插图增色。

在内容丰富的本课中，您将学习如何创建和使用填色和描边，使用"颜色参考"面板获得灵感，以及使用颜色组、重新着色图稿等功能。

8.1 开始本课

本课将通过使用"色板"面板等来创建和编辑滑雪区图稿的颜色，从而学习颜色的基础知识。

① 为了确保工具的功能和默认值完全如本课所述，请删除或停用（通过重命名实现）Adobe Illustrator 首选项文件。具体操作请参阅本书"前言"中的"还原默认首选项"部分。

② 启动 Adobe Illustrator。

③ 选择"文件">"打开"，然后打开"Lessons">"Lesson08"文件夹中的"L8_end1.ai"文件查看最终图稿，如图 8-1 所示。

④ 选择"视图">"全部适合窗口大小"，您可以使文件保持打开状态以供参考，也可以选择"文件">"关闭"，将其关闭。

⑤ 选择"文件">"打开"，在"打开"对话框中定位到"Lessons">"Lesson08"文件夹，然后选择"L8_start1.ai"文件，单击"打开"按钮，打开文件。该文件已经包含了所有图稿内容，只需要再次上色。

图 8-1

⑥ 在弹出的"缺少字体"对话框中，确保"激活"列中的每个字体都勾选了"激活"复选框，然后单击"激活字体"按钮。一段时间后，字体会被激活。您会在"缺少字体"对话框中看到一条成功提示消息。单击"关闭"按钮，如图 8-2 所示。

⑦ 选择"视图">"全部适合窗口大小"，如图 8-3 所示。

图 8-2

图 8-3

⑧ 选择"文件">"存储为"，如果弹出"云文档"对话框，请单击"保存在您的计算机上"按钮。

> **💡 注意** 如果在"工作区"菜单中没有看到"重置基本功能"选项，请在选择"窗口">"工作区">"重置基本功能"之前，先选择"窗口">"工作区">"基本功能"。

⑨ 在"存储为"对话框中，定位到"Lesson08"文件夹，并将文件命名为"Snowboarder.ai"。

从"格式"菜单中选择"Adobe Illustrator（ai）"选项（macOS）或从"保存类型"菜单中选择"Adobe Illustrator（*.AI）"选项（Windows），然后单击"保存"按钮。

⑩ 在"Illustrator 选项"对话框中，将选项保持为默认设置，然后单击"确定"按钮。

⑪ 选择"窗口">"工作区">"重置基本功能"。

8.2 了解颜色模式

在 Adobe Illustrator 中，有多种方法可以将颜色应用到您的图稿中。在使用颜色时，您需要考虑将在哪种媒介中发布图稿，如是"打印"还是"Web"。您创建的颜色需要适合相应的媒介的要求，这通常要求您使用正确的颜色模式和颜色定义。下面介绍颜色模式。

在创建一个新文件之前，您应该确定作品应该使用哪种颜色模式："CMYK 颜色"还是"RGB颜色"。

· CMYK 颜色：青色、洋红色、黄色和黑色，是四色印刷中使用的油墨颜色；这 4 种颜色以点的形式组合和重叠，创造出大量其他颜色。

· RGB 颜色：红色、绿色和蓝色的光以不同方式叠加在一起合成一系列颜色；如果图稿需要在屏幕上演示，在互联网或移动应用程序中使用，请选择此模式。

当您选择"文件">"新建"创建新文件时，每个新建文件预设（如"打印"或"Web"）都有一个特定的颜色模式。例如，"打印"配置文件使用"CMYK 颜色"。单击"新建文档"对话框中的"高级选项"按钮，您可以通过从"颜色模式"菜单中选择不同的选项来轻松更改颜色模式，如图 8-4所示。

图 8-4

⚲注意　您在"新建文档"对话框中看到的预设模板可能与图 8-4 所示不一样，但这没关系。

一旦选择了一种颜色模式，文件就将以该颜色模式显示和创建颜色。创建文件后，可以选择"文件">"文档颜色模式"，然后从菜单中选择"CMYK 颜色"或"RGB 颜色"，从而更改文件的颜色模式。

8.3 使用颜色

本节将学习在 Adobe Illustrator 中使用面板和工具为对象着色（也称为"上色"）的常用方法，如"属性"面板、"色板"面板、"颜色参考"面板、拾色器和工具栏中的上色选项。

在前面的课程中，您了解了 Adobe Illustrator 中的对象可以有"填色"或"描边"属性或两者兼而有之。请注意工具栏底部的"填色"框和"描边"框，"填色"框是白色的（本例），而"描边"框为黑色，如图 8-5 所示。如果您单击其中一个框，单击的框（被选中）将位于另一个框的前面。选择一种颜色后，它将应用于所选对象的填色或描边。当您对 Adobe Illustrator 有了一定了解时，您将在其他许多地方看到这些"填色"框和"描边"框，如"属性"面板、"色板"面板等。

图 8-5

> 💡 **注意** 您看到的工具栏可能是两列，具体取决于屏幕的分辨率。

Adobe Illustrator 提供了很多方法来让您获取所需的颜色。您可以先将现有颜色应用到形状，然后通过一些方法来创建和应用颜色。

8.3.1 应用现有颜色

Adobe Illustrator 中的每个新建文件都有其默认的一系列颜色，可供您在"色板"面板中以色板的形式应用到图稿中。您要学习的第一种上色方法就是将现有颜色应用到形状。

> 💡 **注意** 本课将在颜色模式为"CMYK 颜色"的文件中操作，这意味着您创建的颜色默认由青色、洋红色、黄色和黑色组成。

① 在打开的"Snowboarder.ai"文件中，从文档窗口左下角的"画板导航"菜单中选择"1 Badge"画板（如果尚未选择），然后选择"视图">"画板适合窗口大小"。

② 选择"选择工具"▶，单击红色滑雪板形状，将其选中。

③ 单击右侧"属性"面板中的"填色"框■以弹出面板。单击粉红色色板，更改所选图稿的填充颜色，如图 8-6 所示。

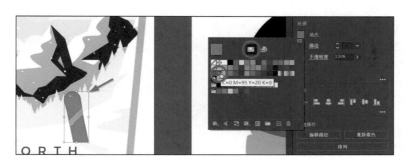

图 8-6

④ 按 Esc 键隐藏"色板"面板。

8.3.2　创建自定义颜色

在 Adobe Illustrator 中，您有很多方法可以创建自定义颜色。使用"颜色"面板（选择"窗口 > 颜色"）或"颜色混合器"面板，您可以将创建的自定义颜色应用于对象的填充和描边，还可以使用不同的颜色模式（如"CMYK 颜色"）编辑和混合颜色。"颜色"面板和"颜色混合器"面板会显示所选内容的当前填色和描边色，您可以直观地从面板底部的色谱条中选择一种颜色，也可以以各种方式混合自定义的颜色。本小节将使用"颜色混合器"面板创建自定义颜色。

① 选择"选择工具" ▶，选择滑雪板上的绿色条纹形状。

② 单击"属性"面板中的"填色"框 ■，弹出面板，单击该面板顶部的"颜色混合器"按钮 ，切换到"颜色混合器"面板，如图 8-7（a）所示。

③ 在面板底部色谱的黄橙色部分选择一种黄橙色，并将其应用于"填色"，如图 8-7（a）所示，效果如图 8-7（b）所示。

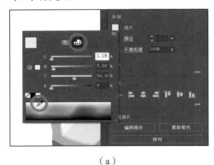

（a）　　　　　　　　　　　　　　　　（b）

图 8-7

💡提示　若要放大色谱，可以打开"颜色"面板（选择"窗口">"颜色"），按住鼠标左键向下拖动面板底边。

由于色谱条很小，您可能很难获得与书中完全相同的颜色。

④ 在"颜色混合器"面板中的"CMYK"文本框中输入以下值"C=0 M=20 Y=65 K=0"，这将确保我们使用相同的颜色，如图 8-8 所示。按 Enter 键确认并关闭该面板，保持形状为选中状态。

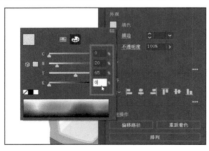

图 8-8

在"颜色混合器"面板中创建的颜色仅保存在所选图稿的填色或描边中，如果您想轻松地在本文件的其他位置重复使用创建的颜色，可以将其保存在"色板"面板中。

8.3.3　将颜色存储为色板

您可以为文件中不同类型的颜色和图案命名并将其保存为色板，以便稍后应用和编辑它们。"色板"面板按创建顺序列出色板，您也可以根据需要重新排序或编组色板。所有文件都以默认的色板开始排序。默认情况下，您在"色板"面板中保存或编辑的任何颜色仅适用于当前文件，因为每个文件都有自己的自定义色板。

本小节会将上一小节创建的颜色保存为色板，以便重复使用。

❶ 在仍选择黄橙色形状的情况下，单击"属性"面板中的"填色"框 ，以显示"色板"面板。

❷ 单击面板顶部的"色板"按钮 以查看色板，如图 8-9（a）所示。单击面板底部的"新建色板"按钮 ，根据所选图稿的填充颜色创建新色板，如图 8-9（b）所示。

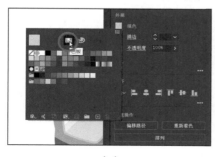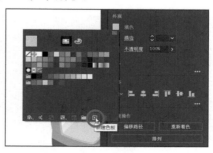

（a） （b）

图 8-9

❸ 在弹出的"新建色板"对话框中，更改以下选项，如图 8-10 所示。

• 色板名称：Light Orange

> **💡提示** 您可以根据颜色的色值、外观（LightOrange）、用途（如"文本标题"）或其他属性来为其命名。

请注意，此处默认会勾选"全局色"复选框，即您创建的新色板默认是全局色。这意味着，如果以后编辑此色板，则无论是否选择图稿，应用此色板的位置都会自动更新。此外，"颜色模式"菜单可让您将指定颜色的颜色模式更改为 RGB、CMYK、灰度或其他颜色模式。

❹ 单击"确定"按钮，保存色板。

请注意，新建的"Light Orange"色板会在"色板"面板中高亮显示（它周围有一个白色边框），这是因为它已自动应用于所选形状。这里还要注意色板右下角的白色小三角形，如图 8-11 所示，这表明它是一个全局色板。

图 8-10

保持选择黄橙色形状和"色板"面板的显示状态，以便下一小节使用。

8.3.4 创建色板副本

创建颜色并将其保存为色板的一种简单方法是制作色板的副本并编辑该副本。本小节将通过复制和编辑名为"Light Orange"的色板来创建另一个色板。

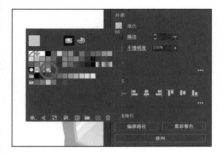

图 8-11

❶ 在滑雪板中的条形仍处于选中状态且"色板"面板仍显示的情况下，在"色板"面板底部单

击"新建色板"按钮，如图 8-12 所示。

这将创建所选"Light Orange"色板的副本并弹出"新建色板"对话框。

💡提示 您也可以从面板菜单（▤）来创建所选色板的副本。

② 在"色板选项"对话框中，将名称更改为"Orange"，并将 CMYK 颜色值更改为"C=0 M=45 Y=90 K=0"，使橙色稍深。单击"确定"按钮，如图 8-13 所示。

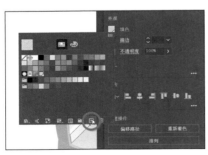

图 8-12

图 8-13

③ 在"色板"面板中单击"Light Orange"色板，将其应用于所选形状，如图 8-14 所示。

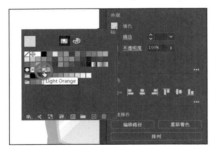

图 8-14

④ 选择"选择工具"▶，单击文本"NORTH"，然后按住 Shift 键单击文本"CASCADES"，如图 8-15（a）所示。

⑤ 在"属性"面板中单击"填色"框■，然后单击"Orange"色板 ，将其应用于所选文本，如图 8-15（b）和图 8-15（c）所示。

（a）

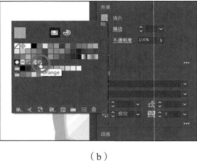

（b）

（c）

图 8-15

⑥ 按 Esc 键隐藏"色板"面板。

⑦ 选择"选择">"取消选择"。

8.3.5　编辑全局色板

本小节将编辑全局色。当编辑全局色时，无论是否选择相应图稿，都会更新应用了该色板的所有图稿的颜色。

① 选择"选择工具" ▶，单击天空中云层后面的黄色形状，如图 8-16（a）所示。

② 单击"属性"面板中的"填色"框□，然后单击"Light Orange"色板以应用该色板的颜色，如图 8-16（b）所示。

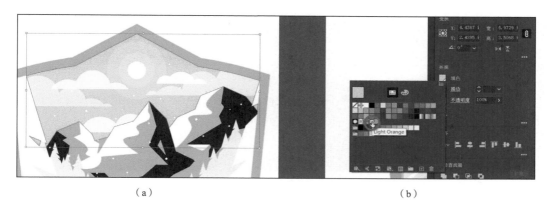

（a）　　　　　　　　　　　　　　（b）

图 8-16

③ 双击"Light Orange"色板进行编辑。在弹出的"色板选项"对话框中，勾选"预览"复选框以查看更改。将"C"值（青色）更改为"80"（您可能需要在对话框另一个字段中单击来查看更改），如图 8-17 所示。

应用了全局色的所有形状都将更新其颜色，即使它们未被选中（如滑雪板上的条形）。

④ 将"C"（青色）值更改为"3"，然后单击"确定"按钮，如图 8-18 所示。

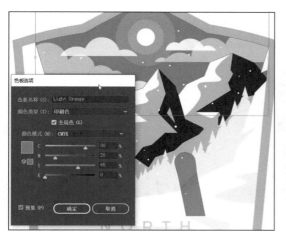

图 8-17

图 8-18

8.3.6　编辑非全局色板

默认情况下，每个 AI 文件附带的默认色板都是非全局色板。因此，当您编辑其中一个颜色色板

时，只有选择了该图稿，才会更新其使用的颜色。本小节将编辑应用于滑雪板填色的非全局粉红色
色板。

① 选择"选择工具" ▶，单击粉红色滑雪板。

② 单击"属性"面板中的"填充"框■，可以看到粉红色色板已应用于填充，如图 8-19 所示。

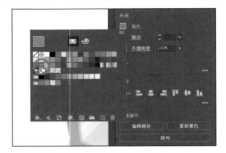

图 8-19

可以看出，此处应用的粉红色色板不是全局色板，因为在"色板"面板中该色板的右下角没有白
色小三角形。

③ 按 Esc 键隐藏"色板"面板。

④ 单击"CASCADES"文本左侧或右侧的蓝色形状以选择它们（因为它们已编组在一起），如
图 8-20（a）所示。

⑤ 单击"属性"面板中的"填色"框■，然后单击同一个粉红色色板来更改两个形状的填色，如
图 8-20（b）和图 8-20（c）所示。

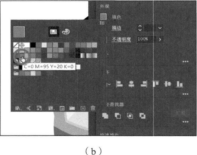

（a）   （b）   （c）

图 8-20

⑥ 选择"选择">"取消选择"。

⑦ 选择"窗口">"色板"，将"色板"面板作为单独的
面板打开。双击相同的粉红色色板进行编辑，如图 8-21 所示。

您在"属性"面板中能找到的大多数格式选项也可以在
单独的面板中找到。例如，打开"色板"面板是一种无须选
择图稿即可使用颜色的有效方法。

⑧ 在"色板选项"对话框中，将名称更改为"Snow-
board pink"，将 CMYK 值更改为"C=0 M=76 Y=49 K=0"，
勾选"全局色"复选框以确保它是全局色板，然后勾选"预览"
复选框，如图 8-22 所示。

图 8-21

图 8-22

> **注意** 您可以将现有色板更改为全局色板，但这需要更多的操作。您需要在编辑色板之前选择应用了该色板的所有形状，使其成为全局形状，然后再编辑色板，或者先编辑色板使其成为全局色板，然后将色板重新应用到所有形状。

请注意，此时文本两侧的滑雪板或小形状的颜色不会改变。这是因为在将色板应用于它们时，未在"色板选项"对话框中勾选"全局色"对话框。更改非全局色板后，您需要将其重新应用于编辑时未选择的图稿。

⑨ 单击"确定"按钮。

⑩ 单击"色板"面板组顶部的"×"按钮将其关闭。

⑪ 选择粉红色滑雪板，按住 Shift 键单击应用了相同粉红色的两个形状，如图 8-23（a）所示。单击"属性"面板中"填色"框■，注意这里要应用的不再是粉红色色板，如图 8-23（b）所示。

⑫ 单击您在第 8 步编辑的"Snowboard pink"色板以应用它，如图 8-23（c）所示。

（a）

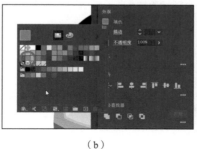
（b）

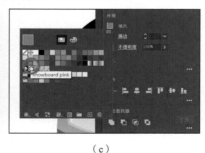
（c）

图 8-23

⑬ 选择"选择">"取消选择"，然后选择"文件">"存储"，保存文件。

8.3.7 使用拾色器创建颜色

另一种创建颜色的方法是使用"拾色器"对话框，您可以使用"拾色器"对话框在色域、色谱带中直接拾取颜色，输入色值来定义颜色，或者单击色板来选择颜色。在 Adobe InDesign 和 Adobe Photoshop 中也可以找到"拾色器"对话框。本小节将使用"拾色器"对话框创建一种颜色，然后在"色板"面板中将该颜色存储为色板。

❶ 从文档窗口左下角的"画板导航"菜单中选择"2 Snowboarder"画板。

❷ 选择"选择工具"▶，单击绿色夹克形状。

❸ 双击文档窗口左侧工具栏的"填色"框，如图 8-24 所示，打开"拾色器"对话框。

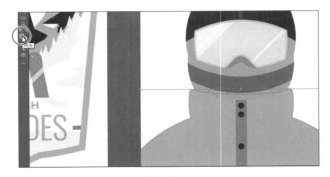

图 8-24

注意 您不能双击"属性"面板中的"填色"框来打开"拾色器"对话框。

在"拾色器"对话框中，较大的色域用来显示饱和度（水平方向）和亮度（垂直方向），而色域右侧的色谱条则显示色相，如图 8-25 所示。

图 8-25

④ 在"拾色器"对话框中，按住鼠标左键向上或向下拖动色谱条滑块，更改颜色范围。确保滑块最终停在紫色处。

⑤ 在色域中单击并按住鼠标左键拖动，移动至图 8-26 所示圆圈处。当您左右拖动时，可以调整饱和度，上下拖动时，可以调整亮度。单击（此处先不要单击）"确定"按钮，创建的颜色将显示在"新建颜色"矩形中，如图 8-26 箭头处所示。

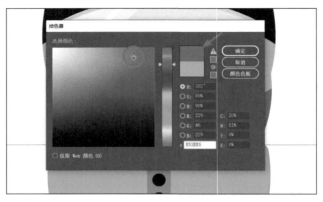

图 8-26

⑥ 在 CMYK 色域中，将值更改为"C=50% M=90% Y=5% K=0%"，如图 8-27 所示。

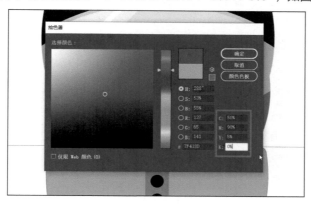

图 8-27

💡**注意** 单击"拾色器"对话框中的"颜色色板"按钮，可显示"色板"面板中的色板和默认色标簿（Adobe Illustrator 附带的一组色板），它允许您从中选择一种颜色。您可以单击"颜色模式"按钮返回到色谱条和色域，然后继续编辑"色板"的值。

⑦ 单击"确定"按钮，您会看到紫色应用到了夹克上，如图 8-28 所示。

⑧ 要将颜色保存为色板以便重复使用，请在"属性"面板中单击"填色"框■，在"色板"面板中单击底部的"新建色板"■按钮，并更改"新建色板"对话框中的以下选项。

- 色板名称：Purple。
- "全局色"复选框：勾选（默认设置）。

⑨ 单击"确定"按钮，可以看到颜色在"色板"面板中显示为新色板，如图 8-29 所示。

图 8-28

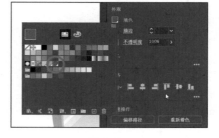

图 8-29

⑩ 选择"选择">"取消选择"。

⑪ 选择"文件">"存储"，保存文件。

8.3.8 使用默认色板库

色板库是预设的颜色组（如 PANTONE、TOYO）和主题库（如"大地色调""冰淇淋"）的集合。当您打开 Adobe Illustrator 默认色板库时，这些色板库将显示为独立面板，并且不能被编辑。将色板库中的颜色应用于图稿时，该颜色将随当前文件一起保存在"色板"面板中。色板库是创建颜色的一个很好的起点。

注意 在实际工作中您有时可能需要同时使用印刷色（通常是 CMYK）和专色（例如 PANTONE）。例如，您可能需要在一份用印刷色打印照片的年度报告上，使用某种专色来打印公司徽标。您也可能需要用一种专色在某印刷色作业上涂一层薄膜。在这两种情况下，您的打印工作将需要使用总共 5 种油墨——4 种标准印刷色油墨和 1 种专色油墨。

接下来，您将使用"PANTONE+"库创建一种专色，该库中的颜色需要使用专色油墨进行打印，然后将此颜色应用于图稿。在 Adobe Illustrator 中定义的颜色在后期被打印时，颜色外观可能会有所不同。因此，大多数打印机和设计人员会使用如 PANTONE 系统这样的颜色匹配系统，来保持颜色的一致性，并在某些情况下为专色提供更多种颜色。

8.3.9　添加专色

本小节将学习如何打开颜色库（如 PANTONE 颜色系统），以及如何将 PANTONE 配色系统（PANTONE MATCHING SYSTEM，PMS）颜色添加到"色板"面板中并将其应用到滑雪板图稿。

① 选择"窗口">"色板库">"色标簿">"PANTONE+ Solid Coated"，效果如图 8-30 所示。

"PANTONE + Solid Coated"库出现在独立面板中。

② 在"PANTONE + Solid Coated"面板的搜索框中输入"7562"。

Adobe Illustrator 会对列表进行筛选，显示符合要求的色板。

③ 单击搜索到的色板"PANTONE 7562 C"，将其添加到此文件的"色板"面板中，如图 8-31 所示。单击搜索框右侧的"×"按钮停止筛选。

图 8-30

图 8-31

④ 关闭"PANTONE + Solid Coated"面板。

注意 如果在"PANTONE + Solid Coated"面板打开的情况下退出并重启 Adobe Illustrator，则该面板不会重新打开。若要使 Adobe Illustrator 重启后自动打开该面板，请单击"PANTONE+Solid Coated"面板菜单按钮 ▤并在菜单中选择"保持"选项。

⑤ 选择"选择工具" ▶，单击覆盖滑雪运动员嘴部的深灰色形状。

⑥ 单击"属性"面板中的"填色"框 ■，显示色板，然后选择"PANTONE 7562 C"色板并填色到所选形状，如图 8-32 所示。

⑦ 选择"选择">"取消选择"，然后选择"文件">"存储"，保存文件。

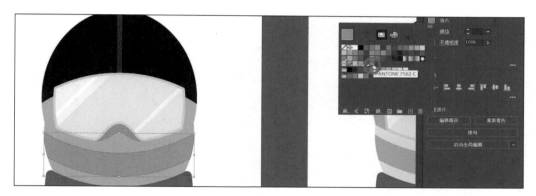

图 8-32

PANTONE 色板 VS"色板"面板中的其他色板

在"色板"面板中,当面板显示为"列表视图"时,可以通过专色图标 来识别专色色板。或通过面板的"缩览图"视图中的角点 来标识专色色板,印刷色没有专色图标或角点。

8.3.10 创建和保存淡色

淡色是各种颜色与白色的混合色,颜色更浅。您可以用全局印刷色(如 CMYK)或专色来创建淡色。本小节将以添加到文件中的 PANTONE 色板来创建一种淡色。

❶ 选择"选择工具" ,单击 8.3.9 小节中应用了 PANTONE 色的形状的上方或下方的浅灰色形状。

❷ 单击"属性"面板中的"填色"框 ,在弹出的面板中选择"PANTONE 7562 C"色板,填色到这两个形状,如图 8-33 所示。

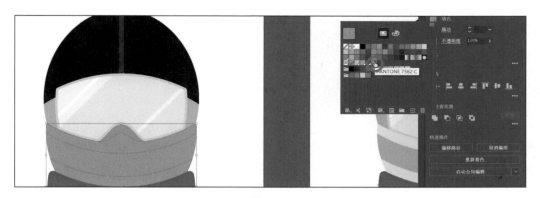

图 8-33

❸ 单击面板顶部的"颜色混合器"按钮 。

在 8.3.2 小节中,使用"颜色混合器"面板中的"CMYK"滑块创建了一种自定义颜色——这是使用 CMYK 滑块的原因。现在您会看到一个标记为"T"的单色滑块,用于调整淡色。使用"颜色混合器"面板设置全局色板时,您将创建一个淡色,而不是混合了 CMYK 值的颜色。

④ 向左拖动色调滑块，将"T"值更改为"60"，如图 8-34 所示。

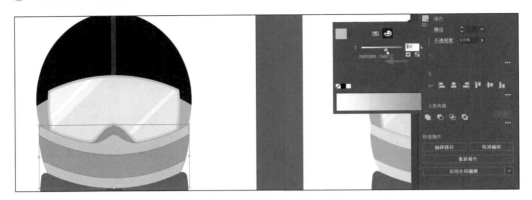

图 8-34

⑤ 单击面板顶部的"色板"按钮▣，显示"色板"面板。单击面板底部的"新建色板"按钮▣，保存该淡色，如图 8-35（a）所示。

⑥ 将鼠标指针移动到该色板上，将显示其名称，即"PANTONE 7562 C 60%"，如图 8-35（b）所示。

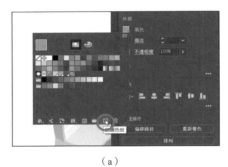 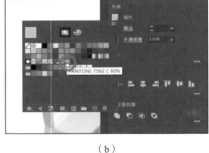

（a）   （b）

图 8-35

⑦ 选择"选择">"取消选择"，然后选择"文件">"存储"，保存文件。

8.3.11　转换颜色

Adobe Illustrator 提供了"编辑颜色"命令（选择"编辑">"编辑颜色"），您可以通过该命令为所选图稿转换颜色模式、混合颜色、反相颜色。本小节将使用 CMYK 颜色（不是 PANTONE 颜色）来转换滑雪运动员嘴部形状的颜色，该形状之前已经应用了"PANTONE 7562 C"色板。

> �💡 **注意**　当前"编辑颜色"菜单中的"转换为 RGB"选项是灰色的（您无法选择它）。这是因为文件的颜色模式是"CMYK 颜色"。若要使用此方法将所选内容的颜色模式转换为"RGB 颜色"，请先选择"文件">"文档颜色模式">"RGB 颜色"。

① 选择"选择">"现用画板上的全部对象"，选择画板上的所有图稿，包括应用了 PANTONE 颜色和淡色的形状。

② 选择"编辑">"编辑颜色">"转换为 CMYK"。

选择的形状中应用的 PANTONE 颜色现在都是 CMYK 颜色了。使用这种方式将颜色转换为 CMYK 颜色并不会影响"色板"面板中的 PANTONE 颜色（本例中为 PANTONE 7562 C 和其淡色），因为它只是将选择的图稿颜色转换为 CMYK 颜色，而"色板"面板中的色板不再应用于图稿。

③ 选择"选择">"取消选择"。

8.3.12　复制外观属性

有时，您可能只想将外观属性（例如文本格式、填充和描边）从一个对象复制给另一个对象。这时可以通过"吸管工具" 🖊 来完成，从而加快您的创作过程。

> 💡 提示　在取样之前，您可以双击工具栏中的"吸管工具"，更改吸管拾色和应用的属性。

① 选择"视图">"全部适合窗口大小"。

② 选择"选择工具" ▶，按住 Shift 键单击最右侧画板上的两个浅灰色形状。

③ 在工具栏中选择"吸管工具" 🖊，单击应用了淡色的形状，如图 8-36 所示。

之前灰色的形状现在具有左侧画板上形状的填色属性，如图 8-36 所示。

图 8-36

④ 在工具栏中选择"选择工具" ▶。

⑤ 选择"选择">"取消选择"，然后选择"文件">"存储"，保存文件。

8.3.13　创建颜色组

在 Adobe Illustrator 中，您可以将颜色存储在颜色组中，颜色组由"色板"面板中的相关色板组成。按用途组织颜色（如徽标的所有颜色分组）可以提高组织性和效率。在"色板"面板中，默认情况下有几个颜色组，这些颜色组由文件夹图标开头。颜色组里不能包含图案、渐变、无色或注册色。注册通常为 4 种印刷色——青色（C）、洋红色（M）、黄色（Y）和黑色（K）组成的 100% 颜色，或 100% 的任何专色。接下来，您将为一些色板创建一个颜色组，以使它们更有条理。

① 选择"窗口">"色板"，打开"色板"面板。在"色板"面板中，按住鼠标左键向下拖动"色板"面板底部，以查看更多内容。

② 在"色板"面板中单击"Light Orange"色板，然后按住 Shift 键单击"PANTONE 7562 C 60%"色板，这将选择 5 种色板，如图 8-37 所示。

③ 单击"色板"面板底部的"新建颜色组"按钮 ▣，如图 8-38 所示。在"新建颜色组"对话框中将"名称"更改为"Snowboarding"，然后单击"确定"按钮，保存颜色组。

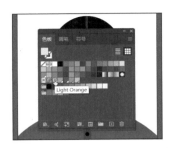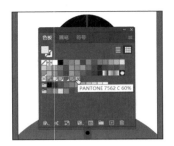

图 8-37

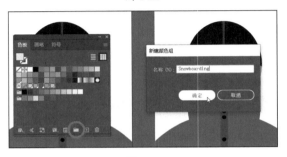

图 8-38

💡**注意** 如果在单击"新建颜色组"按钮时还选择了图稿中的对象,则会出现一个扩展的"新建颜色组"
对话框。在此对话框中,您可以根据图稿中的颜色创建颜色组,并将颜色转换为全局色。

④ 选择"选择工具" ▶,单击"色板"面板的空白区域,取消选
择面板中的所有内容,如图 8-39 所示。

通过双击颜色组中的色板并编辑"色板选项"对话框中的值,您
仍然可以单独编辑颜色组中的每个色板。您还可以通过双击颜色组的
文件夹图标来编辑组合在一起的颜色。

💡**提示** 除了将颜色拖入或拖出颜色组,您还可以重命名颜色组,重
新排列组中的颜色等。

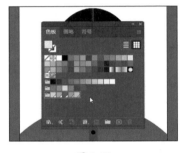

图 8-39

⑤ 按住鼠标左键,将颜色组中名为"PANTONE 7562 C 60%"的淡色色板拖动到列表中最后一
个色板的右侧(在第一个文件夹之前),如图 8-40 所示。保持色板面板处于打开状态。

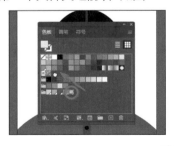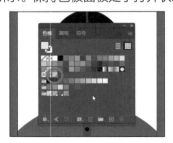

图 8-40

您可以按住鼠标左键将颜色拖入或拖出颜色组。将颜色拖入颜色组时,请确保在该组中的色板右
侧出现了一条短粗线。否则,您可能会将色板拖动到错误的位置。您可以随时选择"编辑">"还原
移动色板",然后重试。

8.3.14 使用颜色参考面板激发创作灵感

"颜色参考"面板可以在您创作图稿时为您提供色彩灵感。您可以使用该面板来选择淡色、近似色等，然后将这些颜色直接应用于图稿，再使用多种方法对这些颜色进行编辑，或将它们保存为"色板"面板中的一个颜色组。本小节将使用"颜色参考"面板从图稿中选择不同的颜色，然后将这些颜色存储为"色板"面板中的颜色组。

① 从文档窗口左下角的"画板导航"菜单中选择"3 Snowboarder Color Guide"画板。

② 选择"选择工具"▶，单击护目镜侧面的绿色形状，如图 8-41 所示。确保在工具栏中选择了"填色"框（朝外）。

③ 选择"窗口">"颜色参考"，打开"颜色参考"面板。

④ 在"颜色参考"面板中，单击"将基色设置为当前颜色"按钮▣，如图 8-42 所示。

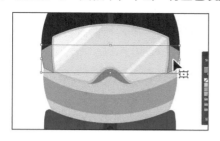

图 8-41　　　　　　　　　　　　　　　图 8-42

这会让"颜色参考"面板根据"将基色设置为当前颜色"按钮的颜色来推荐颜色。您在"颜色参考"面板中看到的颜色可能与您在图 8-42 中看到的有一定差异，这没有关系。

⑤ 从"颜色参考"面板中的"协调规则"列表中选择"右补色"选项，如图 8-43（a）所示。

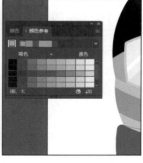

这在基色（此处为绿色）的右侧创建了一组颜色，并在面板中显示了这组基色的一系列暗色和淡色，如图 8-43（b）所示。这里有很多协调规则可供选择，每种规则都会根据您需要的颜色生成配色方案。设置基色（此处为绿色）是生成配色方案的基础。

（a）　　　　　　　　　　（b）

图 8-43

> 💡 **提示**　您也可以通过单击"颜色参考"面板菜单按钮▤来选择不同的颜色搭配（不同于默认的"显示淡色 / 暗色"），例如"显示冷色 / 暖色"或"显示亮光 / 暗光"。

⑥ 单击"颜色参考"面板底部的"将颜色保存到'色板'面板"按钮▣，如图 8-44 所示，将"色板"面板中的这些基色存储为一个颜色组。

⑦ 选择"选择">"取消选择"。

此时在"色板"面板中，您应该会看到添加了一个新组，如图 8-45 所示。您可能需要在面板中向下拖动滚动条来查看您新创建的颜色组。

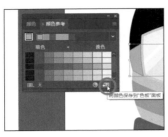

图 8-44

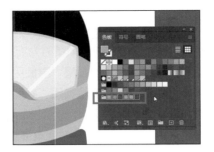

图 8-45

⑧ 关闭"色板"面板。

使用 Adobe 颜色主题

Adobe"颜色主题"面板（选择"窗口">"颜色主题"）将显示您创建的颜色主题，并将其同步到 Adobe Color 网站上。您在 Adobe Illustrator 中使用的 Adobe ID 将自动登录到 Adobe Color CC 网站，并且"Adobe 颜色主题"面板将显示最新的 Adobe 颜色主题。

💡注意 要了解"颜色主题"面板的更多详细信息，请在"Illustrator 帮助"（选择"帮助">"Illustrator 帮助"）中搜索"颜色主题"。

8.3.15　从颜色参考面板应用颜色

在"颜色参考"面板中创建颜色之后，您可以单击应用"颜色参考"面板中的某种颜色，也可以应用以颜色组形式保存在"色板"面板中的颜色。本小节将从颜色组中应用一种颜色到滑雪员图稿并编辑该颜色。

① 单击右侧第三个画板上的紫色夹克形状以将其选中。

② 单击"颜色参考"面板中的绿色以应用它，如图 8-46 所示。

③ 选择夹克中心的矩形，单击以应用浅绿色，如图 8-47 所示。

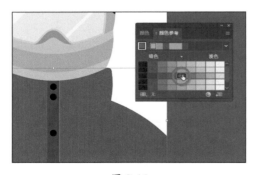

图 8-46

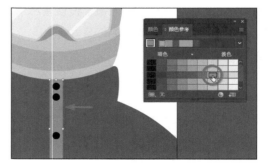

图 8-47

选择一种颜色后，它就成为基色。如果您单击基色，如图 8-48 所示，则面板中的颜色将基于该颜色，以您之前设置的"右补色"规则生成一组颜色（此处不要单击）。

④ 关闭"颜色参考"面板。

⑤ 选择"文件">"存储"，保存文件。

图 8-48

8.3.16 使用重新着色图稿编辑图稿颜色

您可以使用"重新着色图稿"对话框编辑所选图稿的颜色，这个工具在图稿不能使用全局色板的时候特别有用。如果不在图稿中使用全局色，更新一系列颜色可能需要很多时间。使用"重新着色图稿"对话框，您可以使用编辑颜色、改变颜色数量、将已有颜色匹配为新颜色，以及其他更多功能。

本小节将打开一个新文件并准备进行处理。

① 选择"文件">"打开"，然后打开"Lessons">"Lesson08"文件夹中的"L8_start2.ai"文件。

② 选择"文件">"存储为"，如果弹出"云文档"对话框，单击"保存在您的计算机上"按钮（很可能不会弹出，因为您上次保存文件时已经单击了"保存在您的计算机上"按钮）。在"存储为"对话框中，定位到"Lesson08"文件夹并打开它，将文件重命名为"Snowboards.ai"。从"格式"菜单中选择"Adobe Illustrator (ai)"选项（macOS）或从"保存类型"菜单中选择"Adobe Illustrator (*.AI)"选项（Windows），然后单击"保存"按钮。

③ 在"Illustrator 选项"对话框中，保持"Illustrator 选项"为默认设置，然后单击"确定"按钮。

④ 从文档窗口左下角的"画板导航"菜单中选择"1 Snowboard Recolor"画板，选择"视图">"画板适合窗口大小"，您应该能在画板上看到颜色鲜艳的滑雪板，以及水果和恐龙图稿。

8.3.17 重新着色图稿

打开文件后，可以使用"重新着色图稿"对话框重新着色图稿。

① 框选左侧的滑雪板以选择图稿，如图 8-49（a）所示。

② 选择滑雪板图稿后，单击"属性"面板中的"重新着色"按钮，打开"重新着色图稿"对话框，如图 8-49（b）所示。

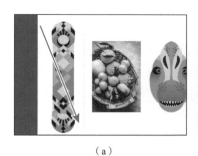
（a）

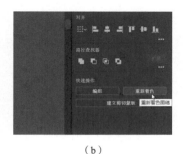
（b）

图 8-49

> ♀ 提示　您也可以选择"编辑">"编辑颜色">"重新着色图稿"，打开"重新着色图稿"对话框。

"重新着色图稿"对话框中允许您编辑、重新指定颜色或减少所选图稿中的颜色种类，并可以将您创建的颜色保存为一个组。

您将在对话框中间看到色轮，所选滑雪板图稿中的颜色则在色轮上以小圆圈标示，这些小圆圈被称为"色标"，如图 8-50 所示。您可以单独或同时编辑这些颜色，编辑的方式可以是拖动色标或双击后输入精确的颜色值。

💡注意　如果您在所选图稿外单击，将关闭"重新着色图稿"对话框。

您还可以从"颜色库"选择颜色，以及更改所选图稿中的"颜色"数量——可能使图稿成为单色系配色。

❸　确保禁用"链接协调颜色"按钮，以便您可以独立编辑各个颜色。此时"链接协调颜色"按钮应该是🔗，而不是🔗，如图 8-51 所示，色标（圆）与色轮中心之间的直线应该是虚线。

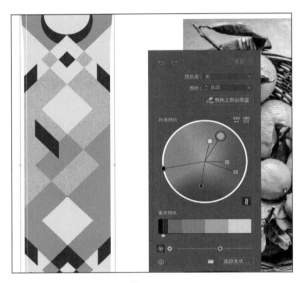
图 8-50

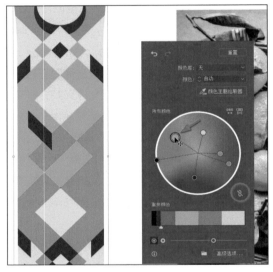
图 8-51

如果启用"链接协调颜色"按钮，那么您在编辑某个颜色的时候，其他颜色也会相对您编辑的颜色而变化。

❹　单击最大的橙色标记（色轮中的小圆圈），按住鼠标左键将其拖入绿色区域以更改颜色，如图 8-51 所示。

请注意，如果您在编辑颜色时出错并想重新编辑，您可以单击"重新着色图稿"对话框右上角的"重置"按钮，将颜色还原为初始颜色。

💡注意　最大的色标（圆圈）表示基色。如果您想选择一种颜色的"协调规则"，基色将是最终配色方案所基于的颜色。单击"重新着色图稿"面板底部的"高级选项"按钮后，您可以设置颜色的"协调规则"。

❺　双击现在为绿色的色标（圆圈），打开"拾色器"对话框，将颜色更改为其他颜色，例如蓝色。单击"确定"按钮，如图 8-52 所示。

单击"确定"按钮后，色标会在色轮中移动，并且是唯一移动的色标，这是因为禁用"链接协调颜色"按钮是启用的。

❻　单击对话框中的"颜色主题拾取器"按钮，鼠标指针会变成✐，然后您就可以在诸如光栅图像或矢量图形中单击拾取颜色。您可能需要将对话框拖动到画板顶部，以便查看水果和恐龙图稿。单击

水果图稿以从整个图稿中拾取颜色并将其应用于滑雪板，如图 8-53 所示。

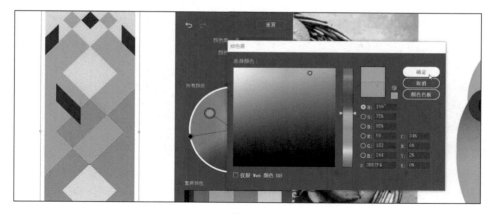

图 8-52

图 8-53

⑦ 单击水果图稿右侧的恐龙图稿以拾取颜色并将其应用于滑雪板。

如果单击单个矢量对象（如形状），则会从该对象中拾取颜色。如果单击一组对象（例如恐龙头），则会从该组内的所有对象中拾取颜色。对于您从中拾取颜色的矢量图形，您还可以选择部分图形进行颜色拾取。您无须切换工具，只需进行框选操作即可在所选区域内采样颜色。

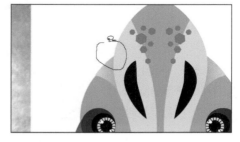

⑧ 在恐龙图稿的较小区域周围拖动以仅对选择的那些颜色进行颜色拾取，如图 8-54 所示。

您在滑雪板图稿中看到的颜色可能与您在接下来的图中看到的颜色不同，这没关系。

图 8-54

⑨ 单击"重新着色图稿"对话框中的"还原更改"按钮，撤销上一步在较小区域的颜色拾取，如图 8-55 所示。

对话框左上角有"还原更改"和"重做更改"按钮，可用于撤销和重做步骤。

⑩ 单击底部的"在色轮上显示亮度和色相"按钮，如图 8-56 所示，查看色轮上的亮度和色相。向右拖动滑块以调整整体饱和度，如图 8-56 所示。

图 8-55

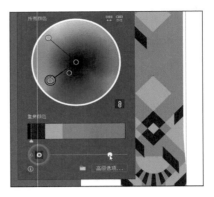

图 8-56

滑雪板图稿中的颜色显示在色轮上，它们也显示在色轮下方的"重要颜色"选项组中。颜色区域的大小旨在让您了解每种颜色在图稿中所占的面积。在本例中，湖绿色比重更大，因此它在颜色区域中显示得更多。

⑪ 在对话框的"重要颜色"选项组中，在绿色和湖绿色之间移动鼠标指针，它们之间会出现一个滑块。按住鼠标左键将该滑块向右拖动以使绿色部分变宽，如图 8-57 所示，这意味着更多的这种颜色将作为淡色和暗色应用于图稿。

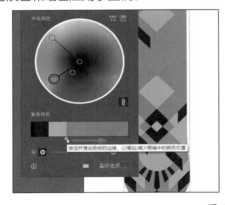

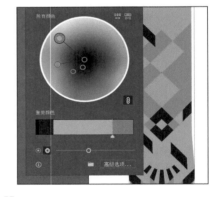

图 8-57

⑫ 单击面板底部的文件夹按钮🖿，然后选择"存储重要颜色"选项，将重要颜色保存为"色板"面板中的一个颜色组，如图 8-58 所示。如果"色板"面板打开，可以将其关闭。

⑬ 选择"选择">"取消选择"，然后选择"文件">"存储"，保存文件。

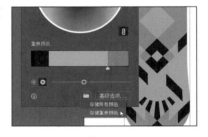

图 8-58

8.4 使用实时上色工具

"实时上色工具"🖿能够自动检测和纠正可能影响填色和描边应用的间隙，从而直观地给矢量图形上色。"实时上色工具"中的路径将图稿表面划分为可以上色的不同区域，而且无论该区域是由一条路径构成的，还是由多条路径段构成的，都可以上色。使用"实时上色工具"给对象上色，就像填充色标簿或使用水彩给草图上色一样，并不会编辑底层形状。

💡注意 要了解更多关于"实时上色工具"及其功能的信息，可以在"Illustrator 帮助"（选择"帮助"＞"Illustrator 帮助"）中搜索"实时上色"。

本节将使用"实时上色工具"应用颜色。

① 从文档窗口左下角的"画板导航"菜单中选择"2 Snowboard Live Paint"画板。您应该在画板上看到两个颜色鲜艳的滑雪板。

② 选择"选择工具"，单击图 8-59（a）所示的深紫色菱形。选择"视图"＞"隐藏定界框"，关闭定界框，这样您就可以通过角部锚点拖动形状而不会扭曲它。

③ 将鼠标指针移动到菱形的底角上，当出现"锚点"一词时，如图 8-59（a）所示，按住 Option 键（macOS）或 Alt 键（Windows），按住鼠标左键向下拖动菱形。当该点与位于其下方的黄色菱形的中心重合并出现"交叉"一词时，松开鼠标左键，然后松开 Option 键（macOS）或 Alt 键（Windows），完成复制，如图 8-59（b）所示。

④ 选择"视图"＞"显示定界框"，显示框架边缘，如图 8-59（c）所示。

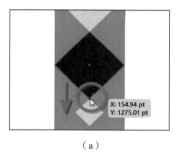
（a）
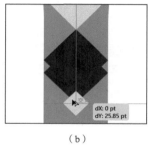
（b）
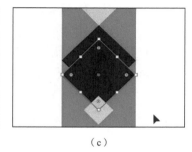
（c）

图 8-59

⑤ 按住 Shift 键并单击两个紫色菱形，将其全部选中，接下来准备复制这两个紫色菱形形状。

⑥ 选择"旋转工具"，按住 Option 键（macOS）或 Alt 键（Windows）单击所选形状的位于橙色小三角形的中间的底部角点，"交叉"标签会再次出现，如图 8-60（a）所示。在"旋转"对话框中，将"角度"更改为"180"，然后单击"复制"按钮，如图 8-60（b）和图 8-60（c）所示。

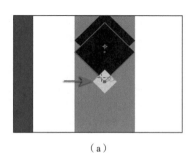
（a）
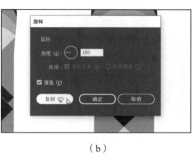
（b）
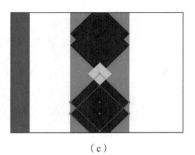
（c）

图 8-60

8.4.1　创建实时上色组

本小节需要将上一小节编辑的滑雪板图稿转换为"实时上色组"。

① 选择"选择工具" ▶，然后框选左侧的所有滑雪板图稿。

② 单击工具栏底部的"编辑工具栏"按钮 ••••，在弹出的菜单中将"实时上色工具" 拖动到左侧的工具栏中，如图 8-61 所示，将其添加到工具列表中。确保它在工具栏中被选中。

> **注意** 您可能需要按 Esc 键隐藏工具菜单。

③ 单击"属性"面板中的"填色"框，在弹出的"色板"面板中选择颜色组中的橙色色板，如图 8-62 所示，按 Esc 键隐藏面板。

图 8-61

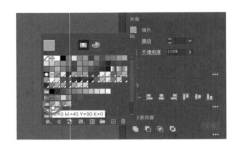

图 8-62

④ 选择"实时上色工具"，将鼠标指针移动到顶部紫色菱形上，如图 8-63（a）所示，单击将所选形状转换为"实时上色组"，并用橙色填充该形状，如图 8-63（b）所示。您现在可以看到定界框上的定界点已变为 ⊞，整个滑雪板现在是一个实时上色对象。

> **提示** 您还可以选择"对象">"实时上色">"建立"，将选择的图稿添加到"实时上色组"中。

⑤ 单击图 8-63（c）所示的形状以应用橙色。

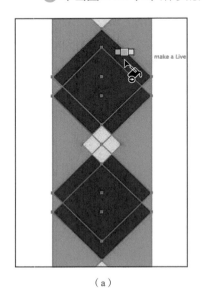

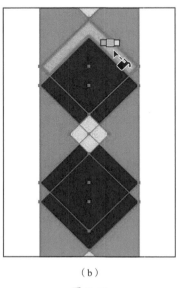

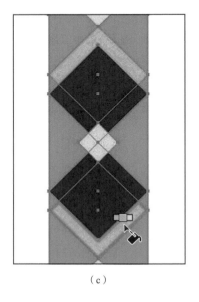

（a）　　　　　　　　　（b）　　　　　　　　　（c）

图 8-63

使用"实时上色工具" 单击所选形状后，将创建一个"实时上色组"，您可以使用该工具对其上色。创建"实时上色组"后，路径会被当作对象组，它仍是可编辑的。移动路径或调整其形状后，颜色将自动重新应用到编辑后形成的新区域中。

8.4.2 使用实时上色工具绘制

把对象转换为"实时上色组"后，您可以使用多种方法对其上色。

① 选择"窗口">"色板"，打开"色板"面板，注意当前选择的颜色（橙色）。

② 按→键以选择较浅的橙色色板，指针上方会出现 3 个色板标志，如图 8-64（a）所示。

③ 关闭"色板"面板。

④ 单击将颜色应用到图 8-64（b）所示的区域，这是一个小区域，因此您可能需要放大视图。

⑤ 单击将颜色应用到图 8-64（c）所示的其他区域。

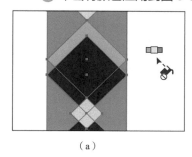 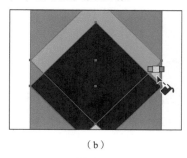 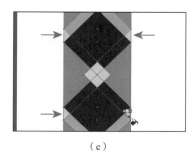

（a）　　　　　　　　　　　　（b）　　　　　　　　　　　　（c）

图 8-64

⑥ 按一次→键可选择同一颜色组中较浅的粉红色。

⑦ 单击图 8-65 所示的蓝色区域（红框区域）。

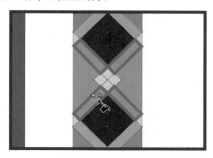

图 8-65

⑧ 选择"选择">"取消选择"，然后选择"文件">"存储"，保存文件。

8.4.3 修改实时上色组

当建立"实时上色组"后，每个路径都处于可编辑状态。当您移动或调整路径时，以前应用的颜色并不会停留在原来的区域。相反，颜色会自动重新应用于由编辑后的路径形成的新区域。本小节将在"实时上色组"中编辑路径。

① 选择"选择工具" ▶，双击"实时上色组"对象中顶部的紫色菱形，进入隔离模式。

"实时上色组"类似于常规的编组对象。当双击对象进入隔离模式时，图稿中的各个对象仍可访问。进入隔离模式后，您还可以移动、变换、添加或删除形状。

② 按住鼠标左键拖动紫色菱形，将其向下移动一点。停止拖动并单击画板的空白区域，查看颜色区域的变化，如图 8-66 所示。

 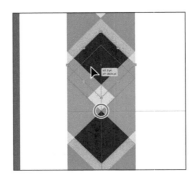 

图 8-66

③ 按 Esc 键退出隔离模式。

④ 选择"视图">"画板适合窗口大小"，最终效果如图 8-67 所示。

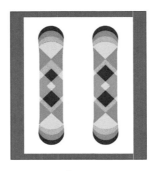

图 8-67

⑤ 选择"文件">"存储"，然后根据需要多次选择"文件">"关闭"，关闭所有打开的文件。

8.5 复习题

1. 什么是全局色？
2. 如何保存颜色？
3. 什么是淡色？
4. 如何选择"协调规则"激发色彩灵感？
5. "重新着色图稿"对话框允许进行哪些操作？
6. "实时上色工具"能够做什么？

参考答案

1. 全局色是一种颜色色板，当您编辑全局色时，会自动更新应用了它的所有图稿的颜色。所有专色都是全局色，作为色板保存的印刷色默认是全局色，但它们也可以是非全局色。

2. 您可以将颜色添加到"色板"面板来保存它，以便使用它给图稿中的其他对象上色。选择要保存的颜色，并执行以下操作之一。

- 将颜色从"填色"框中拖动到"色板"面板中。
- 单击"色板"面板的"新建色板"按钮 ▣。
- 从"色板"面板菜单 ☰ 中选择"新建色板"选项。
- 从"颜色"面板菜单 ☰ 中选择"创建新色板"选项。

3. 淡色是混合了白色的较淡的颜色。您可以用全局印刷色（如"CMYK"）或专色创建淡色。

4. 您可以从"颜色参考"面板中选择颜色的"协调规则"。颜色的"协调规则"可根据选择的基色生成配色方案。

5. 您可以使用"重新着色图稿"对话框更改所选图稿中使用的颜色、创建和编辑颜色组、重新指定或减少图稿中的颜色数等。

6. "实时上色工具"能够自动检测和纠正可能影响填色和描边应用的间隙，用它直观地给矢量图形上色。路径将图稿表面划分为多个区域，不管区域是由一条路径还是由多条路径所构成，任何一个区域都可以上色。

为海报添加文本

本课概览

在本课中，您将学习如何执行以下操作。

- 创建和编辑区域文字和点文字。
- 置入文本。
- 更改文本格式。
- 修复缺少的字体。
- 使用修饰文字工具修改文本。
- 对齐字形。

- 创建列文本。
- 创建和编辑段落样式及字符样式。
- 使文本绕排对象。
- 使用"变形"调整文本形状。
- 在路径上创建文本。
- 创建文本轮廓。

学习本课大约需要 **75** 分钟

文本是插图中的重要设计元素。像其他对象一样，您可以对文本进行上色、缩放、旋转等操作。在本课中，您将学习创建基本文本并添加有趣的文本效果的方法。

9.1 开始本课

本课将为食谱卡添加文本。但是在此之前，请还原 Adobe Illustrator 的默认首选项，然后打开此课程已完成的图稿文件，查看最终插图效果。

① 为了确保工具的功能和默认值完全如本课所述，请删除或停用（通过重命名实现）Adobe Illustrator 首选项文件，具体操作请参阅本书"前言"中的"还原默认首选项"部分。

② 启动 Adobe Illustrator。

③ 选择"文件">"打开"，在"Lesson">"Lesson09"文件夹中找到"L9_end.ai"文件，单击"打开"按钮，如图 9-1 所示。

图 9-1

由于文件使用了特定的 Adobe 字体，因此您很可能会看到"缺少字体"对话框，只需在"缺少字体"对话框中单击"关闭"按钮即可。

在本课的后面部分，您将学习关于 Adobe 字体的内容。

如果需要，可使该文件保持为打开状态，以便您在学习本课程时参考。

④ 选择"文件">"打开"，在"打开"对话框中，定位到"Lessons">"Lesson09"文件夹，选择"L9_start.ai"文件。单击"打开"按钮，打开该文件，如图 9-2 所示。

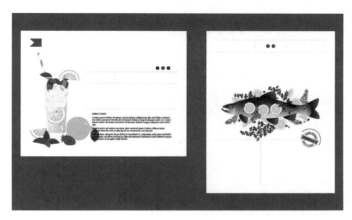

图 9-2

⑤ 选择"文件">"存储为"，如果弹出"云文档"对话框，单击"保存在您的计算机上"按钮。

⑥ 在"存储为"对话框中，定位到"Lesson09"文件夹，并将文件命名为"Recipes.ai"。从"格式"菜单中选择"Adobe Illustrator (ai)"选项（macOS）或从"另存为类型"菜单中选择"Adobe Illustrator (*.AI)"选项（Windows），然后单击"保存"按钮。

> ♀ **注意** 如果在"工作区"菜单中看不到"重置基本功能"选项，请在选择"窗口">"工作区">"重置基本功能"之前，先选择"窗口">"工作区">"基本功能"。

⑦ 在"Illustrator 选项"对话框中，保持选项为默认设置，然后单击"确定"按钮。

⑧ 选择"窗口">"工作区">"重置基本功能"。

▎9.2 添加文本

"文字工具"是 Adobe Illustrator 中最强大的工具之一。与 Adobe InDesign 一样，您可以利用它创建文本列和行、置入文本、随形状或沿路径排列文本、将字母用作图形对象等。在 Adobe Illustrator 中，您可以通过 3 种方式创建文本：点文字、区域文字和路径文字。

9.2.1 添加点文字

点文字是从鼠标指针单击处开始，在输入字符时展开的一行或一列文本。每一行（列）文本都是独立的——当您编辑它时，行（列）会扩展或缩小，除非手动添加段落标记或换行符，否则不会切换到下一行（列）。在您的作品中添加标题或为数不多的几个字时，可以使用这种方式创建文本。本小节将为食谱卡添加一些点文字。

① 确保在文档窗口左下角的"画板导航"菜单中选择了"Artborad 1"画板。选择"视图">"画板适合窗口大小"。

② 按"Command + +"（macOS）或"Ctrl + +"（Windows）组合键放大视图。

③ 在工具栏中选择"文字工具"**T**，在虚线之间单击（不要拖动），画板上将出现占位符文本"滚滚长江东逝水"，并且为选中状态，输入文本"SERVES：6-8"，如图 9-3 所示。

图 9-3

④ 在工具栏中选择"选择工具"**▶**，然后按住鼠标左键将文本的右下定界点向左下方拖动，如图 9-4 所示。

 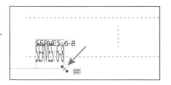

图 9-4

如果您拖动任何定界点，则会拉伸文本。这可能会导致字体大小不是整数（例如12.93 pt）。

⑤ 选择"编辑">"缩放比例"，然后将文本拖动到图9-5所示的位置。

⑥ 为了练习添加文本，请选择"文字工具"**T**，然后单击右侧区域添加更多文本。文本为"TIME：15min"，如图9-6所示。

图 9-5

图 9-6

9.2.2 添加区域文字

区域文字使用对象（如矩形）的边界来控制字符的流动，文本可以是水平方向的，也可以是垂直方向的。当文本到达边界时，它会自动换行以适应定义的区域。当您想要创建一个或多个段落文本（例如海报或小册子）时，可以使用这种方式输入文本。

要创建区域文字，可以使用"文字工具"**T**单击需要添加文本的位置，然后按住鼠标左键拖动以创建区域文字对象（也称为"文字区域""文字对象"或"文本对象"）。还可以单击对象的边缘（或内部），将现有形状或对象转换为文本对象。本小节将创建一个文本对象并输入更多文本。

① 选择"文字工具"**T**，然后将鼠标指针移动到画板上部的空白区域。按住鼠标左键向右拖动，创建一个大约为"1 in"宽的文本对象，高度大致与图9-7所示匹配。

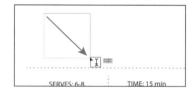
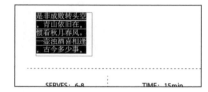
图 9-7

默认情况下，文本对象会填充选择的占位符文本，您也可以将其替换。

> 💡提示　使用占位符文本填充文本对象可以在首选项里进行更改。选择"Illustrator">"首选项"（macOS）或"编辑">"首选项"（Windows），选择"文字"，取消勾选"使用占位符文本来填充新文字对象"复选框。

② 选择占位符文本后，输入文本"STRAWBERRY LEMONADE"，如图9-8所示。

请注意文本是如何水平换行以适合文本框的。

③ 选择"选择工具"▶，按住鼠标左键将文本框右下角的定界点向左拖动，然后向右拖动，查看文本在其中换行的方式，如图9-9所示。

图 9-8

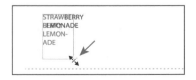
图 9-9

您可以拖动文本框的 8 个定界点中的任意一个来调整其大小，而不仅是右下角的定界点。

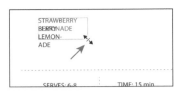

图 9-10

④ 按住鼠标左键拖动同一点，使文本对象更小，您仍然可以看到所有文本，如图 9-10 所示，文本会自动换行。

9.2.3　在区域文字和点文字之间转换

您可以轻松地在区域文字对象和点文字对象之间进行转换。如果您通过单击（创建点文字）输入标题，但稍后希望在不拉伸其中文本的情况下调整文本大小和添加更多文本，这将非常有用。如果您将 Adobe InDesign 中的文本粘贴到 Adobe Illustrator 中，此方法也很有用，因为从 Adobe InDesign 粘贴到 Adobe Illustrator 中的文本（未选择任何内容）都将粘贴为点文字。但是大多数情况下，作为区域文字对象会更好，因为区域文字对象会随着文本框换行。本小节将把文本对象从区域文字转换为点文字。

① 选择"视图">"画板适合窗口大小"。

② 在工具栏中选择"文字工具"，在红色横幅右侧按住鼠标左键拖动以创建区域文字对象，输入"fresh"，如图 9-11 所示。

图 9-11

该文本将被放置在红色横幅旁边，如果是点文字显示效果会更好。因为您可以通过拖动文本框的一个角来直观地调整文本的大小，使之匹配横幅大小。

③ 按"Command + +"（macOS）或"Ctrl + +"（Windows）组合键几次，放大视图。

④ 按 Esc 键，然后选择"选择工具"▶。

⑤ 将鼠标指针移动到文本对象的右边缘的注释器—●上。注释器上的填充端表示它是区域文字。当鼠标指针变为▶ᵢ时，单击会看到提示消息"双击以转换为点文字"，双击注释器可将区域文字转换为点文字，如图 9-12 所示。

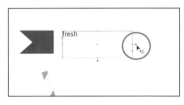 

图 9-12

注释器上的填充端现在应该是空心的—○，这表示它是点文字对象，如果调整定界框的大小，则文本也会相应缩放。您还可以在选择文本对象后，选择"文字">"转换为点文字"或"转换为区域文字"将文本对象进行转换。

⑥ 将文本拖动到红色横幅上。

⑦ 按住 Shift 键，然后按住鼠标左键将文本的右下定界点向右下方拖动，直到文本高度和横幅高度差不多。松开鼠标左键和 Shift 键，如图 9-13 所示。

因为现在文本是点文字，所以当调整文本区域的大小时，它会

图 9-13

随之被拉伸。按住 Shift 键非常重要，否则文本可能会失真。

9.2.4 导入纯文本文件

您可以将在其他软件中创建的文本导入图稿中。Adobe Illustrator 目前支持 DOC、DOCX、RTF、含 ANSI 的 纯 文 本（ASCII）、Unicode、Shift jis、GB2312、Chinese Big 5、Cyrillic、GB18030、Greek、Turkish、Baltic 和中欧编码等文件格式。和复制和粘贴文本相比，从文件导入文本的优点之一是导入的文本会保留其字符和段落格式（默认情况下）。例如，在 Adobe Illustrator 中，除非您在导入文本时选择删除格式，否则来自 RTF 文件中的文本将保留其字体和样式规范。本小节将在设计图稿中导入纯文本文件中的文本。

① 在文档窗口左下角的"画板导航"菜单中选择"Artboard 2"画板，切换到另一个画板。

② 选择"选择 > 取消选择"。

③ 选择"文件" > "置入"，找到"Lessons" > "Lesson09"文件夹，选择"L9_text.txt"文件。如有必要，在"置入"对话框中单击"选项"按钮以查看导入选项。勾选"显示导入选项"复选框，然后单击"置入"按钮。

> **提示** 当您向 Adobe Illustrator 导入（选择"文件" > "置入"）RTF（富文本格式）或 Word 文档（DOC 或 DOCX）时，会出现"Microsoft Word 选项"对话框。在"Microsoft Word 选项"对话框中，您可以选择保留生成的内容列表、脚注、尾注及索引文本，您甚至可以选择在导入文本之前删除文本的格式（默认情况下，系统会从 Word 中导入文本的样式和格式）。

> **提示** 您也可以将文本导入现有文本框中。

图 9-14

在弹出的"文本导入选项"对话框中，您可以在导入文本之前设置一些选项，如图 9-14 所示。

④ 保持默认设置，然后单击"确定"按钮。

⑤ 将加载文本图标移动到画板左下角的虚线下方，按住鼠标左键并向右下方拖动，然后松开鼠标左键，如图 9-15 所示。

如果仅单击鼠标左键，则将创建一个比画板小的区域文字对象。

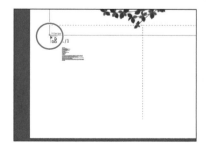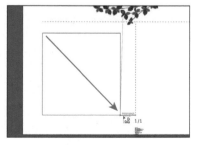

图 9-15

⑥ 选择"文件 > 存储"，保存文件。

9.2.5　串接文本

当使用区域文字（不是点文字）时，每个区域文字对象都包含一个输入端口和一个输出端口。您可以通过端口链接区域文本并在端口之间使文本流动，如图 9-16 所示。

空输出端口表示所有文本都是可见的，且区域文字对象尚未链接。端口中的箭头表示将区域文字对象链接到另一个区域文字对象。输出端口中的红色加号⊞表示对象包含额外的文本，称为"溢出文本"。要显示所有溢出文本，您可以将文本串接到另一个文本对象，然后调整文本对象的大小或调整文本。若要将文本串接到另一个对象，您必须链接这些对象。链接文本的对象可以是任意形状，但文本必须输入对象或路径中，而不能是点文字（仅用鼠标单击而创建的文本）。

本小节将在两个区域文本对象之间串接文本。

❶ 选择"选择工具" ▶，单击在上一小节创建的文本对象的右下角的输出端口⊞，如图 9-17 所示。松开鼠标左键后，将鼠标指针移开。

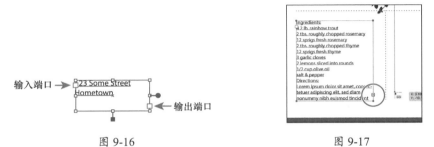

| 图 9-16 | 图 9-17 |

当鼠标指针从原始文本框移开时，鼠标指针会变为"已加载文本"图标 。

> **注意**　如果双击输出端口，则会出现一个新文本对象。如果发生这种情况，您可以按住鼠标左键拖动新文本对象到您希望放置的地方，或者选择"编辑" > "还原链接串接文本"，"加载文本"图标将重新出现。

❷ 将鼠标指针向右上方移动到上一小节创建的文本对象的顶部边缘。当鼠标指针与文本对象的顶部边缘对齐时，将显示水平的智能参考线。单击以创建与原始文本框大小相同的区域文字对象，如图 9-18（a）所示。

在仍选择第二个文本对象的情况下，请注意连接这两个文本对象的线条。此线条（不会打印）是告诉您这两个对象是相连的串接文本。如果看不到此线条，请选择"视图" > "显示文本串接"，如图 9-18（b）所示。

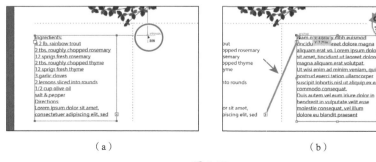

| （a） | （b） |

图 9-18

在对象之间对文本进行串接处理的另一种方法是选择区域文字对象，选择要链接到的一个或多个文本对象，然后选择"文字">"串接文本">"创建"。

画板顶部区域文字对象的输出端口▶和底部的区域文字对象的输入端口▶中有小箭头，指示文本如何从一个对象流向另一个对象。

③ 在第二个文本对象仍处于选中状态的情况下，按住鼠标左键将右边缘的中间点向右拖动，使其如图 9-19 所示一样宽。保持文本对象处于选中状态。

文本将在文本对象之间流动。如果删除第二个文本对象，则文本将作为溢出文本被拉回到原始文字对象中。尽管溢出文本不可见，但并不会被删除。

图 9-19

9.3 格式化文本

您可以使用字符和段落格式设置文本格式，对其应用"填色"和"描边"属性，并更改其不透明度。可以将这些更改应用于选择的区域文字对象中的单个字符、系列字符或所有字符。其中，选择的区域文字对象不是指选择内部的文本。可以将格式选项应用到对象中的所有文本上，包括"字符"和"段落"面板中的选项、"填色"和"描边"属性及不透明度设置。

本节将介绍如何更改文本属性（如大小和字体），随后将介绍如何将该格式存储为文本样式。

9.3.1 更改字体系列和字体样式

本小节将对文本应用字体。除了将本地字体应用于您的计算机文本之外，Adobe Creative Cloud 会员还可以访问用于桌面应用程序（如 Adobe InDesign 或 Microsoft Word）的字体库和网站。Adobe Creative Cloud 试用会员可以从 Adobe 官网获得一些字体，供 Web 和桌面使用。您选择的字体将被激活，并与其他本地安装的字体一起出现在 Adobe Illustrator 中的字体列表中。默认情况下，Adobe 字体已经在 Adobe Creative Cloud 桌面应用程序中打开，以便您可以激活字体并在桌面应用程序中使用它们。

您必须在计算机上安装 Adobe Creative Cloud 桌面应用程序，并且必须联网才能激活字体。当您安装第一个 Adobe Creative Cloud 应用程序（例如 Adobe Illustrator）时，安装程序将自动安装 Adobe Creative Cloud 桌面应用程序。

9.3.2 激活 Adobe 字体

本小节将选择并激活 Adobe 字体，以便可以在项目中使用它们。

① 确保已启动 Adobe Creative Cloud 桌面应用程序，并且已使用 Adobe ID 登录（这需要联网），如图 9-20 所示。

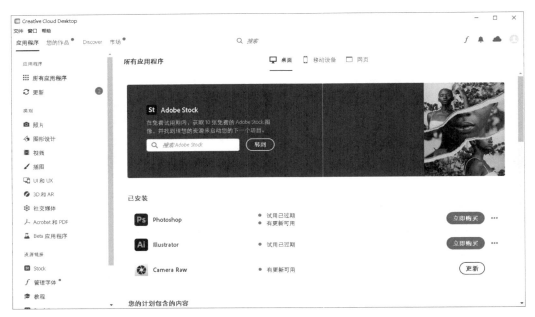

图 9-20

❷ 在工具栏中选择"文字工具"**T**，将鼠标指针移动到任意一处接文本对象上，单击以插入光标。

❸ 选择"选择" > "全部"，或者按"Command + A"（macOS）或"Ctrl + A"（Windows）组合键全选两个串接文本对象中的所有文本。

❹ 在"属性"面板中，单击"设置字体系列"菜单右侧的下拉按钮，注意菜单中显示的字体。

默认情况下，您看到的字体是安装在本地的字体。在字体菜单中，列表中的字体名称右侧会显示一个图标，指示它是何种字体（◌是 Adobe 字体、**O**是 OpenType、**Tr**是 TrueType、**a**是 Adobe-PostScript），如图 9-21 所示。

❺ 单击"查找更多"按钮可查看可供选择的 Adobe 字体列表，如图 9-22 所示。

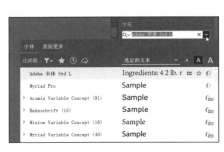

图 9-21

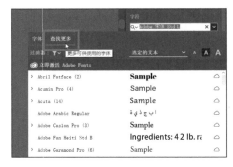

图 9-22

由于 Adobe 会不断更新可用字体，因此菜单内容可能需要一点时间来进行初始化。

❻ 单击过滤字体按钮 ▼ 打开菜单，您可以通过选择"分类"和"属性"选项来过滤字体列表。

选择"分类"下的"无衬线字体"选项对字体进行排序，如图 9-23 所示。

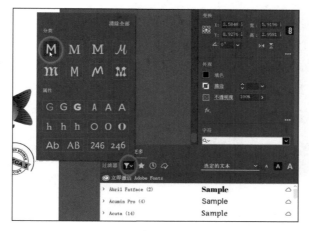

图 9-23

⑦ 在字体列表中向下拖动滚动条找到"Montserrat Light"字体。如有必要，请单击"Montserrat"左侧的下拉按钮以查看字体样式。

💡 提示　除了在字体列表中滚动查找，您也可以在"设置字体系列"搜索框中输入"Montserrat"以查看所有需要的字体样式。

💡 提示　若字体在已安装 Adobe Creative Cloud 桌面应用程序的所有计算机上且已激活并登录，要查看已激活的字体，请打开 Adobe Creative Cloud 桌面应用程序，然后单击"字体"按钮 ƒ。

⑧ 单击位于"Montserrat Light"名称最右侧的激活按钮 ☁，如图 9-24 所示。

如果您在最右侧看到按钮 ☁，或者将鼠标指针放在列表中的字体名称上时看到 ☁，则表示该字体已被激活，因此在此步骤中无须执行任何操作。

⑨ 在弹出的对话框中单击"确定"按钮，如图 9-25 所示。

图 9-24

图 9-25

⑩ 在字体名称"Montserrat Medium"右侧单击激活按钮 ☁，在弹出的对话框中单击"确定"按钮。

⑪ 在字体列表中找到"Oswald Regular"字体，然后在字体名称右侧单击激活按钮 ☁，如图 9-26

所示，在弹出的警告对话框中单击"确定"按钮。

⑫ 在字体名称"Montserrat Medium"右侧单击激活按钮⌒，在弹出的对话框中单击"确定"按钮。

激活字体后（请耐心等待，可能需要一些时间），您就可以使用它们。

⑬ 激活字体后，单击字体列表顶部的"清除全部"按钮以删除"衬线字体"过滤，然后再次查看所有字体，如图9-27所示。

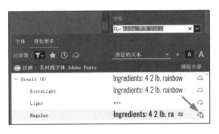 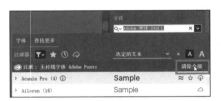

图 9-26 图 9-27

9.3.3 对文本应用字体

现在Adobe字体已被激活，您可以在任何应用程序中使用它们。

❶ 在仍然选择串接文本且仍显示"设置字体系列"菜单的情况下，单击"显示已激活的字体"按钮过滤字体列表，仅显示激活的Adobe字体，如图9-28所示。

图 9-28

图9-28所示的列表可能与您实际操作中看到不一样，但只要能看到"Montserrat"和"Oswald"字体即可。

❷ 将鼠标指针移动到列表中的字体上，您会在所选文本上看到鼠标指针所在字体的预览。单击列表中"Montserrat"左侧的下拉按钮，然后选择"Light"（或"Montserrat Light"）选项，如图9-29所示。

图 9-29

💡提示 您还可以使用↑键和↓键来查看字体列表。选择所需字体后，您可以按Enter键将其应用于所选文件，如果它是Adobe字体，请先将其激活。

❸ 从文档窗口左下角的"画板导航"菜单中选择"1 Artboard 1"画板。

❹ 选择"选择工具" ▶，在画板顶部单击文本"STRAWBERRY LEMONADE"以选择该文本对象。

如果要将相同的字体应用于点文字或区域文字对象中的所有文本，只需选择对象（而不是文本），然后应用该字体。

⑤ 选择文本对象后，单击"属性"面板中的字体名称，输入"monts"，如图 9-30 所示。

图 9-30

　　输入框的下方会出现一个菜单。Adobe Illustrator 会在该菜单中的字体列表中筛选并显示包含"monts"的字体名称，而不考虑"monts"在字体名称中所处的位置和是否大写。"显示已激活的字体"过滤器当前仍处于激活状态，因此您要将其关闭。

图 9-31

⑥ 在弹出的菜单中单击"清除过滤器"按钮，查看所有可用字体而不仅是 Adobe 字体。在输入位置下方出现的菜单中，将鼠标指针移动到列表中的字体上方，如图 9-31 所示（您的页面可能与图 9-31 所示不同，因为激活的字体可能不一样）。Adobe Illustrator 将实时显示所选文本的字体预览。

> ♀ 提示　您可以单击"字体名称"字段左侧的"放大镜"按钮，然后选择"仅搜索第一个词"选项。您还可以打开"字符"面板（选择"窗口"＞"文字"＞"字符"），并通过输入字体名称在系统中进行搜索。

⑦ 单击"Montserrat Medium"以应用字体。您可能需要调整文本框的大小才能看到每个单词。

⑧ 单击"fresh"文本对象，然后按住 Shift 键，单击"SERVES：6-8"和"TIME：15min"，以选择其他文本对象，如图 9-32 所示。

⑨ 选择文本对象后，在"属性"面板中单击字体名称，然后输入"osw"（对应 Oswald）。选择"Oswald Light"字体以应用它，如图 9-32 所示。

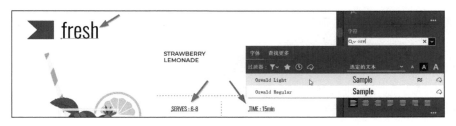

图 9-32

9.3.4　更改字体大小

默认情况下，字体大小以 pt 为单位（1 pt 等于 1/72 英寸）。本小节将更改文本的字体大小，并查看缩放的点文字会出现什么变化。

① 单击含有文本"STRAWBERRY LEMONADE"的文本对象，将其选中。

② 从"属性"面板的"设置字体大小"菜单中选择"48 pt"选项。由于字体大小不匹配文本框大小，文本可能会消失且输出端口出现红色加号，如图 9-33 所示。

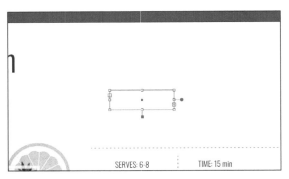

图 9-33

> **注意** 调整大小后，您的文本看起来可能与您在图中看到的有所不同。您可能需要拖动文本框右下角的定界点，调整文本框的大小以查看所有文本。

③ 将文本框右下角的定界点往右下方拖动，使文本框更好地匹配文本，如图 9-34 所示。

> **提示** 您也可以使用键盘快捷键动态更改所选文本的字体大小。若要以 2pt 为增量增大字体，请按"Command + Shift + >"（macOS）或"Ctrl + Shift + >"（Windows）组合键；若要减小字体，请按"Command + Shift +<"（macOS）或"Ctrl + Shift + <"（Windows）组合键。

④ 多次单击"属性"面板中"设置字体大小"左侧的向下微调按钮，使字体大小变为"40 pt"，如图 9-35 所示。

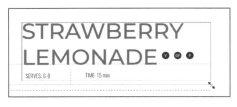

图 9-34　　　　　　　　　　　　　　　　　图 9-35

⑤ 如果文本框大小不合适，可再次拖动文本框的右边缘使其变大。确保上一行呈现"STRAW-BERRY"，下一行呈现"LEMONADE"，如图 9-36 所示。

⑥ 单击"fresh"文本，选择文本对象。

在"属性"面板的"字符"选项组中，您会看到字体大小不是整数，如图 9-37 所示，这是因为之前使用拖动来缩放点文字大小。

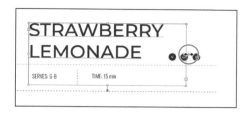

图 9-36

图 9-37

❼ 从"设置字体大小"菜单中选择"48 pt"选项，如图 9-38 所示，保持选择"fresh"文本。

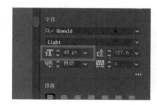

图 9-38

9.3.5 更改文本颜色

您可以通过应用"填色""描边"等属性来更改文本的外观。本小节通过选择文本对象来更改所选文本的颜色。您还可以使用"文字工具"选择文本，以便将不同颜色的填色和描边应用于文本。

❶ 在文本对象"fresh"仍处于选中状态的情况下，按住 Shift 键，单击"STRAWBERRY LEM-ONADE"文本对象。

❷ 单击"属性"面板中的"填色"框，在弹出的面板中单击"色板"按钮█，然后选择"Strawberry"色板，如图 9-39 所示。

图 9-39

❸ 选择"选择">"取消选择"，然后选择"文件">"存储"，保存文件。

9.3.6 更改其他字符格式

在 Adobe Illustrator 中，除了字体、字体大小和颜色外，您还可以改变很多文本属性。Adobe Illustrator 的文本属性分为字符格式和段落格式，主要位于"属性"面板、"控制"面板和两个主要面板（"字符"面板和"段落"面板）中。您可以通过单击"属性"面板"字符"选项组中的"更多选项"按钮█或选择"窗口">"文字">"字符"来访问"字符"面板，该面板包含所选文本的格式，如字体、字体大小、字距等。本小节将应用其中一些属性来尝试各种不同的设置文本格式的方法。

① 选择"选择工具" ▶，单击"STRAWBERRY LEMONADE"文本对象。

💡提示　默认情况下，文字行距会设置为自动行距。在"属性"面板中查看"行距"值时，可以看到该值带有括号"（ ）"，这就是自动行距。要将行距恢复为默认的自动值，请在"行距"菜单中选择"自动"选项。

② 在"属性"面板中，设置"行距" 為"52 pt"，按 Enter 键确认该值，如图 9-40 所示。

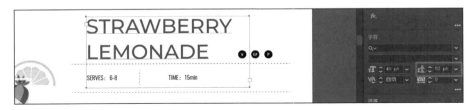

图 9-40

行距是文本行与文本行之间的垂直距离。调整行距有助于文本适应文本区域。

③ 单击"fresh"文本以选择该文本对象。

④ 选择文本对象后，在"属性"面板的"字符"选项组中单击"更多选项"按钮，打开"字符"面板。单击"全部大写"按钮，将字符设置为大写字母，如图 9-41（a）所示，效果如图 9-41（b）所示。

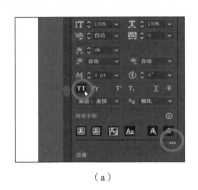
（a）

（b）

图 9-41

💡注意　如果文本在文本对象中的换行方式不同，请选择"选择工具"并向左或向右拖动右侧中间点以匹配形状。

9.3.7　更改段落格式

与字符格式一样，您可以在输入新文本或更改现有文本的外观之前就设置段落格式，如对齐或缩进。段落格式适用于整个段落，而不仅是选择的内容。大多数的段落格式可以在"属性"面板、"控制"面板或"段落"面板中设置。您可以通过单击"属性"面板"段落"选项组中的"更多选项"按钮，或选择"窗口">"文字">"段落"来访问"段落"面板中的选项。

① 从文档窗口左下角的"画板导航"菜单中选择"2 Artboard 2"画板。

② 选择"文字工具" T，在串接文本中单击以插入光标。按住"Command + A"（MacOS）或"Ctrl + A"（Windows）组合键，全选两个文本对象之间的所有文字，如图 9-42 所示。

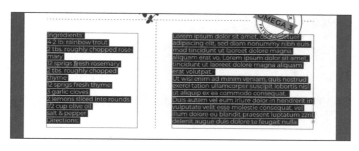

图 9-42

③ 单击"属性"面板"段落"选项组中的"更多选项"按钮 ⚬⚬⚬，打开"段落"面板。

④ 将"段落"面板中的"段后间距" 🔲 更改为"6pt"，如图 9-43 所示。

通过设置段后间距，而不是按 Enter 键换行，有助于保持文本的一致性，方便以后编辑。

⑤ 按 Esc 键隐藏"段落"面板。

⑥ 从"属性"面板的"设置字体大小"菜单中选择"10pt"选项，如图 9-44（a）所示，效果如图 9-44（b）所示。

图 9-43

（a）

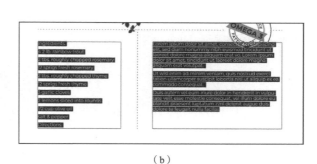

（b）

图 9-44

⑦ 选择"选择">"取消选择"，然后选择"文件">"存储"，保存文件。

如果您在文本对象底部中看到了溢出文本图标 ⊞，暂时不要管它，我们稍后解决，这一问题。

9.3.8　垂直对齐区域文字

当您使用区域文字时，您可以垂直（或水平）地对齐（或分布）文本框内的文本行。 您可以通过使用每段段落行距和段落间距值将文本与文本框的顶边、中心或底边对齐。您还可以垂直对齐文本对象，无论该文本内部的行距和段间距值如何，都可以均匀地间隔行。本小节将讲解如何对齐文本对象"STRAWBERRY LEMONADE"和其右侧的图标。

① 在文档窗口左下角的"画板导航"菜单中选择"1 Artboard 1"画板。

❷ 选择"选择工具" ▶，单击"STRAWBERRY LEMONADE"文本对象。

❸ 在"属性"面板的"区域文字"选项组中单击"底对齐"按钮，将文本与文本框的底边对齐，
如图 9-45 所示。

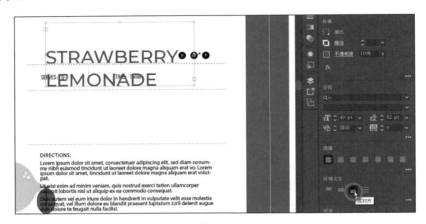

图 9-45

❹ 按住 Shift 键单击文本右侧的黑白图标组，松开 Shift 键，单击黑白图标组使之成为文本即将对
齐的关键对象。

❺ 在"属性"面板中单击"垂直底对齐"按钮，使文本对齐到图标，如图 9-46 所示。

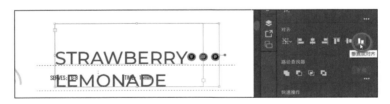

图 9-46

9.3.9　使用对齐字形

对齐字形功能可让您精确对齐文本和图形，而无须创建轮廓或参考线。当您绘制、缩放或移动对
象时，只需选择一个对齐选项，对齐参考线（也称为"字形参考线"）就会实时出现在文本上。

❶ 在"视图"菜单中确保启用了"对齐字形"和"智能参考线"（勾选这两个复选框），需要启
用这两种功能才能使用"对齐字形"选项。在"视图"菜单中确保禁用"对齐网格"（取消勾选该复
选框）。

② 选择"窗口">"文字">"字符",打开"字符"面板,如图 9-47 所示。

"对齐字形"选项位于面板底部。 每个按钮代表绘制、缩放或移动对象时对齐实时文本的不同方式。

③ 关闭"字符"面板组。

④ 使用"选择工具"选择"FRESH"文本左侧的红色横幅,并将视图放大。 将红色横幅在"FRESH"文本的左侧上下拖动,当横幅与文本的顶部和底部边界对齐时,将看到绿色参考线。拖动红色横幅形状,使顶边与"FRESH"文本的顶部对齐。对齐后,您会看到一条绿色参考线及绿色参考线末尾的"字形边界"一词,如图 9-48 所示。

图 9-47

图 9-48

⑤ 按住鼠标左键上下拖动红色横幅的底边中间点,直到它对齐到文本底边的字形边界,如图 9-49 所示。这样会使横幅高度与文本高度相同。

图 9-49

⑥ 在工具栏中选择"钢笔工具",在"FRESH"中的字母"H"上单击鼠标右键,选择"对齐字形 [h]"选项,如图 9-50 所示。

字母"H"现在将填充蓝色高光,字形对齐线聚焦在该字形的边界、中心、线性和角度段(基于该字形的几何形状)上。

⑦ 将鼠标指针移动到"H"的右上角的锚点上。当出现"锚点"字样时,使用鼠标左键单击添加第一个锚点,如图 9-51(a)所示。

⑧ 向右下方移动鼠标指针,当出现指示字母"H"垂直中心的"中心点"一词时,单击鼠标左键添加新锚点,如图 9-51(b)所示。

图 9-50

⑨ 最后，将鼠标指针向下移动到字母"H"的底部锚点，当出现"锚点"一词时，单击鼠标左键添加新锚点，如图 9-51（c）所示。

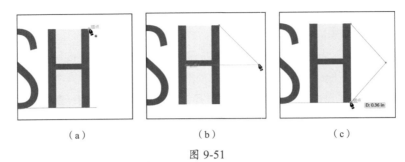

（a）　　　　　　（b）　　　　　　（c）

图 9-51

⑩ 用鼠标右键单击"FRESH"中的字母"H"并选择"释放对齐字形 [h]"选项，"对齐字形"现在不再仅聚焦在字形"H"，如图 9-52 所示。

图 9-52

⑪ 选择"选择工具"，按住鼠标左键朝右拖动前几步创建的红色箭头形状，使之和"FRESH"中的字母"H"之间留出一点空隙，如图 9-53（a）所示。

⑫ 按住鼠标左键框选"FRESH"文本对象和两个红色形状，单击"属性"面板中的"编组"按钮，将它们组合在一起。

⑬ 将鼠标指针移动到该编组的右上角并按住鼠标左键逆时针拖动旋转，直到看到旋转角度大约为 17°，如图 9-53（b）所示，松开鼠标左键。将该编组拖动到图 9-53（c）所示的位置。

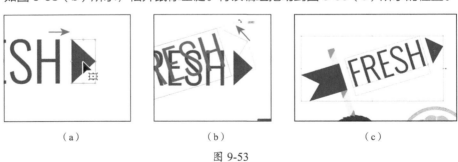

（a）　　　　　　（b）　　　　　　（c）

图 9-53

▌9.4　重新调整文本对象的大小和形状

Adobe Illustrator 中有多种方法可以重新调整文本对象的形状和创建独特的文本对象形状，包括使用"直接选择工具"给区域文字对象添加列或重新调整文本对象的形状。开始操作之前，您需要在

"Artboard 1"画板上导入一些文本，这样就有更多的文本可以处理。

① 选择"视图">"画板适合窗口大小"。

② 在工具栏中选择"选择工具"（或按"V"键进行选择）。

③ 选择"文件">"置入"，在"Lesson">"Lesson09"文件夹中选择"L9_column_text.txt"文件。在"置入"对话框中确保未勾选"显示导入选项"复选框，单击"置入"按钮。

> 💡 **注意** 如果弹出"文本 导入选项"对话框，则单击"确定"按钮。

④ 将加载文本图标移动到图9-54所示位置，按住鼠标左键并向右下方拖动，然后松开鼠标左键。以图9-54作为参考，保持文本对象处于选中状态。

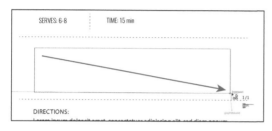 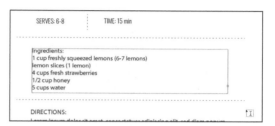

图 9-54

⑤ 选择"文件">"存储"，保存文件。

9.4.1 创建列文本

使用"区域文字选项"命令，您可以轻松地创建列和行文本。对于创建具有多列单文本对象、组织表格或者简单图的文本来说，该命令非常有用。本小节将向文本对象添加列。

① 选择"选择工具" ▶，选择本小节导入的文本对象，然后选择"文字">"区域文字选项"。在"区域文字选项"对话框中，将"列"选项组中的"数量"更改为"2"，然后勾选"预览"复选框。单击"确定"按钮，如图9-55所示。

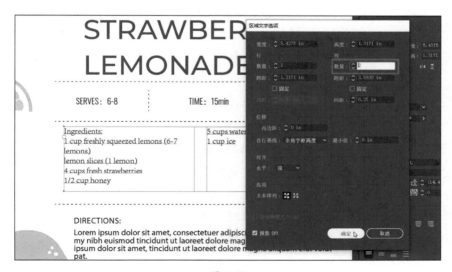

图 9-55

文本现在在两列之间流动。

❷ 上下拖动底边中间的定界点，可以查看文本在两列和下方的串接文本之间的流动情况。拖动定界点使文本在两列之间平均分配，如图 9-56 所示。

图 9-56

9.4.2 调整文本对象的形状和大小

本小节将调整文本对象的形状和大小，使其更好地容纳文本。

❶ 选择"选择工具" ▶，单击带有文字"DIRECTIONS:"的文本对象。

❷ 按"Command + +"（macOS）或"Ctrl + +"（Windows）组合键几次，放大选择的文本对象。

❸ 选择"直接选择工具" ▷，单击文字对象的左下角，选择定界点。

❹ 按住鼠标左键将该点向右拖动，调整路径的形状，使文本围绕柠檬图形排列。拖动时按住 Shift 键，如图 9-57 所示，完成后松开鼠标左键和 Shift 键。

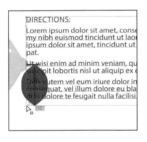  

图 9-57

9.4.3 吸取文本格式

使用"吸管工具" ✐，您可以快速采集文本属性并将其复制到其他文本中，而无须创建文本样式。

❶ 选择"视图">"全部适合窗口大小"，查看所有内容。

❷ 在工具栏择选择"文字工具" T，单击右侧画板中鱼上方的空白区域，输入"GRILLED"，如图 9-58 所示。

❸ 按 Esc 键退出文本输入模式，此时将选择文本对象。

❹ 选择"吸管工具" ✐，在左侧画板上的"STRAWBERRY"文本中单击其中一个字母，这将吸取其格式并应用于所选文本，如图 9-59 所示。

图 9-58

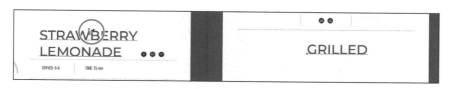

图 9-59

⑤ 在"属性"面板中单击"填色"框，选择"Brown"色板并将其应用到所选文本对象，确保字体大小为"52 pt"，如图 9-60 所示。

图 9-60

⑥ 选择"选择">"取消选择"，然后选择"文件">"存储"，保存文件。

9.5 创建和应用文本样式

样式可以确保文本格式具有一致性，它在需要全局更新文本属性时非常有用。创建样式后，您只需要编辑保存的样式，应用了该样式的所有文本都会自动更新。Adobe Illustrator 有如下两种文本样式。

- 段落样式：包含字符和段落属性，并将其应用于整个段落。
- 字符样式：只有字符属性，并将其应用于所选文本。

> ♡ 注意　如果您导入 Word 文档，并选择保留格式，Word 文档中使用的样式可能会被带进 AI 文件中，并显示在"段落样式"面板中。

9.5.1 创建和应用段落样式

本小节将为正文副本创建段落样式。

① 选择"选择工具"▶，在鱼图形下方的右侧画板上双击以"Lorem ipsum dolor"开头的文本，切换到"文字工具"并插入光标。

② 选择"窗口">"文字">"段落样式"，然后在"段落样式"面板的底部单击"创建新样式"按钮，如图 9-61 所示。

这将在面板中创建一个新的段落样式，名为"段落样式 1"。光标所在段落的字符样式和段落样式已被"捕获"，并保存在新建样式中。从文本创建段落样式，不必先选择文本对象，您可以简单地将光标插入文本中，这将保存光标所在段落的格式属性。

图 9-61

③ 直接在样式列表中双击样式名称"段落样式 1"，然后将样式名称更改为"Body"，按 Enter 键确认名称修改，如图 9-62 所示。

通过双击样式来编辑名称，还可以将新样式应用到段落（光标所在的段落）。这意味着，如果您编辑"Body"段落样式，这一段的样式也将更新样式。

④ 选择"选择工具"▶，选择文本对象，然后按住 Shift 键单击鱼下方的另一列文本（如果未选择的话），以及左侧画板上以"Ingrediens:"和"Directions:"开头的文本，如图 9-63 所示。

图 9-62

⑤ 在"段落样式"面板中单击"Body"样式以应用文本格式，如图 9-63 所示。

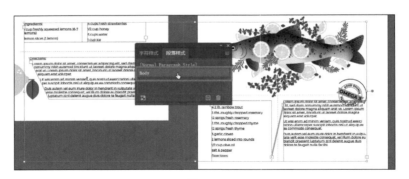

图 9-63

9.5.2　段落样式练习

本小节将通过在所选文本中为标题创建另一个段落样式来进行练习。

① 选择"选择 > 取消选择"。

② 单击左侧画板中间以"Ingrediens:"开头的文本，选择"视图">"画板适合窗口大小"。

> 💡**注意**　如果您在类型对象的输出端口中看到插入文本图标田，则在选择"选择工具"的情况下，拖动对象定界框使其变大，以便可以看到所有文本。

③ 选择"文字工具"，双击以"Ingrediens："开头的文本对象中的标题文本，选择整个段落，如图 9-64 所示。

④ 将"属性"面板中的"设置字体样式"更改为"Medium"，使字体更粗，如图 9-64 所示。

图 9-64

⑤ 在"段落样式"面板的底部单击"创建新样式"按钮█，创建新的段落样式。在样式列表中双击新样式名称"段落样式 2"（或"其他样式"），将样式名称更改为"Heading"，如图 9-65 所示，按 Enter 键确认名称修改。

⑥ 将光标插入以"Directions:"开头的文本中并选择该行，在"段落样式"面板中单击"Heading"，将该样式应用于文本，如图 9-66 所示。

图 9-65

图 9-66

⑦ 在文档窗口底部单击"下一项"画板按钮▶，查看下一个画板。

⑧ 将光标插入"Ingrediens:"所在的文本并选中该行，然后在"段落样式"面板中单击"Heading"以将标题样式应用于文本，如图 9-67 所示。

⑨ 将光标插入"Directions:"所在的文本并选中该行中，然后在"段落样式"面板中单击"Heading"以应用该标题样式，如图 9-68 所示。

图 9-67

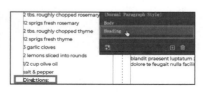

图 9-68

⑩ 如果"Directions:"文本不在第二列的顶部，请选择"选择工具"，然后上下拖动所选文本框下边缘的中间锚点，使文本在文本框之间流动，最终使得"Directions:"文本位于第二列顶部，如图 9-69 所示。

> ♀注意 您可能会在"Directions:"文本对象中看到一个红色的加号。通常，您可以通过更改外观属性（如字体大小和标题）或通过编辑文本来"组排"文本，但在本例中将保留该加号。

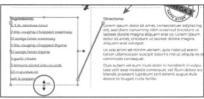

图 9-69

9.5.3　编辑段落样式

创建段落样式后，您仍可以轻松地编辑段落样式。应用了段落样式的任何位置，其段落样式都将自动更新。本小节将编辑"Body"样式，以体验段落样式为什么可节省创作时间并使图稿保持一致。

**提示** 段落样式选项还有很多，其中大部分都可以在"段落样式"面板菜单中找到，包括复制、删除和编辑段落样式。若要了解有关这些选项的详细信息，请在"Illustrator 帮助"（选择"帮助"＞"Illustrator 帮助"）中搜索"段落样式"。

① 双击上一小节调整大小的文本列，插入光标并切换到"文字工具"。

② 单击"Ingrediens:"文本。

③ 要编辑标题样式，请在"段落样式"面板列表中双击样式名称"Heading"的右侧，如图 9-70 所示。

④ 在"段落样式选项"对话框中，选择对话框中左侧的"基本字符格式"选项卡，更改以下内容，如图 9-71 所示。

图 9-70

- 字体系列：Oswald。
- 字体样式：Regular。
- 大小：12 pt。
- 大小写：全部大写字母。
- 字距调整：25（多个字母之间的距离）。

图 9-71

由于默认情况下已勾选"预览"复选框，因此您可以将对话框移开，实时查看应用"Heading"段落样式后的文本变化。

⑤ 单击"确定"按钮。

⑥ 选择"视图"＞"全部适合窗口大小"，查看左侧画板上的标题。

9.5.4　创建和应用字符样式

与段落样式不同，字符样式只能应用于选择的文本，并且只能包含字符格式。本小节将通过文本样式创建字符样式。

① 选择"选择工具" ▶，单击左侧画板上的"SERVES：6-8"文本。选择"视图"＞"放大"，重复操作几次，放大选择的文本。

② 双击文本对象以选中"文字工具" T，然后按住鼠标左键拖动，选择"SERVES："文本，如图 9-72 所示。

③ 在"属性"面板中，从"设置字体样式"菜单中选择"Regular"选项，将字体更改为 Oswald Regular，如图 9-72 所示。

④ 单击"属性"面板中的"填色"框，然后选择"Strawberry"色板，如图 9-73 所示。

图 9-72

图 9-73

⑤ 在"段落样式"面板组中，单击"字符样式"面板的选项卡。

⑥ 在"字符样式"面板中，按住 Option 键（macOS）或 Alt 键（Windows），然后单击面板底部的"创建新样式"按钮，如图 9-74 所示。

按住 Option 键（macOS）或 Alt 键（Windows）单击"字符样式"面板中的"创建新样式"按钮，可以在将样式添加到"字符样式"面板之前编辑此样式选项。

⑦ 在打开的对话框中，更改以下选项。

· 样式名称：BoldText。

· "添加到我的库"复选框：取消勾选。

⑧ 单击"确定"按钮，样式已记录应用于所选文本的属性。

⑨ 在仍选择文本的情况下，在"字符样式"面板中单击名为"BoldText"的字符样式，将该字符样式应用于选择的文本，如图 9-75 所示。如果修改字符样式格式，则该文本也将随之改变。

图 9-74

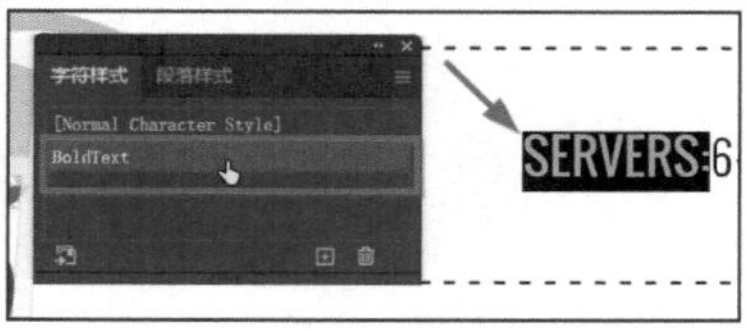

图 9-75

> 💡 注意　如果应用字符样式时有"+"号显示在样式名称旁边，则表明应用到文本的格式与系统格式不同，您可以通过按住 Option 键（macOS）或 Alt 键（Windows）的同时单击样式名称的方式来应用字符样式。

⑩ 在右边的"TIME:15 min"文本对象中选择"TIME:"文本，然后在"字符样式"面板中单击以应用"BoldText"样式，如图 9-76 所示。

图 9-76

⑪ 选择"选择 > 取消选择"。

9.5.5　编辑字符样式

创建字符样式后，您可以轻松地编辑样式格式，并且应用该样式的任何文本的样式都会自动更新。

❶ 在"字符样式"面板中双击 BoldText 样式名称的右侧（注意不是名称本身）。在"字符样式选项"对话框中，单击对话框左侧的"字符颜色"类别，然后更改以下内容，如图 9-77 所示。

- 字符颜色：黑色（在颜色列表中显示为"R = 0 G = 0 B = 0"）。
- "添加到我的库"复选框：取消勾选。
- "预览"复选框：勾选。

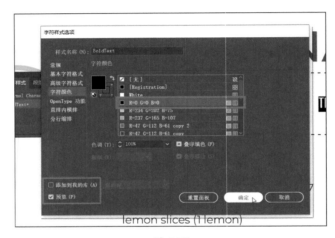

图 9-77

❷ 单击"确定"按钮，效果如图 9-78 所示，关闭"字符样式"面板组。

图 9-78

9.6　文本绕排

在 Adobe Illustrator 中，您可以轻松地将文本环绕在对象（如文本对象、置入的图像和矢量图稿）周围，以避免文本与这些对象重叠，或以此创建有趣的设计效果。本小节将围绕部分图稿绕排文本。与 InDesign 一样，在 Adobe Illustrator 中您可以将文本绕排到文本环绕的内容上。

❶ 从文档窗口左下角的"画板导航"菜单中选择"2 Artboard 2"画板。

❷ 选择"选择工具" ▶，然后单击"OMEGA 3"徽标，如图 9-79 所示。

③ 选择"对象">"文本绕排">"建立"，如果出现对话框，请单击"确定"按钮。

图 9-79

若要将文本环绕在对象周围，则该对象必须与环绕对象的文本位于同一图层，且在图层层次结构中，该对象还必须位于文本之上。

④ 选择徽标后，单击"属性"面板中的"排列"按钮，然后选择"置于顶层"选项，如图 9-80 所示。

图 9-80

现在，徽标按堆叠顺序位于文本的上层，并且文本环绕徽标图形排列。

⑤ 选择"对象">"文本绕排">"文本绕排选项"，在"文字换行选项"对话框中，将"位移"更改为"20 pt"，勾选"预览"复选框以查看更改，单击"确定"按钮，如图 9-81（a）所示。

> 💡 注意　您现在可以在底部文本对象中看到一个红色加号。文字在徽标图形周围流动，所以其中一部分文字被推到底部文本对象中。通常，您需要通过更改文本对象的外观属性（如字体大小）或编辑文本来"组排"文本。

⑥ 按住鼠标左键将"OMEGA 3"徽标向右拖动，如图 9-81（b）所示，使文本流动到图 9-81（c）所示位置。

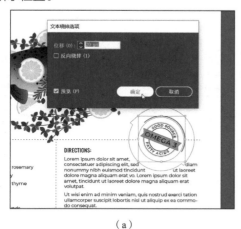 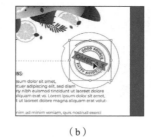 

（a）　　　　　　　　　　　（b）　　　　　　　　　　　（c）

图 9-81

⑦ 单击空白区域以取消选择徽标。

9.7　文本变形

通过使用封套将文本变成不同的形状，您可以创建一些出色的设计效果，如图 9-82 所示。您可以用画板上的对象制作封套，也可以使用预设的变形形状或网格作为封套。当您学习如何使用封套时，会发现除了图形、参考线或链接对象之外，您可以在任何对象上使用封套。

图 9-82

9.7.1 使用预设封套扭曲文本形状

Adobe Illustrator 附带了一系列预设的变形形状，您可以利用这些形状来使文本变形。本小节将应用 Adobe Illustrator 提供的一个预设变形形状。

① 选择"选择工具"，单击"GRILLED"文本对象。按住 Option 键（macOS）或 Alt（Windows）键，按住鼠标左键将文本对象向下拖动到原始文本下方，松开鼠标左键，然后松开 Option 键（macOS）或 Alt 键（Windows），复制"GRILLED"文本对象。

💡 **注意** 有关封套的详细信息，请在"Illustrator 帮助"（选择"帮助">"Illustrator 帮助"）中查阅"使用封套调整形状"。

② 选择"文字工具"，双击上一步复制的"GRILLED"文本，将其选中。在"属性"面板中，将"字体系列"更改为"Oswald Light"，将"字体大小"更改为"84 pt"。

③ 选择文本，输入"RAINBOW TROUTS"替换原文本，如图 9-83 所示。

图 9-83

④ 按 Esc 键退出文本输入模式，系统将自动选择文本对象。选择"对象">"封套扭曲">"用变形建立"。

⑤ 在弹出的"变形选项"对话框中勾选"预览"复选框。默认情况下，文本显示为"弧形"。确保从"样式"菜单中选择了"上弧形"选项。分别拖动"弯曲""水平""垂直"滑块，查看文本变形效果。

完成后，将两个"扭曲"滑块拖至"0%"，确保"弯曲"为"-15%"，单击"确定"按钮，如图 9-84所示。

图 9-84

9.7.2 编辑封套扭曲

如果要对封套扭曲对象进行任何更改，您可以分别编辑组成封套扭曲对象的文本和形状。本小节将先编辑文本，然后编辑扭曲形状。

① 在仍然选中封套对象的情况下，单击"属性"面板顶部的"编辑内容"按钮🔲，如图 9-85所示。

② 选择"文本工具" **T** ，并将鼠标指针移动到变形的文本上。请注意，文本未变形时显示为蓝色。双击文本"RAINBOW TROUTS"将其选中，删除字母"S"，如图 9-86 所示。

图 9-85　　　　　　　　　　　　　　　　　　　图 9-86

③ 选择"选择工具" ▶ ，并确保仍选择封套对象，在"属性"面板顶部单击"编辑封套"按钮 ，如图 9-87 所示。

④ 单击"属性"面板中的"变形选项"按钮，此时会弹出"变形选项"对话框。

将"样式"更改为"下弧形"，并将"弯曲"更改为"–12%"，单击"确定"按钮，如图 9-88 所示。

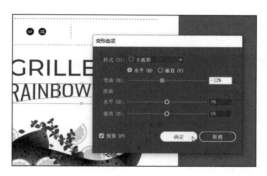

图 9-87　　　　　　　　　　　　　　　　　　　图 9-88

💡 **提示** 如果使用"选择工具"而不是"文字工具"双击，则进入隔离模式。这是编辑封套变形对象中文本的另一种方法。如果是这种情况，请按 Esc 键退出隔离模式。

💡 **注意** 若要将文本从变形形状中取出，请使用"选择工具"选择文本，然后选择"对象">"封套扭曲">"释放"。该操作将为您提供两个对象：文本对象和下弧形形状。

⑤ 选择"选择工具"，按住鼠标左键将文本拖动到画板靠近中心的位置，如图 9-89 所示。

⑥ 选择"选择">"取消选择"，然后选择"文件">"存储"，保存文件。

图 9-89

9.8　使用路径文字

除了在点文字和区域文字中排列文本外，您还可以沿路径排列文本。文本可以沿着开放或闭合的路径排列，形成一些独具创意的形式。本小节将向开放路径添加一些文本。

❶ 选择"选择工具"▶，选择"OMEGA 3"徽标。

❷ 按"Command + +"（macOS）或"Ctrl + +"（Windows）组合键几次，放大视图。

❸ 选择"文字工具"T，将鼠标指针移动到徽标上方黑色路径的左侧，直到看到带有交叉波浪形路径的插入点 ⫶ 时单击，图 9-90（a）所示。

单击的位置将沿路径出现占位符文本，如图 9-90（b）所示。您的文本格式可能与图 9-90（b）中所示的格式不同，这没关系。

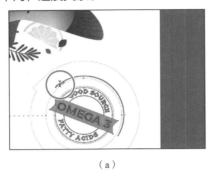
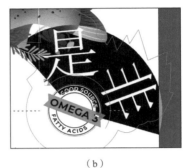

（a）　　　　　　　　　　　　（b）

图 9-90

❹ 选择"窗口">"文字">"段落样式"，打开"段落样式"面板。单击"[Normal Paragraph Style] +"以应用样式，如图 9-91 所示，关闭面板组。

❺ 输入"good for you！"，新文本将沿着路径排列，如图 9-92 所示。

图 9-91　　　　　　　　　　　　　　图 9-92

❻ 按"Command + A"（macOS）或"Ctrl + A"（Windows）组合键全选所有文本。

❼ 在"属性"面板中更改以下格式选项，如图 9-93 所示。

- 填充颜色："Strawberry"色板。
- 字体系列：Oswald。
- 字体样式：Regular。
- 字体大小：16 pt。

图 9-93

❽ 选择"文字 > 更改大小写 > 大写"。

💡提示　对于所选路径或所选路径上的文本，可以选择"文字">"路径文字">"路径文字选项"以设置更多选项。

❾ 按"Command + +"（macOS）或"Ctrl + +"（Windows）组合键，进一步放大视图。

❿ 选择"选择工具"，然后将鼠标指针移动到文本行的左边缘上方（恰好在"GOOD"中字母"G"

左侧）。当您看到鼠标指针变为 ⬛ 时，请按住鼠标左键向右拖动，以使文本尽可能在路径上居中，如图 9-94 所示。

图 9-94

文本可以在从单击创建路径的点到路径末尾这个区域中流动。如果将文本左对齐、居中或右对齐，则该文本将在路径上的该区域内对齐。

9.9 创建文本轮廓

将文本转换为轮廓，意味着将文本转换为矢量形状，此时您可以像对待任何其他图形对象一样编辑和操作它。文本轮廓化对于调整较大的文本外观显示非常有用，但对于正文文本或其他小号文本，轮廓化的用处就不大了。如果将所有文本转换为轮廓，则不需要安装相应字体就可正确打开和查看该文件。

> 💡 **注意** 位图字体和轮廓保护的字体不能转换为轮廓，且不建议将小于 10pt 的文本轮廓化。

将文本转换为轮廓后，该文本将不可编辑。当文本转换为轮廓时，该文本将丢失其控制指令，这些控制指令将融入轮廓文本中，以便在不同字体形状大小下以最佳方式显示或打印。另外，必须将所选文本对象中的文本全部转换为轮廓，而不能仅转换文本对象中的单个字母。本小节将把主标题转换为轮廓。

① 选择"视图">"全部适合窗口大小"。

② 选择"选择工具" ▶，框选"GRILLED"和"RAINBOW TROUT"两个文本对象。

③ 选择"编辑">"复制"，然后选择"对象">"隐藏">"所选对象"。

此时原始文本仍然存在，只是被隐藏起来了。如果需要对其进行更改，您可以选择"对象">"全部显示"以查看原始文本。

④ 选择"编辑">"贴在前面"。

⑤ 选择"文字">"创建轮廓"，效果如图 9-95 所示。

图 9-95

文本不再链接到特定字体，它现在是可编辑的图形。

⑥ 单击左侧画板中的"SERVES:6-8"文本。

按住 Option 键（macOS）或 Alt 键（Windows），然后按住鼠标左键将文本拖动到右侧的画板上，复制该文本。松开鼠标左键，然后松开 Option 键（macOS）或 Alt 键（Windows）。拖动位置如图 9-96所示。

图 9-96

⑦ 使用相同的方法将文本"TIME:15min"从左侧画板复制到右侧画板。

⑧ 选择"选择 > 取消选择"。

⑨ 选择"文件">"存储"，然后选择"文件">"关闭"。

9.10 复习题

1. 列举几种在 Adobe Illustrator 中创建文本的方法。
2. 什么是溢出文本？
3. 什么是文本串接？
4. 字符样式和段落样式之间有什么区别？
5. 将文本转换为轮廓有什么优点？

参考答案

1. 可以使用以下方法来创建文本。

• 使用"文字工具"在画板中单击，在光标出现后开始输入，这将创建一个点文字对象以容纳文本。

• 使用"文字工具"，按住鼠标左键拖动以创建一个文本框，在光标出现时输入文本。

• 使用"文字工具"单击一条路径或闭合形状，将其转换为路径文字或在文本框内单击。按住 Option 键（macOS）或 Alt 键（Windows），单击闭合路径的描边，这将沿形状路径创建绕排文本。

2. 溢出文本是指不能容纳于区域文字对象或路径的文本。文本框出口端中的红色加号⊞表示该对象包含额外的文本。

3. 文本串接允许您通过链接文本对象，使文本从一个对象流到另一个对象。链接的文本对象可以是任意形状，但文本必须是区域文字或者路径文字（而不是点文字）。

4. 字符样式只能应用于选择的文本，段落样式可应用于整个段落。段落样式最适合缩进、边距和行间距调整。

5. 将文本转换为轮廓，就不再需要在与他人共享 AI 文件时一起发送字体，并可添加在编辑（实时）状态时无法添加的文本效果。

第10课

使用图层组织图稿

本课概览

在本课中，您将学习如何执行以下操作。

- 使用"图层"面板。
- 创建、重排和锁定图层、子图层。
- 在图层之间移动对象。
- 将多图层合并为单个图层。
- 在"图层"面板中定位对象。
- 将对象及其图层从一个文件复制、粘贴到另一个文件。
- 将外观属性应用于对象和图层。
- 建立图层剪切蒙版。

学习本课大约需要 45 分钟

　　您可以使用图层将图稿组织为不同层级，利用这些层级单独或整体编辑和浏览图稿。每个 AI 文件至少包含一个图层。通过在图稿中创建多个图层，您可以轻松控制图稿的打印、显示、选择和编辑方式。

10.1 开始本课

本课将通过组织一个 App 设计图稿，介绍在"图层"面板中使用图层的各种方法。

① 为了确保工具的功能和默认值完全如本课所述，请删除或停用（通过重命名实现）Adobe Illustrator 首选项文件。具体操作请参阅本书"前言"中的"还原默认首选项"部分。

② 启动 Adobe Illustrator。

③ 选择"文件">"打开"，然后在"Lesson">"Lesson10"文件夹中打开"L10_end.ai"文件，如图 10-1 所示。

④ 选择"视图">"全部适合窗口大小"。

⑤ 选择"窗口">"工作区">"重置基本功能"。

图 10-1

> 注意　如果在"工作区"菜单中没有看到"重置基本功能"选项，请在选择"窗口">"工作区">"重置基本功能"之前，先选择"窗口">"工作区">"基本功能"。

⑥ 选择"文件">"打开"，在"打开"对话框中，找到"Lessons">"Lesson10"文件夹，选择"L10_start.ai"文件，单击"打开"按钮。

此时可能会弹出"缺少字体"对话框，表明 Adobe Illustrator 在计算机上找不到在文件中使用的字体。该文件使用的 Adobe 字体很可能是您尚未激活的，因此您需要在继续进行操作之前激活缺少的字体。

⑦ 在"缺少字体"对话框中，确保勾选"激活"列中所有字体的复选框，然后单击"激活字体"按钮，如图 10-2 所示。一段时间后，字体将激活，并且您会在"缺少字体"对话框中看到一条提示激活成功的消息，点击"关闭"按钮。

图 10-2

> 注意　如果在"缺少字体"对话框中看到一条警告消息，或者无法单击"激活字体"按钮，则可以单击"查找字体"按钮将字体替换为本地字体。在"查找字体"对话框中，确保在"文档中的字体"选项组中选择了缺少的字体，然后从"替换字体来自"菜单中选择"系统"选项。这将显示 Adobe Illustrator 可用的所有本地字体。
> 从"系统中的字体"选项组中选择一种字体，然后单击"全部更改"来替换缺少的字体。对所有丢失的字体执行相同的操作，单击"完成"按钮。

⑧ 选择"文件">"存储为"，如果弹出"云文档"对话框，单击"保存在您的计算机上"按钮。在"存储为"对话框中，将文件命名为"TravelApp.ai"，然后选择"Lesson10"文件夹。从"格式"菜单中选择"Adobe Illustrator (ai)"选项（macOS）或从"保存类型"菜单中选择"Adobe Illustrator (*.AI)"选项（Windows），然后单击"保存"按钮。

⑨ 在"Illustrator 选项"对话框中，将"Illustrator 选项"保持为默认设置，然后单击"确定"按钮。

⑩ 选择"选择">"取消选择"（如果可用）。

⑪ 选择"视图">"全部适合窗口大小"。

了解图层

图层就像不可见的文件夹，可帮助您保存和管理构成图稿的所有项目（甚至是那些可能难以选择或跟踪的对象）。如果重排这些"文件夹"，则会改变图稿中各项目的堆叠顺序。

文件中图层的结构可以简单，也可以复杂。创建新的 AI 文件时，您创建的所有内容都默认存放在一个图层中。但是，您可以像本课将要学习的那样创建新图层和子图层（如类似于子文件夹）来组织图稿。

① 单击文档窗口顶部的"L10_end.ai"选项卡，显示该文件。

② 单击工作区右上角的"图层"面板的选项卡，或选择"窗口">"图层"。

除了可以组织内容外，在"图层"面板中还可以方便地选择、隐藏、锁定和更改图稿的外观属性。在图 10-3 所示的"图层"面板中，显示了"L10_end.ai"文件的内容。它可能与您在文件中看到的内容并不完全一致。在本课学习过程中，您都可以参考图 10-3。

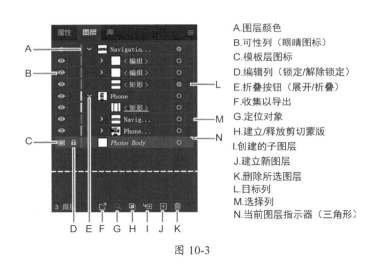

A.图层颜色
B.可性列（眼睛图标）
C.模板层图标
D.编辑列（锁定/解除锁定）
E.折叠按钮（展开/折叠）
F.收集以导出
G.定位对象
H.建立/释放剪切蒙版
I.创建的子图层
J.建立新图层
K.删除所选图层
L.目标列
M.选择列
N.当前图层指示器（三角形）

图 10-3

> 💡 **注意** 图 10-3 中显示了图层面板的顶部和底部。"基本功能"工作区中的图层面板非常长，这就是为什么图 10-3 中显示为断裂面板效果（虚线）。

③ 选择"文件">"关闭"以关闭"L10_end.ai"文件。

▌10.2 创建图层和子图层

默认情况下，每个文件都以一个名为"图层 1"的图层开始排列。但在创建图稿时，您可以随时重命名该图层，还可以添加图层和子图层。通过将对象放置在单独的图层中，您可以更轻松地选择和编辑它们。例如，通过将文字放置在单独的图层上，可以集中修改文字，而不会影响图稿的其他部分，您还可以设置多个版本的图标，显示其中一个版本而隐藏其他版本。

> **💡提示** 请记住，没有所谓的"错误"层级结构，但是，随着层级使用经验的丰富，您将知道使用何种方式更有意义。

10.2.1 创建新图层

本小节将更改默认图层名称，然后使用不同的方法创建新图层。这个项目旨在组织图稿，稍后您就可以更轻松地使用图稿。在实际情况中，在 Adobe Illustrator 中开始创建或编辑图稿之前，您要先设置图层。本例将在创建图稿后使用图层来组织图稿，这可能更具挑战性。除了将所有内容保留在单个图层上之外，您还将创建多个图层及子图层，以更好地组织内容并使以后选择内容更加容易。

❶ 文档窗口会显示"TravelApp.ai"文件，如果"图层"面板不可见，请单击工作区右侧的"图层"面板选项卡，或选择"窗口">"图层"。

在"图层"面板中"Layer 1"突出显示，表明它是活动的。您在文件中创建或添加的所有内容都会放入活动图层。

❷ 单击"Layer 1"名称左侧的折叠按钮▷，以显示该图层上的内容，如图 10-4 所示。

您创建的每个对象都在该层下列出。Adobe Illustrator 将"编组"显示为"< 编组 >"，"路径"显示为"< 路径 >"，"图像"显示为"< 图像 >"，依此类推。这样您可以更轻松地浏览并查看内容。

❸ 单击"Layer 1"名称左侧的折叠按钮▽，隐藏该层上的内容。

❹ 在"图层"面板中双击图层名称"Layer 1"，对其进行编辑，输入"Phone Body"，按 Enter 键确认修改，如图 10-5 所示。

❺ 在"图层"面板的底部，单击"创建新图层"按钮▣，如图 10-6 所示。

图 10-4

图 10-5

图 10-6

未命名的图层和子图层会按顺序编号。例如，新图层名为"图层 2"，如图 10-7 所示。当"图层"面板中的图层或子图层中包含其他项目时，图层或子图层名称的左侧将显示一个折叠按钮▷。您可以单击折叠按钮▷以显示或隐藏内容。如果没有折叠按钮出现，则表示图层内没有内容。

图 10-7

⑥ 双击图层名称"图层 2"左侧的白色图层缩略图或名称"图层 2"的右侧，打开"图层选项"对话框。将"名称"更改为"Navigation"，并注意所有其他可用选项，单击"确定"按钮，如图 10-7 所示。

> 💡 注意 "图层选项"对话框中有很多您已经使用过的选项，包括命名图层、设置预览或大纲模式、锁定图层及显示和隐藏图层。您也可以在"图层选项"对话框中取消勾选"打印"复选框，那么该图层上的任何内容都不会打印。

默认情况下，新图层将添加到"图层"面板中当前选择图层（在本例中为"Phone Body"图层）的上方，并处于活动状态，如图 10-8 所示。请注意，新图层的图层名称的左侧会显示出不同的图层颜色（浅红色）。当您选择图稿的内容时，这将变得十分重要。

图 10-8

⑦ 在"图层"面板底部，按住 Option 键（macOS）或 Alt 键（Windows）单击"创建新图层"按钮■。在"图层选项"对话框中，将"名称"更改为"Phone Content"，然后单击"确定"按钮，如图 10-9 所示。

图 10-9

10.2.2 创建子图层

可以将子图层视为图层内的子文件夹，它们是嵌套在图层层内的图层。子图层可用于组织图层中的内容，而无须编组或取消编组内容。本小节将创建一个子图层（"Footer"图层）来放置底部图稿内容，以便可以将它和"Phone Content"图层放在一起。

> 💡 提示 要创建一个新的子图层并重命名它，可以按住 Option 键（macOS）或 Alt 键（Windows），单击"创建新的子图层"按钮，或从"图层"面板菜单中选择"新建子图层"选项，打开"图层选项"对话框。

① 单击"Phone Content"图层将其选中，然后单击"图层"面板底部的"创建新子图层"按钮【田】，如图 10-10 所示。

图 10-10

这样会在"Phone Content"图层上创建一个新的子图层并将其选中。您可以将这个新的子图层视为名为"Phone Content"的父图层的子图层。

② 双击新的子图层名称（在本例中为"图层 4"），将名称更改为"Footer"，按 Enter 键确认修改，如图 10-11 所示。

创建新子图层后将展开所选图层，显示现有子图层和内容。

③ 单击"Phone Content"图层左侧的折叠按钮【∨】以隐藏图层的内容，如图 10-12 所示。

图 10-11   图 10-12

10.3　编辑图层和对象

通过重新排列"图层"面板中的图层，可以更改图稿中对象的堆叠顺序。在画板中，"图层"面板列表中顶部图层中的对象在底部图层中的对象上层，并且在每个图层内部也有图层中对象的堆叠顺序。图层很有用，例如它能够让您在图层和子图层之间移动对象、组织图稿，并让您更轻松地选择图稿。

10.3.1　在图层面板中查找内容

在处理图稿时，有时需要选择画板中的内容，然后在"图层"面板中找到该内容，以确定内容的组织方式。

① 按住鼠标左键将"图层"面板的左边缘向左拖动，使面板变宽，如图 10-13 所示。

当图层和对象的名称足够长时，或者对象彼此之间存在嵌套时，它们的名称可能会被截断——换句话说，您看不到完整名称。

图 10-13

② 选择"选择工具"【▶】，在画板上单击"Terraform Hikers"文本，如图 10-14 所示。

③ 在"图层"面板底部单击"定位对象"按钮【🔎】，展示"图层"面板中选择的内容（文本组），如图 10-15 所示。

图 10-14   图 10-15

单击"定位对象"按钮,"图层"面板中将显示所选文本对象所在图层的信息。如有必要,您可以在"图层"面板中拖动滚动条以显示所选内容。您会在所选内容所在图层("Phone Body")、所在编组("< 编组 >")及组中对象的最右边看到一个选择指示器■。您可以看到所选文本在图层上的编组中,如图 10-16 所示。

④ 按住 Shift 键在画板上单击"$ 145.00"文本,如图 10-17(a)所示。

在"图层"面板中,您将在"$145.00"文本对象的最右边看到一个选择指示器■,如图 10-17(b)所示。

图 10-16   （a）   （b）

图 10-17

⑤ 按"Command + G"（macOS）或"Ctrl + G"（Windows）组合键,对所选文本进行编组。

将内容编组后,将创建一个包含编组内容的编组对象("< 编组 >")。

⑥ 单击所选"< 编组 >"左侧的折叠按钮☑,显示原来编组和现在与之编组的"$ 145.00"文本对象,如图 10-18 所示。

您可以通过双击"图层"面板中的名称来重命名"< 编组 >"。重命名编组不会取消编组,但是可以让您在"图层"面板中更容易辨识组中的内容。

⑦ 双击主要编组名称"< 编组 >",输入"Description",按 Enter 键确认名称修改,如图 10-19所示。

图 10-18   图 10-19

⑧ 单击"Description"左侧的折叠按钮✓，再次折叠该编组，以隐藏内容，如图 10-20 所示。

⑨ 单击"Phone Body"图层名称左侧的折叠按钮✓，折叠该图层并隐藏整个图层的内容，如图 10-21 所示。

图 10-20

图 10-21

保持图层、子图层和编组折叠是使"图层"面板整齐、有条理的好方法。在图 10-21 中，"Phone Content"图层和"Phone Body"图层是带有折叠按钮的图层，因为它们是包含内容的图层。

⑩ 选择"选择 > 取消选择"。

10.3.2　在图层间移动内容

本小节将利用已创建的图层和子图层，将图稿移动到不同的图层。

① 选择"选择工具"▶，单击文本"Terraform Hikers"以选择该组内容，如图 10-22（a）所示。

注意，在"图层"面板中，"Phone Body"图层名称右侧会出现选择指示器（蓝色小框），如图 10-22（b）所示。

（a）

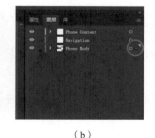

（b）

图 10-22

还要注意，所选图稿的定界框、路径和锚点的颜色（"图层"面板中，图层名称左侧显示的小色带▌）与图层颜色相同。

如果要将选择的图稿从一个图层移动到另一个图层，可以按住鼠标左键拖动选择指示器到每个图层或子图层名称的右侧。

② 将"Phone Body"图层名称的最右侧的选择指示器直接拖动到"Phone Content"图层上的目标图层◉右侧，如图 10-23 所示。

图 10-23

您还可以按住 Option 键（macOS）或 Alt 键（Windows），然后按住鼠标左键将选择指示器拖动到另一个图层以复制内容。请记住先松开鼠标左键，然后松开 Option 键（macOS）或 Alt 键（Windows）。

此操作会将所有选择的图稿移动到"Phone Content"图层。图稿中的定界框、路径和锚点的颜色将变为"Phone Content"图层的颜色（本例中为绿色），如图 10-24 所示。

③ 选择"选择 > 取消选择"。

④ 单击"Phone Body"图层和"Phone Content"图层左侧的折叠按钮▶，显示两个图层的内容。

⑤ 选择"选择工具"▶，将鼠标指针移动到"ADD TO BAG"按钮上方。在画板底部的"ADD TO BAG"文本和黑色矩形上框选一系列对象，确保不要选择画板边缘上的矩形，如图 10-25 所示。

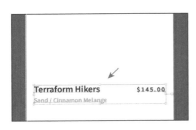

图 10-24

图 10-25

您可以在"图层"面板中该内容的右侧看到蓝色的选择指示器。另外，请注意被选中但在画板上看不到的图标，因为它们位于底部的黑色矩形的下层。接下来，您将在"图层"面板中选择一些对象，并将它们移动到另一个图层。

您不需要在画板上选择图稿就可以将内容从一个图层拖动到另一个图层，但在图层中以这种方式更容易找到图稿。

⑥ 在"图层"面板中，单击名称右侧具有选择指示符的"< 编组 >"对象之一。要选择其他两个编组，请按住 Command 键（macOS）或 Ctrl 键（Windows）的同时单击其他两个"< 编组 >"对象，您将在名称右侧看到选择指示器，如图 10-26（a）所示。将选中对象拖动到其上方"Phone Content"图层中的"Footer"子图层中，当"Footer"子图层显示高光时，松开鼠标左键，如图 10-26（b）和图 10-26（c）所示。

（a）　　　　　　　　　　（b）　　　　　　　　　　（c）

图 10-26

这是在图层之间移动图稿的另一种方法。拖动到另一图层或子图层的任何内容将自动位于该图层或子图层排列顺序的顶部。注意，所选图稿的定界框、路径和锚点的颜色现在与"Footer"子图层的颜色匹配。

❼ 单击"Phone Body"图层左侧的折叠按钮▾以隐藏图层内容。

❽ 选择"选择">"取消选择"，然后选择"文件">"存储"，保存文件。

10.3.3　以不同方式查看图层内容

在"图层"面板中，您可以在预览模式或轮廓模式下分别显示图层或内容。本小节将学习如何在轮廓模式下查看图层，这可以使图稿选择变得更简单。

❶ 选择"视图">"轮廓"。这将使图稿仅显示轮廓（或路径）。

此时您应该能够看到隐藏在黑色矩形下方的图标，如图 10-27 中方框所示。

请注意"图层"面板中的眼睛图标，它们表示该图层上的内容处于轮廓模式，如图 10-28 所示。

图 10-27

图 10-28

❷ 选择"视图">"预览"（或"GPU 预览"），查看绘制的图稿。

有时您可能想要查看部分图稿的轮廓模式，同时又保留图稿其他部分的描边和填色。轮廓模式将有助于查看指定图层、子图层或编组中的所有图稿。

❸ 在"图层"面板中，单击"Phone Content"图层左侧的折叠按钮▸，显示该图层内容。按住 Option 键（macOS）或 Ctrl 键（Windows），在"Phone Content"图层名称的左侧单击眼睛图标，将该图层的内容显示为轮廓模式，如图 10-29（a）所示，效果如图 10-29（b）所示。

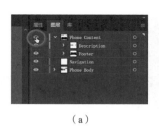

（a）

（b）

图 10-29

您将再次看到画板底部的手机菜单图标。在"轮廓模式"下显示图层有助于选择对象的锚点或中心点。

❹ 选择"选择工具"▸，然后单击一个手机菜单的图标以选择该图标组，如图 10-30（a）所示。

❺ 单击"Footer"子图层左侧的折叠按钮▸，显示子图层上的内容，如图 10-30（b）所示。

此时您应该能够在"Footer"子图层中找到该图标组。

❻ 选择"对象">"排列">"置于顶层"。

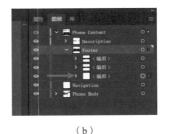

（a）　　　　　　　　　　　　　（b）

图 10-30

"排列"命令只是简单地在单个图层的图层堆栈中上下移动所选内容，"置于顶层"命令仅将图标组放置到"Footer"子图层的顶层，如图 10-31 所示。如果您决定使用图层整理图稿内容，并需要将内容移动到其他内容的上层，而这些内容又不在同一图层，则使用"排列"命令可能会有点困难。有时，您需要将内容从一个图层移动到另一个图层或完全重新排序各图层，以便某些内容可以位于其他内容之前。

图 10-31

⑦ 单击"Phone Content"图层左侧的折叠按钮☑以隐藏该图层内容。

⑧ 按住 Command 键（macOS）或 Ctrl 键（Windows）单击"Phone Content"图层名称左侧的眼睛图标◉，再次在预览模式下显示该图层的内容。您现在应该能看到手机菜单的图标，如图 10-32 所示。

图 10-32

⑨ 选择"选择">"取消选择"，然后选择"文件">"存储"，保存文件。

10.3.4　重新排序图层和内容

在前面的课程中，我们了解到对象具有堆叠顺序，该顺序具体取决于它们的创建时间和方式。堆叠顺序适用于"图层"面板中的每个图层。通过在图稿中创建多个图层，您可以控制重叠对象的显示方式。本小节将重新排列图层来改变堆叠顺序。

① 选择"选择工具"▶，按住鼠标左键拖过画板顶部选择标题内容，如图 10-33 所示。

在选择标题内容后，您会发现还选择了其他内容，这是因为选区周围的边界框覆盖了画板。

② 单击"Phone Body"层名称左侧的折叠按钮▶以显示内容，如图 10-34 所示。

此时您会看到所选内容。您需要从所选内容中删除一些项目，包括一个渐变填充的矩形和其他内容。

③ 按住 Shift 键，在画板上单击该矩形，从所选内容中删除具有渐变填充的矩形，如图 10-35 所示。

图 10-33

图 10-34

所选内容中还有一个需要被删除的形状，该形状就是所选的画板的大小。

④ 按住 Shift 键，单击"图层"面板底部"＜矩形＞"对象右侧的选择指示器，将其从所选对象中删除，如图 10-36 所示。

图 10-35

图 10-36

在这种情况下，应该恰好取消选择。如果没有，则可以再次按住 Shift 键，并单击选择指示器。

就像在文件中一样，您可以按住 Shift 键，通过在"图层"面板中单击来添加或删除项目。因为在"图层"面板中选择图层或对象的名称不会在文件中选择该图层或对象，所以您要按住 Shift 键并单击选择指示器而不是矩形名称。

⑤ 单击"Phone Body"图层左侧的折叠按钮☑，隐藏内容。

⑥ 按住鼠标左键拖动"Phone Body"图层右侧的选择指示器到"Navigation"图层上，松开鼠标左键，将所选内容移动到其所属的"Navigation"图层，如图 10-37 所示。

图 10-37

图层右侧的选择指示器表示该层上有被选中的内容。它不会告诉您选择了什么或选择了多少，但是将其拖动到另一图层时只会移动当前被选中的内容。

⑦ 选择"选择工具"▶，在远离图稿的空白区域中单击以取消选择。按住 Shift 键，按住鼠标左键将图像从画板的左边缘拖动到画板的中心位置。松开鼠标左键和 Shift 键，如图 10-38 所示。

图 10-38

⑧ 该图像必须位于"Phone Content"图层上，因此在选择该图像后，按住鼠标左键将"图层"面板中的选择指示器拖动到"Phone Content"图层上，如图 10-39 所示。

图 10-39

现在，该图像覆盖了"Navigation"图层上的内容。接下来对图层重新排序，以便可以再次在画板中看到"Navigation"图层上的内容。

⑨ 按住鼠标左键，将"Phone Content"图层向下拖动到"Navigation"图层下方。当在"Navigation"图层下方看到一条蓝线时，松开鼠标左键，将"Phone Content"图层移动至"Navigation"图层下方，如图 10-40（a）和图 10-40（b）所示。现在，您将看到"Navigation"图层的内容，如图 10-40（c）所示，因为它位于"Phone Content"图层内容的上方。

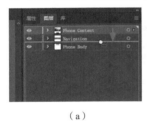

（a）   （b）   （c）

图 10-40

⑩ 选择"选择">"取消选择"。

⑪ 选择"文件">"存储"，保存文件。

10.3.5 锁定和隐藏图层

第 2 课介绍了有关锁定和隐藏内容的知识。使用菜单命令或快捷键锁定和隐藏内容时，实际上是在"图层"面板中设置锁定、解锁、隐藏和显示。"图层"面板使您可以从视图中隐藏图层、子图层或单个对象。隐藏图层时，该图层上的内容也会被锁定，无法被选中或打印。本小节将锁定某些内容并隐藏其他内容，以使选择内容变得更加容易。

① 单击画板上的图像，在"图层"面板底部单击"定位对象"按钮 🔍，以便在图层中找到它。注意"<图像>"名称左侧的眼睛图标 ⬧ ，如图 10-41 所示。

② 选择"对象 > 隐藏 > 所选对象"。

图像将被隐藏，并且"图层"面板中"<图像>"左侧的眼睛图标消失了，如图 10-42 所示。

图 10-41

③ 单击"图层"面板中"<图像>"名称左侧的眼睛图标 ⬩ ，再次显示图像，如图 10-43 所示。

这与选择"对象">"显示全部"的效果相同。但是，在"图层"面板中不会显示所有隐藏的内容，您可以显示或隐藏图层、子图层、单个对象或编组。

图 10-42   图 10-43

④ 按住 Option 键（macOS）或 Alt 键（Windows），单击"Phone Body"图层左侧的眼睛图标 ，
隐藏其他图层，如图 10-44 所示。

图 10-44

隐藏您要使用的图层以外的所有图层，这可以使您更轻松地专注于当前编辑的内容。

⑤ 单击画板中心的渐变填充矩形，在"图层"面板中，按住鼠标左键将选择指示器向上拖动到
"Phone Content"图层，如图 10-45 所示。

矩形将消失，因为它现在位于隐藏的图层上。

⑥ 按"Command + Y"（macOS）或"Ctrl + Y"（Windows）组合键，在轮廓模式下查看图稿。
您应该在画板中心附近看到 4 个小圆圈，它们用来显示应用程序中图像幻灯片的导航，选择它们，如
图 10-46 所示。

图 10-45   图 10-46

⑦ 将"图层"面板中的选择指示器拖动到"Phone Content"图层并释放，如图 10-47 所示。圆
消失了，因为它们现在位于隐藏的图层上。

⑧ 按"Command + Y"（macOS）或"Ctrl + Y"（Windows）组合键，退出轮廓模式。

在"图层"面板菜单中单击"显示所有图层"按钮 ，或按住 Option 键（macOS）或 Alt 键
（Windows）单击"Phone Content"图层左侧的眼睛图标 ，再次显示所有图层。

⑨ 单击"Navigation"图层左侧的空锁定列，以锁定该层上的所有内容，如图 10-48 所示。

⑩ 选择画板顶部的"KICKSAPP"文本，此时将选择下层的渐变填充的矩形，如图 10-49 所示。

图 10-47

图 10-48

图 10-49

锁定图层将使您无法选择该图层上的内容。如果您不想意外移动内容，这将很有用。您还可以单击图层上的对象的编辑列，以锁定或解锁图层上的对象。

⑪ 选择"选择">"取消选择"，然后选择"文件">"存储"，保存文件。

10.3.6 复制图层内容

您还可以使用"图层"面板来复制图层和其他内容。本小节将在某图层上复制内容并复制一个图层。

❶ "图层"面板中会显示"Phone Content"图层内容，单击"Description"组。按住 Option 键（macOS）或 Alt 键（Windows），按住鼠标左键将该组向下拖动，当看到一条线条正好位于原始线条的下方时松开鼠标左键，然后松开 Option 键（macOS）或 Alt 键（Windows），如图 10-50 所示。

> ♀提示 您也可以按住 Option 键（macOS）或 Alt 键（Windows），然后按住鼠标左键并拖动选择指示器来复制内容。您还可以在"图层"面板中选择"<Description>"行，然后从"图层"面板菜单中选择"复制'<Description>'"选项来创建相同内容的副本。

> ♀注意 之所以选择原始"Description"组，是因为如果选择了副本，然后尝试将其拖动到画板上，会将堆叠在其上层的原始"Description"组拖走。不过拖走哪个组都没关系，因为它们是相同的。

按住 Option 键（macOS）或 Alt 键（Windows），拖动所选内容进行复制。这与选择画板上的内容，选择"编辑">"复制"，然后选择"编辑">"就地粘贴"的效果相同。

❷ 按住 Option 键（macOS）或 Alt 键（Windows）单击名为"Description"的原始组，以在画板上选择文本，如图 10-51 所示。

图 10-50

图 10-51

③ 将选择的文本拖动到画板右侧，如图 10-52 所示。

图 10-52

接下来制作"Navigation"图层的副本，并该将副本的内容拖动到画板上。这是将"Navigation"图层备份的一种方法。

④ 单击"Navigation"图层并将其向下拖动到"图层"面板底部的"创建新图层"按钮▣上，如图 10-53 所示。

这将复制该图层，并将内容粘贴到原始"Navigation"图层内容的顶部。请注意，名为"Navigation_ 复制"的复制图层也会被锁定。

⑤ 单击面板中"Navigation_ 复制"名称左侧的锁定按钮▣，对其进行解锁，如图 10-54 所示。

⑥ 为了选择复制的内容，以便将其移出画板，可以单击"Navigation_ 复制"名称最右边的选择指示器来选择该图层所有内容，如图 10-55 所示。

图 10-53

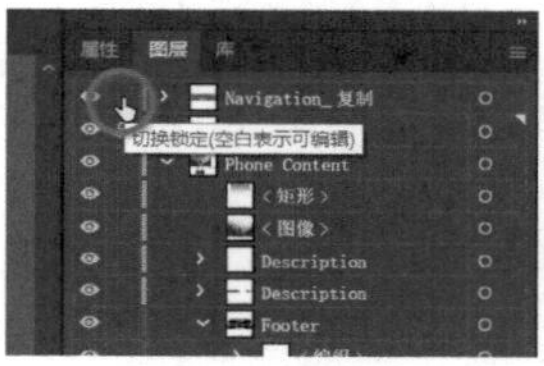

图 10-54

图 10-55

⑦ 在画板上，将选择的"Navigation_ 复制"内容拖动到画板右侧，如图 10-56 所示。

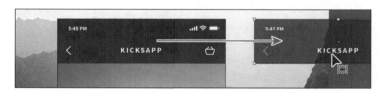

图 10-56

10.3.7　粘贴图层

本小节需要复制另一个文件中的图稿并将其粘贴到当前文件中。您可以将分层文件粘贴到另一个文件中，并保持所有图层不变。本小节还将学习一些新内容，包括如何对图层应用外观属性和重新排列图层。

① 选择"窗口">"工作区">"重置基本功能"。

② 选择"文件">"打开"，在"Lessons">"Lesson10"文件夹中打开"Sizes.ai"文件。

③ 选择"视图">"画板适合窗口大小"。

④ 单击"图层"面板的选项卡以显示该面板，然后查看内容所在的名为"Sizes"的图层，如图 10-57 所示。

图 10-57

⑤ 选择"选择">"全部"，然后选择"编辑">"复制"以选择内容并将其复制到剪贴板。

⑥ 选择"文件">"关闭"，关闭"Sizes.ai"文件，不保存任何更改。如果弹出警告对话框，请单击"不保存"（macOS）或"否"（Windows）按钮。

⑦ 在"TravelApp.ai"文件中，在"图层"面板菜单中单击右上角的菜单按钮 ，如图 10-58（a）所示，勾选"粘贴时记住图层"复选框，如图 10-58（b）所示。

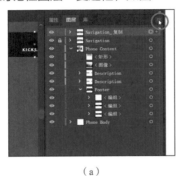

（a）　　　　　　　　　　　（b）

图 10-58

勾选"粘贴时记住图层"复选框后，无论"图层"面板中的哪个图层处于活动状态，都会将图稿独立粘贴成复制时的图层。如果未勾选该复选框，则所有对象都将粘贴到活动图层中，并且不粘贴原始文件中的图层。

⑧ 选择"编辑">"粘贴"，将内容粘贴到文件窗口的中心，如图 10-59 所示。

图 10-59

勾选"粘贴时记住图层"复选框将导致"Sizes.ai"文件中的图层粘贴为"图层"面板顶部的"Sizes"图层。

⑨ 按住鼠标左键将"Sizes"图层向下拖动到"Phone Content"图层的顶部，将内容移动到新图层中。粘贴的图层成为"Phone Content"图层的子图层，如图 10-60 所示。

图 10-60

⑩ 按住鼠标左键将画板上选择的图稿向下拖动到合适位置，如图 10-61 所示。

⑪ 选择"选择 > 取消选择"。

图 10-61

10.3.8 将外观属性应用于图层

您可以使用"图层"面板将外观属性（如样式、效果和不透明度）应用于图层、组和对象。将外观属性应用于图层时，该属性将应用于图层上的任何对象。如果外观属性仅应用于图层上的特定对象，则它只影响该对象，而不是整个图层。本小节会将效果应用到一个图层中的所有图稿上。

> 💡 注意　若要了解有关使用外观属性的详细信息，请参阅第 13 课。

> 💡 注意　单击目标图标还会在画板上选择对象，您只需在画板上对选择的内容应用效果即可。

① 单击"Navigation_ 复制"图层右侧目标列中的目标图标◉，如图 10-62 所示。

单击目标图标，表示要对该图层、子图层、组或对象应用效果、样式或透明度的更改。换句话说，图层、子图层、组或对象都被选中了。而在文件窗口中，其对应的内容也被选中了。当目标图标变成双环图标（◎或◉）时，表示该对象被选中了，而单环图标则表示该对象还未被选中。

图 10-62

② 选择"效果">"（Illustrator 效果）风格化">"投影"，应用效果。

③ 在"投影"对话框中，勾选"预览"复选框并更改以下选项，如图 10-63 所示。

* 模式：正片叠底（默认）。
* 不透明度：50%。
* X 位移：0px。
* Y 位移：10px。

图 10-63

- 模糊：3px。
- "颜色"单选按钮：选择。

④ 单击"确定"按钮。

如果您在"图层"面板中查看，则"Navigation_复制"图层的目标图标◎中的阴影表示该图层已应用了至少一个外观属性（添加了"投影"），图层上的所有内容均已应用"投影"。

⑤ 选择"选择 > 取消选择"。

10.4 创建剪切蒙版

通过"图层"面板，您可以创建剪切蒙版，以隐藏或显示图层（或组中）的图稿。剪切蒙版是一个或一组（使用其形状）屏蔽自身同一图层或子图层下方图稿的对象，剪切蒙版只显示该形状中的图稿。第 15 课将介绍如何在不使用"图层"面板的情况下创建剪切蒙版。现在，您将从图层内容创建剪切蒙版。

① 单击"Phone Body"图层左侧的折叠按钮❯以显示其内容，单击"Phone Content"图层左侧的折叠按钮⌄以隐藏其内容。

"Phone Body"图层上的"<矩形>"对象将用作蒙版。在"图层"面板中，蒙版对象必须位于它要遮罩的对象的上层。在本例的图层蒙版中，遮罩对象必须是图层中最顶层的对象。您可以为整个图层、子图层或一组对象创建剪切蒙版。如果想要遮罩"Phone Content"图层中的所有内容，那么剪切蒙版要位于"Phone Content"图层和"Navigation"图层的上层。

② 单击"图层"面板中"Navigation"图层名称左侧的锁定按钮🔒，对其解锁。

③ 单击"图层"面板中的"Phone Content"图层，然后按住 Shift 键单击"Navigation"图层，如图 10-64（a）所示。

④ 从"图层"面板菜单中选择"收集到新图层中"选项，创建一个新图层，并将"Phone Content"图层和"Navigation"图层作为子图层放置在其中，如图 10-64（b）所示。

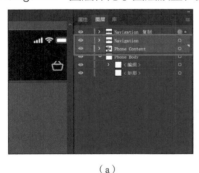

（a）　　　　　　　　　　　　　　（b）

图 10-64

您可能已经在"图层"面板菜单中注意到了其他的选项："合并所选图层"和"拼合图稿"。"合并所选图层"会将两个图层的内容合并到顶层（"Navigation"图层）。"拼合图稿"会将所有图稿收集到选择的单个图层中。

⑤ 双击新图层名称（本例中为"图层 7"）并将其命名为"Phone"，按 Enter 键确认更改。

⑥ 按住鼠标左键将名为"<矩形>"的对象从"Phone Body"图层拖动到新的"Phone"图层，

将其移动到该图层，如图 10-65 所示。

该对象将被用作图层上所有内容的剪切蒙版。

❼ 单击"Phone"层左侧的折叠按钮▷以显示该图层的内容。

❽ 单击"Phone"图层，使其在"图层"面板中高亮显示。在"图层"面板的底部单击"建立 / 释放剪切蒙版"按钮▣，如图 10-66 所示。

图 10-65

图 10-66

💡 **提示** 若要释放剪切蒙版，您可以选择"Phone"图层，然后单击"建立 / 释放剪切蒙版"按钮▣。

在"图层"面板中名称带下划线的"< 矩形 >"表示其为蒙版形状，"< 矩形 >"内容隐藏了"Phone Content"中超出该矩形形状范围的部分，如图 10-67 所示。

图 10-67

现在，图稿已经完成，您可能想把所有图层合并到一个图层中，然后删除空图层，这称为"拼合图稿"。在单个图层文件中交付已完成的图稿可以防止意外发生，例如在打印过程中隐藏的图层或省略的图稿会干扰打印。要在不删除隐藏图层的情况下拼合特定图层，可以选择要拼合的图层，然后从"图层"面板菜单中选择"合并所选图层"选项。

💡 **注意** 有关可与"图层"面板一起使用的完整快捷键列表，请参阅"Illustrator 帮助"（选择帮助 > Illustrator 帮助）中的"键盘快捷键"。

❾ 选择"文件">"存储"，然后选择"文件">"关闭"。

10.5 复习题

1. 创建图稿时，使用图层的好处有哪些？
2. 如何调整文件中图层的排列顺序？
3. 更改图层颜色有什么作用？
4. 如果将分层文件粘贴到另一个文件中会发生什么？勾选"粘贴时记住图层"复选框有什么用处？
5. 如何创建图层剪切蒙版？

参考答案

1. 在创建图稿时使用图层的好处包括便于组织内容、便于选择内容、保护不想修改的图稿、隐藏不使用的图稿以免分散注意力，以及控制打印内容。
2. 在"图层"面板中选择图层名称并将图层拖动到新的位置，可以对图层进行重新排序。"图层"面板中图层的顺序控制着文件中的图层顺序——面板中顶部的对象是图稿中最上层的对象。
3. 图层颜色控制着所选锚点和方向线在图层上的显示方式，有助于识别所选对象在文件的哪个图层中。
4. 默认情况下，"粘贴"命令会将从不同分层文件复制而来的图层或对象粘贴到当前活动图层中，而勾选"粘贴时记住图层"复选框将保留各粘贴对象对应的原始图层。
5. 选择图层并单击"图层"面板中的"建立 / 释放剪切蒙版"按钮，可以在图层上创建剪切蒙版。该图层中最上层的对象将成为剪切蒙版。

第 11 课

渐变、混合和图案

本课概览

在本课中，您将学习如何执行以下操作。

- 创建并保存渐变填充。
- 在描边上应用和编辑渐变。
- 应用和编辑径向渐变。
- 调整渐变方向。
- 调整渐变中颜色的不透明度。

- 创建和编辑任意形状渐变。
- 按指定步数混合对象。
- 在对象之间创建平滑颜色混合。
- 修改混合及其路径、形状和颜色。
- 创建图案并应用图案。

学习本课大约需要 **60** 分钟

　　在 Adobe Illustrator 中，想要为作品增加趣味性，可以应用渐变填充。渐变填充是由两种或两种以上的颜色、图案、形状组成的过渡混合。在本课中，您将了解如何使用它们来完成多个项目。

▌11.1　开始本课

在本课中，您将了解使用渐变、混合形状和颜色，以及创建和应用图案的各种方法。在开始本课之前，您需要还原 Adobe Illustrator 的默认首选项，然后在本课的第一部分打开一个已完成的图稿文件，以查看您将创建的内容。

❶ 为了确保工具的功能和默认值完全如本课所述，请删除或停用（通过重命名实现）Adobe Illustrator 首选项文件，具体操作请参阅本书"前言"中的"还原默认首选项"内容部分。

❷ 启动 Adobe Illustrator。

❸ 选择"文件"＞"打开"，打开"Lessons"＞"Lesson11"文件夹中的"L11_end1.ai"文件，结果如图 11-1 所示。

❹ 在"缺少字体"对话框中，确保在"激活"列中勾选了缺少的字体的复选框，然后单击"激活字体"按钮。一段时间后，字体就会被激活，您会在"缺少字体"对话框中看到一条成功提示消息，单击"关闭"按钮。

❺ 选择"视图"＞"适合所有窗口"，如果您不想在工作时让文件保持打开状态，请选择"文件"＞"关闭"。

❻ 选择"文件"＞"打开"，在"打开"对话框中，定位到"Lessons"＞"Lesson11"文件夹，然后选择"L11_start1.ai"文件，单击"打开"按钮，打开文件，结果如图 11-2 所示。

图 11-1

图 11-2

❼ 选择"视图"＞"全部适合窗口大小"。

❽ 选择"文件"＞"存储为"，如果弹出"云文档"对话框，单击"保存在您的计算机上"按钮。

❾ 在"存储为"对话框中，将文件命名为"FoodTruck.ai"，然后选择"Lessons"＞"Lesson11"文件夹。从"格式"菜单中选择"Adobe Illustrator (ai)"选项（macOS）或从"保存类型"菜单中选择"Adobe Illustrator (*.AI)"选项（Windows），然后单击"保存"按钮。

❿ 在"Illustrator 选项"对话框中，将"Illustrator 选项"保持为默认设置，然后单击"确定"按钮。

⓫ 从应用程序栏中的工作区切换器中选择"重置基本功能"选项。

> 💡**注意**　如果在工作区切换器中没有看到"重置基本功能"选项，请在选择"窗口"＞"工作区"＞"重置基本功能"之前，先选择"窗口"＞"工作区"＞"基本功能"。

11.2 使用渐变

渐变填充是由两种或两种以上颜色组成的过渡混合，它通常包含一个起始颜色和一个结束颜色。您可以在 Adobe Illustrator 中创建不同类型的渐变填充：线性渐变，其起始颜色沿直线混合到结束颜色；径向渐变，其起始颜色从中心点向外辐射到结束颜色；任意形状渐变，您可以在形状中按一定顺序或随机顺序创建渐变颜色混合，使颜色混合看起来平滑且自然。您可以使用 Adobe Illustrator 提供的渐变，也可以自行创建渐变，并将其保存为色板供以后使用，如图 11-3 所示。

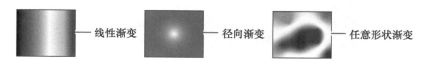

图 11-3

使用渐变，您可以创建颜色之间的混合并塑造立体感，或为您的作品添加光影效果。在学习本课时，您将看到每种渐变类型的应用示例，并理解使用每种渐变的原因。

您可以使用"渐变"面板（选择"窗口 > 渐变"）或工具栏中的"渐变工具" 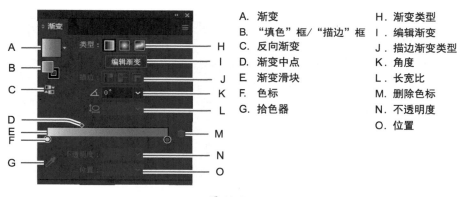 应用、创建和修改渐变。在"渐变"面板中，"填色"框和"描边"框显示了应用于当前对象的填色和描边的渐变颜色和渐变类型，如图 11-4 所示。

A. 渐变
B. "填色"框／"描边"框
C. 反向渐变
D. 渐变中点
E. 渐变滑块
F. 色标
G. 拾色器
H. 渐变类型
I. 编辑渐变
J. 描边渐变类型
K. 角度
L. 长宽比
M. 删除色标
N. 不透明度
O. 位置

图 11-4

> **注意** 您在操作时看到的"渐变"面板可能与图 11-4 不同，这没关系。

在"渐变"面板中，"渐变滑块"（在图 11-4 中标记为"E"）下方的圆圈（标记为"F"）被称为"色标"。左侧的色标表示起始颜色，右侧的色标表示结束颜色。色标是渐变从一种颜色变为另一种颜色的点。您可以通过在渐变滑块下方单击来添加色标。双击色标将打开一个面板，在其中您可以自行通过色板或颜色滑块来选择颜色。

11.2.1 将线性渐变应用于填色

本小节先使用最简单的双色线性渐变，起始颜色（最左侧的色标）沿直线混合到结束颜色（最右侧的色标）。本小节将使用 Adobe Illustrator 自带的渐变填充应用于棕色背景形状，以绘制出日落效果。

① 选择"选择工具"▶，单击背景中位于食品卡车后面的棕色矩形。

② 单击"属性"面板中的"填色"框■，在弹出的面板中单击"色板"按钮■，然后选择"White, Black"渐变色板，如图 11-5 所示。保持色板呈显示状态。

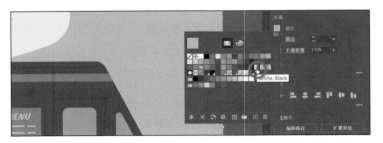

图 11-5

默认的黑白渐变会应用于所选形状的填色。

11.2.2　编辑渐变

本小节将编辑上一小节应用的黑白渐变。

① 如果色板未显示，请再次单击"属性"面板中的"填色"框以显示色板。单击面板底部的"渐变选项"按钮，如图 11-6 所示，打开"渐变"面板（或选择"窗口 > 渐变"），然后执行以下操作。

· 确保"填色"框仍处于选中状态，如图 11-7 上方圆圈所示，以便编辑填充颜色而不是描边颜色。

· 双击"渐变滑块"最右侧的黑色色标，如图 11-7 中箭头所示，编辑"渐变"面板中的颜色。在弹出的面板中，单击"颜色"按钮■，如图 11-7 中下方圆圈所示，打开"颜色"面板。

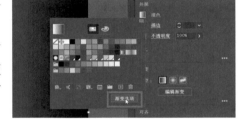

图 11-6

· 如果"CMYK"值未显示，请单击菜单按钮■，然后选择"CMYK"选项。

· 将"CMYK"值更改为"C=0 M=49 Y=100 K=0"以生成橙色，输入最后一个值后按 Enter 键确认更改。

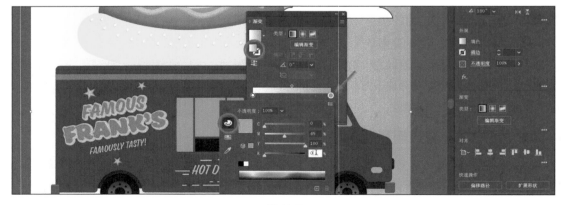

图 11-7

提示 输入"CMYK"值时，按 Tab 键可以在各输入框之间切换。

② 双击最左侧的白色渐变色标，选择渐变的起始颜色，如图 11-8 箭头所示。

· 单击弹出面板中的"色板"按钮。

· 选择"Light blue"蓝色色板。

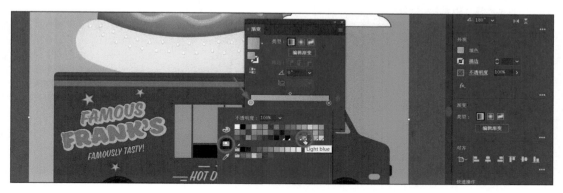

图 11-8

11.2.3 将渐变保存为色板

本小节将在"色板"面板中将上一小节编辑的渐变保存为色板。保存渐变是将渐变轻松地应用于其他图稿，并保持渐变外观一致的好方法。

① 在"渐变"面板中，单击"类型"一词左侧的"渐变"下拉按钮，然后在弹出的菜单底部单击"添加到色板"按钮，如图 11-9 所示。

渐变菜单中列出了您可以应用的所有默认渐变色板和已保存的渐变色板。

提示 和 Adobe Illustrator 中的大多数内容一样，保存渐变的方法不止一种。您还可以通过选择具有渐变填充或描边的对象，单击"色板"（无论应用了哪种渐变）面板中的"填充"框或"描边"框，然后单击"色板"面板底部的"新建色板"按钮来保存渐变。

② 单击"渐变"面板顶部的"×"按钮将其关闭。

③ 在仍选择背景矩形的情况下，单击"属性"面板中的"填色"框，单击"色板"按钮，双击"新建渐变色板 1"色板，如图 11-10 所示，打开"色板选项"对话框。

图 11-9

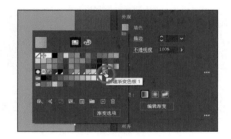

图 11-10

④ 在"色板选项"对话框中，在"色板名称"文本框中输入"Background"，然后单击"确定"按钮。

⑤ 单击"色板"面板底部的"显示'色板类型'菜单"按钮，然后从菜单中选择"显示渐变色板"选项，如图 11-11 所示，从而在"色板"面板中仅显示渐变色板，结果如图 11-12 所示。

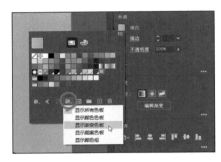
图 11-11

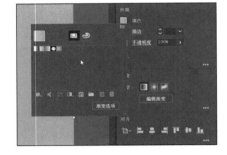
图 11-12

在"色板"面板中，您可以根据类型（如渐变色板）对颜色进行排序。

⑥ 仍选择画板上的形状，在"色板"面板中选择其他不同的渐变，填充到所选形状中。

⑦ 单击"色板"面板中"Background"渐变色板（第 4 步保存的渐变），确保在继续执行下一步之前已应用该渐变。

⑧ 单击"色板"面板底部的"显示'色板类型'菜单"按钮，然后从菜单中选择"显示所有色板"选项。

⑨ 选择"文件">"存储"，保持所选背景矩形呈选中状态。

11.2.4 调整线性渐变填充

使用渐变填充对象后，可以使用"渐变工具"调整渐变方向、原点、起点和终点。本小节将调整所选形状中的渐变填充。

① 选择"选择工具"，双击所选形状，将其隔离。

这是进入单个形状的隔离模式的好方法，这样您就可以专注调整此形状，而无须考虑在其之上的其他内容。

② 单击"属性"面板中的"编辑渐变"按钮，如图 11-13 所示。

图 11-13

这将选择工具栏中的"渐变工具"，并进入编辑渐变模式。使用"渐变工具"，您可以为对象的填色应用渐变，或者编辑现有的渐变填充。请注意出现在形状中间的水平渐变滑块，它很像"渐变"面板中的"渐变滑块"。水平渐变滑块指示渐变的方向和长短，您不需要打开"渐变"面板，就可以使用图稿上的水平渐变滑块来编辑渐变。其两端的两个圆圈表示色标，左边较小的圆圈表示渐变的起点（起始色标），右边较小的正方形表示渐变的终点（结束色标）。您在滑块中间看到的菱形是渐变的中点。

> 💡 提示　您可以通过以下方式隐藏渐变批注者：选择"视图">"隐藏渐变批注者"。要再次显示它，请选择"视图">"显示渐变批注者"。

❸ 选择"渐变工具"后，从形状底部向上拖动到形状顶部，以更改渐变的起始颜色和结束颜色的位置和方向，如图 11-14 所示。

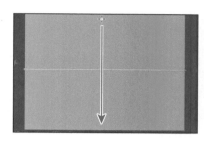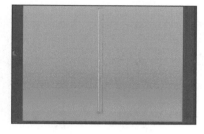

图 11-14

拖动开始的位置是起始颜色色标的位置，拖动结束的位置是结束颜色色标的位置。拖动时，对象中将显示渐变调整的实时预览。

❹ 选中"渐变工具"，将鼠标指针移出渐变批注者（渐变条）顶部的黑色小正方形，此时会出现一个旋转图标 ↻。按住鼠标左键向右拖动可旋转填充的渐变，然后松开鼠标左键，如图 11-15 所示。

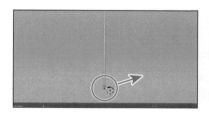

图 11-15

❺ 双击工具栏中的"渐变工具"，打开"渐变"面板（如果尚未打开）。确保在面板中选择了"填色"框，如图 11-16 中圆圈处所示，然后将"角度"改为"-90°"，按 Enter 键确认更改。确保渐变在所选形状的顶部显示为蓝色，在底部显示为橙色，如图 11-16 所示。

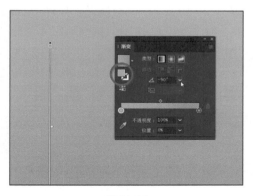

图 11-16

❻ 选择"对象">"锁定">"所选对象"，锁定形状，这样就不会意外移动该形状，并且选择其他图稿也更容易。

❼ 选择"选择工具"，按 Esc 键退出隔离模式，这样您就能再次选择其他图稿。

11.2.5　将线性渐变应用于描边

您还可以将渐变应用于对象的描边。与应用于对象的填色的渐变不同，应用于描边的渐变不能使用"渐变工具"编辑。但是，描边上的渐变在"渐变"面板中的选项比应用于对象的填色的渐变更多。本小节将为描边添加颜色，使热狗面包具有三维外观。

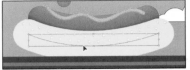

① 选择"选择工具" ▶，单击位于卡车顶部的黄色路径的中心，选择该路径，如图 11-17 所示。

黄色路径看起来像一个形状，但实际上是一条路径的粗描边。

这就是为什么您需要从路径的中心选择它，而不是单击黄色填充中的任意位置来选择它。

图 11-17

② 单击工具栏底部的"描边"框，然后单击"描边"框下的"渐变"框以应用上次使用的渐变，如图 11-18 所示。

图 11-18

> 💡 注意　单击工具栏底部的"描边"框后，"颜色"面板组可能会打开，关闭它就行。

11.2.6　编辑描边的渐变

对于应用于描边的渐变，您可以选择用以下几种方式将渐变与描边对齐：在描边中应用渐变、沿描边应用渐变或跨描边应用渐变。在本小节中，您将了解如何将渐变与描边对齐，并编辑渐变的颜色。

① 在"渐变"面板（选择"窗口">"渐变"）中，确保选择了"描边"框，如图 11-19 红色箭头所示，以便您可以编辑应用于描边的渐变。将"类型"保持为"线性渐变"，如图 11-19 圆圈所示，然后单击"跨描边应用渐变"按钮 以更改渐变类型，如图 11-19 所示。

使用这种类型的渐变，会将渐变跨描边对齐到路径，可以使路径具有三维外观。

图 11-19

> 💡 注意　您可以申请渐变到笔画的 3 种方式：在描边中应用渐变（默认），沿着描边应用渐变 和跨描边应用渐变 。

② 双击蓝色色标，单击"色板"按钮，选择并应用名为"Peach"的色板，如图 11-20（a）所示。

③ 双击右侧的橙色色标，单击"色板"按钮，选择并应用名为"Red"的色板，如图 11-20（b）所示。

④ 在"渐变"面板中，将鼠标指针移动到"渐变滑块"下方两个色标之间。当出现带有加号的鼠标指针 时，单击添加另一个色标，如图 11-21（a）所示，效果如图 11-21（b）所示。

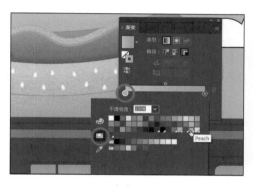
（a）

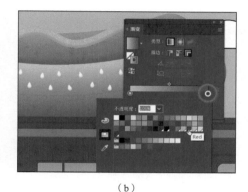
（b）

图 11-20

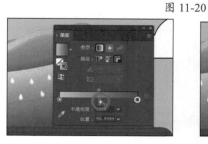
（a）

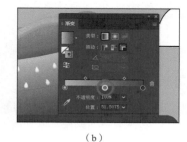
（b）

图 11-21

⑤ 双击该新色标，并在弹出的面板中单击"色板"按钮 ，选择并应用名为"Orange red"的色板，如图 11-22 所示。按 Esc 键，隐藏"色板"面板并返回到"渐变"面板。

⑥ 在色标仍然被选中的情况下（此时它周围有一圈蓝色的高光），从"位置"菜单中选择"50%"选项，如图 11-23 所示。

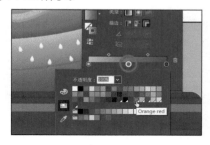
图 11-22

图 11-23

颜色现在正好位于渐变中其他颜色的中间。您也可以沿着渐变滑块拖动色标来更改"位置"值。

接下来，您将通过在"渐变"面板中拖动创建色标副本来为渐变添加新颜色。

⑦ 按住 Option 键（macOS）或 Alt 键（Windows），将粉色（Peach）色标向右拖动。当"位置"值大约为"70%"时松开鼠标左键，然后松开 Option 键（macOS）或 Alt 键（Windows），如图 11-24 所示。

图 11-24

提示　当通过按 Option 键（macOS）或 Alt 键（Windows）复制色标时，如果在另一个色标处松开鼠标左键，将交换两个色标，而不是创建重复色标。

观察热狗图稿，您上一步添加的颜色并不是必需的，所以接下来需要将其删除。

⑧ 按住鼠标左键将新色标在 70% 的位置向下拖离渐变滑块。当它从滑块上消失时，松开鼠标左键将其删除，如图 11-25 所示。

图 11-25

⑨ 单击"渐变"面板顶部的"×"按钮将其关闭。

11.2.7　将径向渐变应用于图稿

对于径向渐变，渐变的起始颜色（最左侧的色标）位于填充的中心点，该中心点向外辐射到结束颜色（最右侧的色标）。径向渐变可用于为椭圆提供环形渐变。本小节将创建并应用径向渐变填充热狗上方的粉红色圆形以制作番茄酱。

① 选择"选择工具" ▶，单击热狗上方的粉红色圆形。

② 单击"属性"面板中的"填色"框，将填充颜色更改为"White,Black"渐变，如图 11-26 所示。

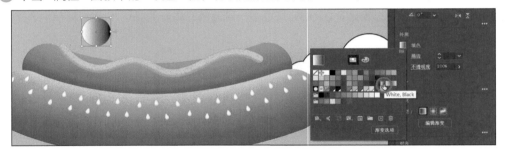

图 11-26

③ 单击"色板"面板底部的"渐变选项"按钮，打开"渐变"面板。按 Esc 键隐藏"色板"面板。

④ 单击"渐变"面板中的"填色"框以编辑填充而不是描边，如图 11-27（a）所示。

⑤ 单击"径向渐变"按钮，将线性渐变转换为径向渐变，如图 11-27（b）所示。

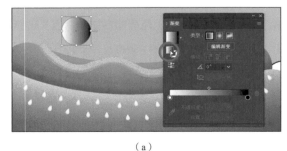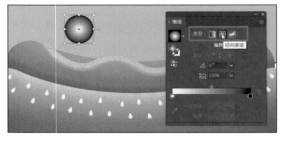

（a）　　　　　　　　　　　　　　　　（b）

图 11-27

⑥ 选择"文件">"存储"，保存文件。

11.2.8　编辑径向渐变中的颜色

　　本课的前面部分介绍了如何在"渐变"面板中编辑渐变颜色。您还可以使用"渐变工具"直接在图稿上编辑颜色。

图 11-28

　　① 在工具栏中选择"渐变工具" ▮▮。

　　② 在"渐变"面板中，在仍选择圆形的情况下，单击"反向渐变"按钮 ▦，交换渐变中的白色和黑色，如图 11-28 所示。

　　③ 按"Command + +"（macOS）或"Ctrl + +"（Windows）组合键几次，放大圆形视图。

> 💡注意　圆形上面的渐变批注者从形状的中心开始指向右侧。如果将鼠标指针移动到渐变滑块上，渐变批注者周围出现的虚线圆表示这是径向渐变。稍后您可以为径向渐变进行其他设置。

　　④ 将鼠标指针移动到椭圆中的渐变批注者上，双击椭圆中心的黑色色标以编辑颜色，在弹出的面板中，单击"色板"按钮 ▦，选择"Orange red"色板，如图 11-29（a）所示。

　　⑤ 按 Esc 键，隐藏"色板"面板。

　　⑥ 双击圆形上的白色色标，在弹出的面板中，单击"色板"按钮，然后选择"Red"色板，如图 11-29（b）所示。

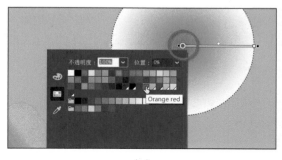

（a）

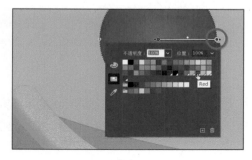

（b）

图 11-29

　　⑦ 按 Esc 键，隐藏"色板"面板。

　　⑧ 选择"文件">"存储"，保存文件。

11.2.9　调整径向渐变

　　本小节将在圆形内移动渐变并调整其大小，通过更改径向渐变的长宽比、径向半径和起始点，使圆形看起来更立体。

　　① 在仍选择圆形和"渐变工具" ▮▮的情况下，将鼠标指针移动到圆形的右上角，如图 11-30（a）所示。按住鼠标左键向圆形中心拖动，更改圆形的渐变，如图 11-30（b）所示。

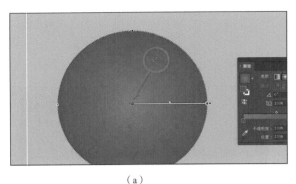

（a）

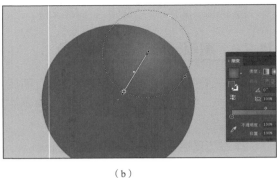

（b）

图 11-30

② 将鼠标指针移动到图稿的渐变批注者上，可以在渐变周围看到虚线圆环。您可以旋转这个虚线圆环来改变径向渐变的角度。圆环上的黑点●（称为"长宽比"）可用于改变圆环的形状，双圆点◉则用于改变渐变的大小（称为"渐变范围"）。

③ 将鼠标指针移动到虚线圆环的双圆点◉（不是黑点）上，如图 11-31（a）所示。当鼠标指针变为时，将双圆点向画板中心拖动一点，松开鼠标左键，缩小渐变半径，如图 11-31（b）所示。

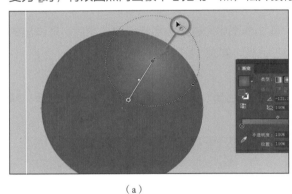

（a）

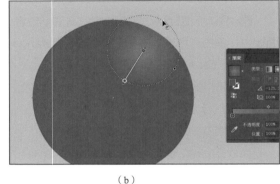

（b）

图 11-31

④ 将鼠标指针移动到虚线圆环上的黑点●上，当鼠标指针变为时，按住鼠标左键拖动，使渐变变宽，如图 11-32 所示。保持"渐变"面板处于打开状态。

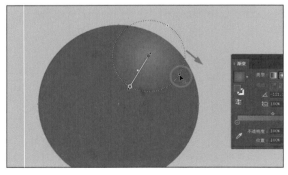

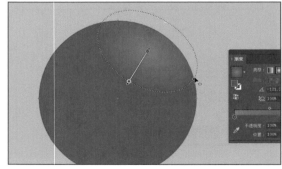

图 11-32

在"渐变"面板中，您只需调整"长宽比"，就可将径向渐变变为椭圆渐变，使渐变更好地匹配图稿的形状。

> 💡 **注意** "长宽比"值范围为 0.5% ~ 32.767%。长宽比越小,椭圆越扁。

5 选择"选择工具" ▶,按住 Shift 键,按住鼠标左键拖动圆形,使其大小等比例变为原来的一半,如图 11-33 所示。将它拖动到热狗的顶部。

6 按住 Option 键(macOS)或 Alt 键(Windows)并按住鼠标左键拖动圆形 11 次,制作 11 个副本,以在热狗上制作番茄酱,如图 11-34 所示。在此过程中,您可能需要缩小和平移圆形副本。

7 选择"选择">"取消选择",然后选择"文件">"存储",保存文件。

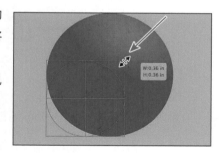

图 11-33

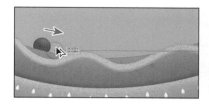 

图 11-34

11.2.10 将渐变应用于多个对象

全选所有对象,应用一种渐变色,然后使用"渐变工具"在对象之间拖动,您就可以将渐变应用于多个对象。

本小节将对食品卡车的窗户应用线性渐变填充。

1 选择"视图">"画板适合窗口大小"。

2 选择"选择工具" ▶,单击卡车上的蓝色窗口之一。按住 Shift 键并单击其他两个蓝色窗口以选择所有 3 个窗口。

3 单击"属性"面板中的"填色"框,在弹出的面板中,单击"色板"按钮 ▦,然后选择"Background"渐变色板,如图 11-35 所示。

 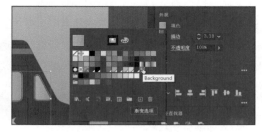

图 11-35

4 在工具栏中选择"渐变工具" ▰。您可以看到,现在每个对象都应用了渐变填充。选择"渐变工具"后,您可以看到每个对象都有自己的渐变标注者,如图 11-36 所示。

5 按照图 11-37(a)所示指引,从窗口上方的一个点开始,按住鼠标左键拖过它们占据的区域的中间位置,如图 11-37(b)所示。

图 11-36

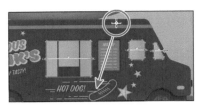
（a）

（b）

图 11-37

使用"渐变工具"在多个形状上拖动，可以在这些形状上都应用渐变。

11.2.11　为渐变添加不透明度

通过为渐变中的不同色标指定不同的"不透明度"值，您可以创建淡入、淡出，以及显示或隐藏底层图稿的渐变效果。本小节将为云朵形状应用淡入的透明渐变。

① 选择"选择工具" ，然后选择图稿中的云朵形状。

② 在"渐变"面板中，确保选择了"填色"框。单击"渐变"下拉按钮 ，然后选择"White，Black"渐变（您可能需要在菜单中向上拖动滚动条才能看到它），将该通用渐变应用于形状填色，如图 11-38 所示。

③ 在工具栏中选择"渐变工具" ，然后按住鼠标左键从云朵形状上方略微倾斜向下拖动到云朵底部边缘，如图 11-39 所示。

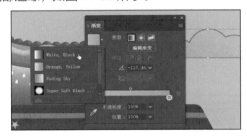
图 11-38

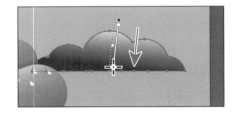
图 11-39

④ 将鼠标指针放在形状上，双击底部的黑色色标。单击"色板"按钮 ，从色板中选择名为"Cloud"的浅鼠尾草颜色色板。从"不透明度"菜单中选择"0%"选项，如图 11-40 所示。按 Enter 键隐藏色板。此时渐变结束位置是完全透明的，但您可以通过云朵形状看到"Cloud"色板的颜色渐变。

⑤ 按住鼠标左键向上拖动底部色标，将渐变范围缩小一点，如图 11-41 所示。

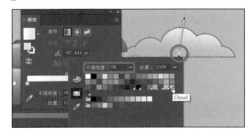
图 11-40

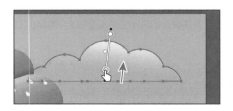
图 11-41

⑥ 选择"选择工具" ，将"属性"面板中的描边粗细设置为"0"以将其删除。

⑦ 按住 Option 键（macOS）或 Alt 键（Windows），拖动云朵形状几次，制作一系列云朵形状

副本，然后在天空中拖动排布它们，如图 11-42 所示。

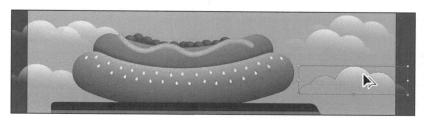

图 11-42

8 选择"文件">"存储"，保存文件。

11.2.12 应用任意形状渐变

除了创建线性渐变和径向渐变外，您还可以创建任意形状渐变。任意形状渐变由一系列颜色点组成，您可以将这些颜色点放在形状的任何位置。颜色在颜色点之间混合，从而创建出任意形状渐变。任意形状渐变对于遵循形状轮廓添加颜色混合、为图稿添加更逼真的阴影等非常有用。本小节将对食品卡车应用任意形状渐变。

1 选择"选择工具" ▶，然后选择卡车形状。

> 💡 注意 默认情况下，Adobe Illustrator 从周围的图稿中选择颜色。这是由于首选项设置中勾选了"启用内容识别默认设置"复选框，即选择了"Illustrator CC">"首选项">"常规">"启用内容识别默认设置"（macOS）或"编辑">"首选项">"常规">"启用内容识别默认设置"（Windows）。您可以取消勾选此复选框，然后创建自己的色标。

2 在工具栏中选择"渐变工具" ▦。

3 单击右侧的"属性"面板中的"任意形状渐变"按钮▦。

4 确保在"属性"面板的"渐变"部分中选择了"点"单选按钮，如图 11-43 中箭头所示。

图 11-43

任意形状渐变默认以"点"模式应用。Adobe Illustrator 会自动为对象添加颜色点，颜色点之间的颜色将自动混合。Adobe Illustrator 自动添加的颜色点数量取决于图稿的形状。每个颜色点的颜色及您看到的颜色点数量可能与图 11-43 中所示的不同，这没关系。

11.2.13 在点模式下编辑任意形状渐变

选择"点"模式，您可以独立添加、移动、编辑或删除颜色点来改变整体渐变效果。本小节将编辑任意形状渐变中的默认颜色点。

❶ 双击图 11-44 所示的颜色点以显示颜色选项。弹出"色板"面板后，选择"freeform-red"色板并应用它，如图 11-44 所示。

您可以按住鼠标左键拖动每个颜色点，还可以双击编辑颜色。

❷ 按住鼠标左键将"freeform-red"色板拖动到图 11-45 所示的位置。您可以看到渐变混合在拖动时发生了变化。

图 11-44

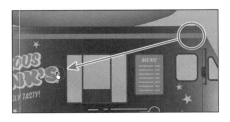

图 11-45

接下来，您将删除一些颜色点，以及编辑和移动其他色标。

❸ 单击画板左上方附近的颜色点（本书这里是浅蓝色，您看到的可能是不同的颜色），按 Delete 键或 Backspace 键将其删除，如图 11-46（a）所示。如果您在卡车形状的左下角附近看到一个颜色点，也将其选中并删除，如图 11-46（b）所示。注意渐变是如何变化的，如图 11-46（c）所示。

（a）

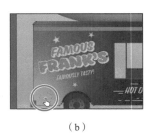

（b）

（c）

图 11-46

❹ 双击卡车前部的颜色点，将颜色更改为"freeform-red"色板，如图 11-47 所示。

❺ 双击卡车底部中间附近的颜色点并将颜色更改为"Orange red"色板，如图 11-48 所示。按 Esc 键隐藏"色板"面板。

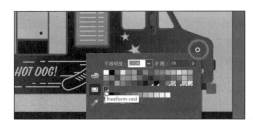

图 11-47

图 11-48

如果您在图中某区域看不到颜色点，您可以在该区域单击以添加一个。

您刚刚编辑的颜色点的橙红色需要更加分散。为此，您可以调整颜色的分布。

⑥ 将鼠标指针移动到您刚刚更改颜色的橙红色颜色点上。当虚线圆环出现时，按住鼠标左键将虚线圆环底部的小部件拖离颜色点。该颜色点的颜色将"扩散"到离色标更远的地方，如图 11-49 所示。

图 11-49

11.2.14 在线模式下应用颜色点

除了按点添加渐变，您还可以在"线"模式下在一条线上创建渐变颜色点。本小节将使用"线"模式为卡车添加更多颜色。

① 单击卡车顶部的中间部分以添加新的颜色点，如图 11-50（a）所示。

② 双击新颜色点并将颜色更改为橙色色板，如图 11-50（b）所示。

（a）　　　　　　　　　　　　　（b）

图 11-50

图 11-50（a）显示了添加的白色颜色点。您看到的可能是不同的颜色，这没关系。

③ 在"渐变"面板或"属性"面板中，选择"线"单选按钮，以便能够沿路径绘制渐变，如图 11-51 所示。

④ 单击橙色颜色点，将鼠标指针向右移动，您将在鼠标指针和颜色点之间看到路径预览。单击以创建新颜色点，如图 11-52（a）和图 11-52（b）所示。您可以看到新颜色点也是橙色。

图 11-51

图 11-52（a）所示为单击添加下一个颜色点之前的渐变。

⑤ 在上一个颜色点的右下方单击以添加最后一个颜色点，该颜色点也是橙色的，如图 11-52（c）所示。

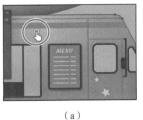
（a）

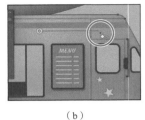
（b）

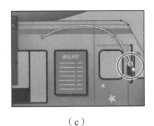
（c）

图 11-52

颜色点是弯曲路径的一部分。

⑥ 按住鼠标左键向下拖动中间的颜色点以重塑颜色渐变的路径，如图 11-53 所示。

⑦ 关闭"渐变"面板。

⑧ 选择"选择">"取消选择"，然后选择"文件">"存储"，保存文件。

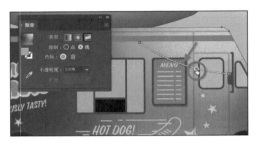
图 11-53

11.3　使用混合对象

您可以通过混合两个不同的对象，在这两个对象之间创建多个形状并平均分布它们。用于混合的两个形状可以相同，也可以不同。您可以混合两个开放路径，从而在两个对象之间创建平滑的颜色过渡，也可以同时混合颜色和形状，以创建一系列颜色和形状平滑过渡的对象。

图 11-54 所示为可以创建的不同类型混合对象的示例。

混合两个形状相同的对象

混合两个形状相同但填色不同的对象

混合两个填色和形状都不同的对象

沿着路径混合两个形状相同的对象

两条描边线条之间的平滑颜色混合（左侧为初始线条，右侧为线条混合效果）

图 11-54

创建混合对象时，混合的对象将被视为一个整体对象。如果移动其中一个原始对象或编辑原始对象的锚点，混合对象将自动改变。您还可以扩展混合对象，将其分解为不同的对象。

11.3.1　创建具有指定步数的混合

本小节将使用"混合工具" 混合两种形状，为卡车侧面创建流星。

❶ 选择"视图">"画板适合窗口大小"，选择"视图">"缩小"几次，直到您看到画板右上角的图稿。

❷ 放大星星形状。

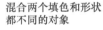 您可以在混合时添加两个以上的对象。

❸ 在工具栏中选择"混合工具" 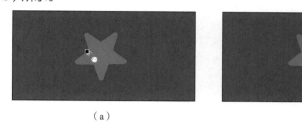。围绕形状移动鼠标指针，鼠标指针中间的小方块从黑色变成白色。黑色表示您将点击一个锚点，如图 11-55（a）所示；白色表示填色，当小方块为白色时单击，如图 11-55（b）所示。

（a）　　　　　　　　　　（b）

图 11-55

> 💡**注意**　如果您想结束当前路径并混合其他对象，请先选择工具栏中的"混合工具"，然后单击其他对象，将它们混合。

单击是为了让 Adobe Illustrator 确定混合的起点，仅单击不会使图稿有任何改变。

❹ 将鼠标指针移动到该星星形状右上方的大黄色星星上，当鼠标指针变为 ▯₊ 时单击，在这两个对象之间创建混合，如图 11-56 所示。

❺ 在仍选择混合对象的情况下，选择"对象"＞"混合"＞"混合选项"。在"混合选项"对话框中，从"间距"菜单中选择"指定的步数"选项，将"指定的步数"更改为"10"，如图 11-57 所示。

图 11-56

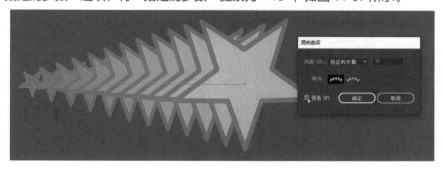

图 11-57

> 💡**提示**　若要编辑对象的混合选项，您可以选择混合对象，然后双击"混合工具"。
> 　　您还可以在创建混合对象之前，双击工具栏中的"混合工具" 来设置工具选项。

此时，两颗星之间有 10 个副本。您可能需要取消选择并勾选"预览"复选框来查看更改。

11.3.2　修改混合

本小节将编辑混合对象中的一个形状及混合轴，以便使形状沿着曲线混合。

❶ 在工具栏中选择"选择工具" ▶，然后在混合对象上的任意位置双击以进入隔离模式。

这将暂时取消混合对象的编组，并允许您编辑每个原始形状及混合轴。混合轴是混合对象中的各形状对齐的路径。默认情况下，混合轴是一条直线。

② 选择"视图">"轮廓"。

在轮廓模式下，您可以看到两个原始形状的轮廓及它们之间的直线路径（混合轴），如图 11-58 所示。默认情况下，这三者构成了混合对象。在轮廓模式下，您可以更容易地编辑原始对象之间的路径。

③ 单击较大星形的边缘将其选中。将鼠标指针移至较大星形的角落，当旋转箭头↖出现时，按住鼠标左键拖动，稍微旋转它，如图 11-59 所示。

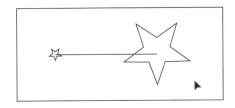 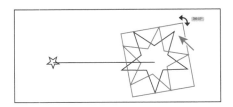

图 11-58   图 11-59

④ 选择"选择">"取消选择"，并保持隔离模式。

⑤ 在工具栏中选择"钢笔工具" ✐ 。按住 Option 键（macOS）或 Alt 键（Windows），然后将鼠标指针移动到形状之间的路径上。当鼠标指针变为▶时，按住鼠标左键将路径向左上方拖动一点，如图 11-60 所示。

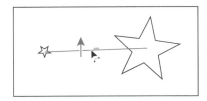 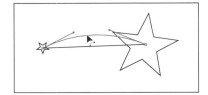

图 11-60

⑥ 选择"视图">"预览"（或"GPU 预览"），结果如图 11-61 所示。

⑦ 按 Esc 键退出隔离模式。

⑧ 选择"选择">"取消选择"。

11.3.3 创建和编辑平滑颜色混合

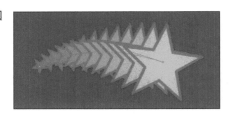

图 11-61

混合两个及以上的对象的形状和颜色以创建新对象时，您可以选择多个选项。当选择"混合选项"对话框中的"平滑颜色"选项时，Adobe Illustrator 将混合对象的形状和颜色，并创建多个中间对象，从而在原始对象之间创建平滑过渡的混合效果，如图 11-62 所示。

如果对象以不同的颜色填充或描边，则 Adobe Illustrator 会计算获得平滑颜色过渡的最佳步数。如果对象包含相同的颜色，或者它们包含渐变或图案，则 Adobe Illustrator 会根据两个对象的定界框边缘之间的最长距离计算步数。本小节将组合两个形状合成平滑颜色混合，以制作热狗上的芝麻。

① 使用"抓手工具"缩小或平移窗口，查看上一小节混合的星星下方的两个芝麻形状，如图 11-63 所示。

图 11-62

图 11-63

② 选择"选择工具" ▶，然后单击左侧较小的芝麻形状，按住 Shift 键单击右侧较大的芝麻形状以同时选择它们，如图 11-64 所示。

③ 选择"对象" > "混合" > "建立"，结果如图 11-65 所示。

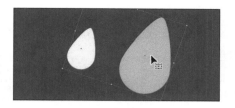

图 11-64

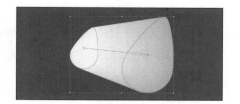

图 11-65

💡 提示　您还可以单击"属性"面板中的"混合选项"按钮，编辑所选混合对象的选项。

💡 注意　在某些情况下，在路径之间创建平滑颜色混合是很困难的。例如，如果线相交或线太弯曲，可能会产生意外的结果。

下面是另一种创建混合对象的方法。在直接使用"混合工具"创建混合对象有难度时，这种方法很有用。

④ 在仍选择混合对象的情况下，双击工具栏中的"混合工具" 🎨。在"混合选项"对话框中，从"间距"菜单中选择"平滑颜色"选项。单击"确定"按钮，如图 11-66 所示。

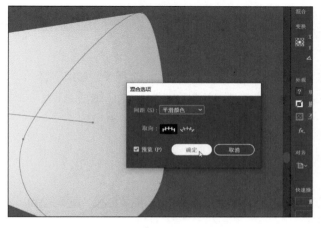

图 11-66

⑤ 选择"选择">"取消选择"。

接下来，您将编辑构成混合的路径。

⑥ 选择"选择工具"▶，双击颜色混合对象，进入隔离模式。单击左侧较小的芝麻形状。按住鼠标左键将它向右拖动，直到它看起来如图 11-67 所示。请注意，颜色现在已混合。

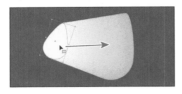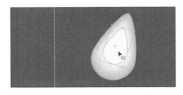

图 11-67

⑦ 按 Esc 键退出隔离模式。

⑧ 选择"选择">"取消选择"。

⑨ 再次查看画板，选择"视图">"画板适合窗口大小"。按"Command + –"（macOS）或"Ctrl + –"（Windows）组合键几次，缩小视图以查看从画板右边缘混合的图稿。

⑩ 将星星图形拖动到卡车上，如图 11-68 所示。如果星星图形在其他图稿的下面，请选择"对象">"排列">"置于顶层"。

⑪ 按住 Option 键（macOS）或 Alt 键（Windows），拖动星星图形以制作副本，如图 11-69（a）所示。松开鼠标左键，然后松开 Option 键（macOS）或 Alt 键（Windows）。

图 11-68

⑫ 在"属性"面板中，单击"沿水平轴翻转"按钮，翻转图稿，如图 11-69（b）和图 11-69（c）所示。

　　（b）　　

（a）　　　　　　　　　　　　　　　　　（c）

图 11-69

⑬ 将鼠标指针移动到图形角落，当看到旋转箭头↰时，如图 11-69（c）所示，按住鼠标左键拖动以稍微旋转它。

⑭ 将星星图形拖动到合适的位置，结果如图 11-70 所示。如果您想把芝麻从画板的右边缘拖动到热狗面包上并调整它们的大小，现在就做。

⑮ 选择"文件">"存储"，然后选择"文件">"关闭"。

图 11-70

11.4　创建图案

除了印刷色、专色和渐变之外，"色板"面板还包含图案色板。图案是保存在"色板"面板中的图稿，可应用于对象的描边或填色。Adobe Illustrator 在默认的"色板"面板中以单独的库提供了各种类型的示例色板，并允许您创建自己的图案和渐变色板。本节将重点学习如何创建、应用和编辑图案。

11.4.1 应用现有图案

您可以使用 Adobe Illustrator 工具应用现有图案和创建自定义图案。图案都是由单个形状平铺、拼贴形成的，平铺时形状从标尺原点一直向右延伸。本小节将对道路应用 Adobe Illustrator 自带的图案。

❶ 选择"文件">"打开"，在"打开"对话框中，定位到"Lessons">"Lesson11"文件夹，然后选择"L11_start2.ai"文件。单击"打开"按钮，打开该文件。

❷ 选择"文件">"存储为"，如果弹出"云文档"对话框，单击"保存在您的计算机上"按钮。

❸ 在"存储为"对话框中，将文件命名为"FoodTruck_pattern.ai"，然后选择"Lessons">"Lesson11"文件夹。从"格式"菜单中选择"Adobe Illustrator（ai）"选项（macOS）或从"保存类型"菜单中选择"Adobe Illustrator（*.AI）"选项（Windows），然后单击"保存"按钮。在"Illustrator 选项"对话框中，保持选项为默认设置，然后单击"确定"按钮。

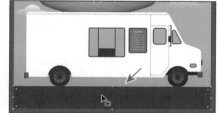

❹ 选择"视图">"全部适合窗口大小"。

❺ 选择"选择工具" ▶，单击以选择深灰色道路（矩形），如图 11-71 所示。

❻ 在"属性"面板的"外观"部分单击"打开'外观'面板"按钮 ••• ，打开"外观"面板（或选择"窗口">"外观"）。

图 11-71

> ♡ 注意　您将在第 13 课"效果和图形样式的创意应用"中了解"外观"面板的所有知识。

> ♡ 提示　要探索 Adobe Illustrator 中的其他图案色板，请选择"窗口">"色板库">"图案"，然后选择一个图案库。

❼ 单击"外观"面板底部的"添加新填色"按钮，如图 11-72（a）所示。这将为形状添加一个现有填色的副本，并将该副本层叠在现有描边和填色的上层。

❽ 单击"外观"面板中的"填色"框，显示"色板"面板，然后选择"Mezzotint"色板，如图 11-72（b）所示。

此图案色板将作为第二个填色填入第一个填色（棕黄色）的上层，如图 11-72（c）所示。名为"Mezzotint Dot"的色板默认包含在打印文件的色板中。

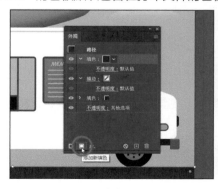
（a）

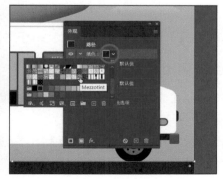
（b）

图 11-72

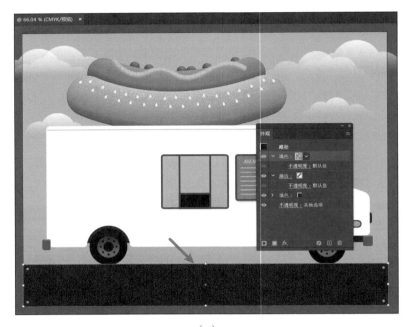

（c）

图 11-72（续）

⑨ 在"外观"面板顶部的"填色"框下方，单击"不透明度"一词，打开"透明度"面板（或选择"窗口">"透明度"）。将"不透明度"更改为"90%"，如图 11-73（a）所示，效果如图 11-73（b）所示。按 Esc 键隐藏面板。

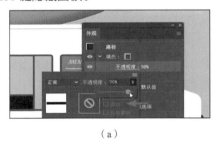

（a）

（b）

图 11-73

> ⓘ 注意　如果在"填色"框下方看不到"不透明度"一词，请单击"填色"左侧的按钮 ▷ 来显示它。

⑩ 选择"选择">"取消选择"，然后关闭"外观"面板。

11.4.2　创建自定义图案

本小节将介绍如何创建自定义图案。您创建的每个图案都将作为色板保存在您正在处理的文件的"色板"面板中。

① 选择"视图">"画板适合窗口大小"，选择"视图">"缩小"几次，直到您看到画板左侧的图稿。

② 选择"选择工具" ▶，单击画板左边缘包括文本"FRANK'S"的文本对象，如图 11-74 所示，您将使用它来创建图案。

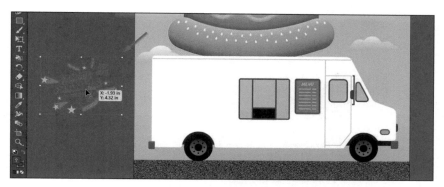

图 11-74

❸ 选择"对象">"图案">"建立"，在弹出的对话框中单击"确定"按钮。

与之前使用过的隔离模式类似，创建图案时，Adobe Illustrator 将进入图案编辑模式。图案编辑模式允许您以交互的方式创建和编辑图案，同时在画板上预览对图案的更改。在此模式下，其他所有图稿都不可见，无法进行编辑。

打开"图案选项"面板（选择"窗口">"图案选项"），这里将为您提供创建图案所需的选项，如图 11-75 所示。

图 11-75

❹ 选择"选择">"现用画板上的全部对象"以全选图稿。

❺ 按"Command + +"（macOS）或"Ctrl + +"（Windows）组合键，重复几次以放大视图。

围绕中心图稿的一系列浅色对象是重复图案。它们可供预览并会变暗，让您可以专注于编辑原始图案。原始图案周围的蓝框是图案拼贴框（重复的区域），如图 11-76 所示。

图 11-76

⑥ 在"图案选项"面板中，将"名称"更改为"Truck vinyl"，如图 11-76 所示。

💡 提示 我们此处使用"vinyl"一词，因为此图案可用于打印大型乙烯基图形或贴花，然后将其涂在食品卡车上。

⑦ 尝试从"拼贴类型"菜单中选择不同的选项以查看图案效果。在继续下一步操作之前，请确保在"拼贴类型"菜单中选择了"十六进制（按列）"选项。

"图案选项"面板中的名称将成为色板名称保存在"色板"面板中，名称可用于区分一个图案色板的多个版本。

"拼贴类型"决定图案的平铺方式，有 3 种主要的拼贴类型可供选择："网格"（默认）、"砖形"和"十六进制（按列）"。

⑧ 从"图案选项"面板底部的"份数"菜单中选择"1 x 1"选项。这将删除重复的图案，并让您暂时专注于主要图案的图稿，如图 11-77 所示。

图 11-77

⑨ 单击空白区域以取消选择图稿。

⑩ 单击"FAMOUSLY TASTY"下面的星形，然后删除它，如图 11-78（a）所示。

⑪ 将右侧的星星向右拖动一点，如图 11-78（b）所示。

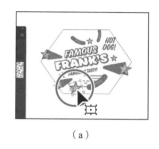
（a）

（b）

图 11-78

此时您可以添加、删除和转换图稿，以确定图案中重复的内容。

⑫ 在"图案选项"面板中，从"份数"菜单中选择"5×5"选项，可以再次看到重复图案。在"图案选项"面板中，勾选"将拼贴调整为图稿大小"复选框，如图 11-79 所示。

勾选"将拼贴调整为图稿大小"复选框将拼贴区域（蓝色多边形区域）调整为适合图稿的大小，从而会改变重复对象之间的间距。取消勾选"将拼贴调整为图稿大小"复选框后，您还可以在"宽度"和"高度"文本框中手动更改图案的宽度和高度，以包含更多内容或编辑图案拼贴之间的间距。您还可以使用"图案选项"面板左上角的"图案拼贴工具"按钮 来手动编辑拼贴区域。如果将间距值（"水平间距"或"垂直间距"）设置为负值，则图

图 11-79

案拼贴中的对象将重叠。默认情况下，当对象水平重叠时，左侧对象位于顶层 ; 当对象垂直重叠时，上方对象位于顶层。您可以设置"重叠"为"左侧在前"或"右侧在前"以更改水平重叠，设置为"顶部在前"或"底部在前"以更改垂直重叠（它们是面板"重叠"部分中的小按钮）。

> ♀ 提示　"水平间距"和"垂直间距"值可以是正值或负值，它们会以水平（H）或垂直（V）的方式，将图案拼贴分开或靠拢。

⑬ 单击文件窗口顶部的"完成"按钮，如图 11-80 所示。如果弹出对话框，请单击"确定"按钮。

图 11-80

提示 如果要创建图案变体，可以在"图案编辑"模式下单击文档窗口顶部的"存储副本"按钮。这将以副本形式保存"色板"面板中的当前图案，并允许您继续对该图案进行编辑。

⑭ 选择"文件">"存储"，保存文件。

11.4.3 应用自定义图案

应用图案的方法有很多。本小节将使用"属性"面板中的"填色"框来应用自定义图案。

① 选择"视图">"画板适合窗口大小"。

② 选择"选择工具" ▶，单击白色卡车形状。

③ 从"属性"面板中的"填色"框中选择橙黄色色板，其工具提示显示为"C=0 M=33 Y=100 K=0"，如图 11-81 所示。

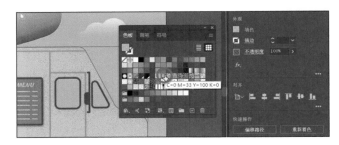

图 11-81

④ 在"属性"面板中的"外观"选项组中单击"更多选项"按钮 •••，打开"外观"面板（选择"窗口">"外观"）。

⑤ 在"外观"面板底部单击"添加新填色"按钮 ▣，添加现有填色的副本到所选形状。

⑥ 在"属性"面板中单击"填色"框以显示"色板"面板，选择"Truck vinyl"图案色板，如图 11-82 所示。

图 11-82

⑦ 关闭"外观"面板组。

11.4.4 编辑自定义图案

本小节将在图案编辑模式下编辑"Truck Vinyl"图案色板。

① 在卡车形状仍处于选中状态的情况下，单击"属性"面板中的"填色"框。在弹出的"色板"面板中双击"Truck vinyl"图案色板，进入图案编辑模式对该图案色板进行编辑，如图 11-83 所示。

图 11-83

② 按"Option + +"（macOS）或"Ctrl + +"（Windows）组合键放大视图。

③ 在图案编辑模式下，选择"选择工具" ▶，单击包括文本"FAMOUS FRANK'S"的文本对象。

④ 在"属性"面板中，将描边颜色更改为深红色，如图 11-84 所示。

图 11-84

⑤ 单击文件窗口顶部灰色栏中的"完成"按钮，退出图案编辑模式。

⑥ 选择"视图">"画板适合窗口大小"，最终结果如图 11-85 所示。

图 11-85

⑦ 选择"选择">"取消选择"，然后选择"文件">"存储"，保存文件。

⑧ 选择"文件">"关闭"。

11.5 复习题

1. 什么是渐变?
2. 如何调整线性渐变或径向渐变中的颜色混合?
3. 列举两种添加颜色到线性渐变或径向渐变中的方式。
4. 如何调整线性渐变或径向渐变的方向?
5. 渐变和混合有什么区别?
6. 在 Adobe Illustrator 中保存图案时,它保存在哪里?

参考答案

1. 渐变是由两种或两种以上颜色相同或颜色不同的色调组成的逐步混合,可应用于对象的描边或填色。
2. 若要调整线性渐变或径向渐变中的颜色混合,可选择"渐变工具" ▉,并在渐变批注者上或"渐变"面板中按住鼠标左键拖动菱形图标或"渐变滑块"上的色标。
3. 向若要将颜色添加到线性渐变或径向渐变中,可在"渐变"面板中单击"渐变滑块"下方以添加渐变色标。然后双击色标,在弹出的面板中使用新的混合颜色或直接应用现有色板,以达到编辑颜色的目的。还可以在工具栏中选择"渐变工具",将鼠标指针移动到填充渐变的对象上,然后单击图稿中显示的渐变滑块的下方以添加或编辑色标。
4. 要调整线性渐变或径向渐变的方向,可以直接使用"渐变工具"拖动渐变。长距离拖动会逐渐改变颜色,短距离拖动会使颜色变化得更明显。还可以使用"渐变工具"旋转渐变,并更改渐变的半径、长宽比、起点等。
5. 渐变和混合之间的区别体现在颜色组合的方式中:渐变时,颜色直接混合在一起;混合时,颜色以对象逐步变化的方式组合在一起。
6. 在 Adobe Illustrator 中保存图案时,该图案将保存为"色板"面板中的色板。默认情况下,色板将与当前活动文件一起保存。

第 12 课

使用画笔创建海报

本课概览

在本课中，您将学习如何执行以下操作。

- 使用 4 种画笔：书法画笔、艺术画笔、毛刷画笔和图案画笔。
- 将画笔应用于路径。
- 使用"画笔工具"绘制和编辑路径。

- 更改画笔颜色并调整画笔设置。
- 从 Adobe Illustrator 图稿创建新画笔。
- 使用"斑点画笔工具"和"橡皮擦工具"。

学习本课大约需要 **60**分钟

　　Adobe Illustrator 提供了多种类型的画笔，您只需使用"画笔工具"或绘图工具进行上色或绘制，即可创建无数种绘画效果。您可以使用"斑点画笔工具"，或者选择艺术画笔、书法画笔、图案画笔、毛刷画笔或散点画笔，还可以根据您的图稿创建新画笔。

12.1　开始本课

在本课中，您将学习如何使用"画笔"面板中的不同类型的画笔，以及如何更改画笔选项和创建自定义画笔。在开始本课之前，您需要还原 Adobe Illustrator 的默认首选项，然后打开已完成的课程文件，查看最终的图稿效果。

❶ 为了确保工具的功能和默认值完全如本课所述，请删除或停用（通过重命名实现）Adobe Illustrator 首选项文件，具体操作请参阅本书"前言"的"还原默认首选项"部分。

❷ 启动 Adobe Illustrator。

❸ 选择"文件">"打开"，在"打开"对话框中，找到"Lessons">"Lesson12"文件夹，然后选择"L12_end.ai"文件，单击"打开"按钮，打开该文件，如图 12-1 所示。

❹ 如果需要，请选择"视图">"缩小"，缩小视图并保持图稿展示在您的屏幕上。

您可以使用"抓手工具" ✋ 将图稿移动到文档窗口中的合适位置。如果不想让图稿保持打开状态，请选择"文件">"关闭"。

❺ 选择"文件">"打开"，在"打开"对话框中，定位到"Lessons">"Lesson12"文件夹，然后选择"L12_start.ai"文件，单击"打开"按钮，打开文件，结果如图 12-2 所示。

图 12-1

图 12-2

❻ 选择"视图">"全部适合窗口大小"。

❼ 选择"文件">"存储为"，如果弹出"云文档"对话框，请单击"保存在您的计算机上"按钮。

❽ 在"存储为"对话框中，将文件命名为"UpLiftAd.ai"，然后选择"Lessons">"Lesson11"文件夹。从"格式"菜单中选择"Adobe Illustrator (ai)"选项（macOS）或从"保存类型"菜单中选择"Adobe Illustrator (*.AI)"选项（Windows），然后单击"保存"按钮。

❾ 在"Illustrator 选项"对话框中，将"Illustrator 选项"保持为默认设置，然后单击"确定"按钮。

❿ 从应用程序栏中的工作区切换器中选择"重置基本功能"选项。

> 💡**注意**　如果在工作区切换器中没有看到"重置基本功能"选项，请在选择"窗口">"工作区">"重置基本功能"之前，先选择"窗口">"工作区">"基本功能"。

12.2　使用画笔

通过画笔，您可以用图案、图形、画笔描边、纹理或角度描边来装饰路径。您可以修改 Adobe

Illustrator 提供的画笔，或创建自定义画笔。

您可以将画笔描边应用于现有路径，也可以在使用“画笔工具”绘制路径的同时应用画笔描边。您还可以更改画笔的颜色、大小和其他属性，也可以在应用画笔后编辑路径（包括添加填色）。

“画笔”面板（“窗口”>“画笔”）中有 5 种画笔类型：书法画笔、艺术画笔、毛刷画笔、图案画笔和散点画笔，如图 12-3 所示。接下来将介绍如何使用除散点画笔之外的画笔，“画笔”面板如图 12-4 所示。

画笔的类型
A. 书法画笔
B. 艺术画笔
C. 毛刷画笔
D. 图案画笔
E. 散点画笔
A
B
C
D
E

图 12-3

色板
画笔
符号
基本
6.00
A
B
C
D
E
F
G
A. 画笔
B. 画笔库菜单
C. 库面板
D. 移去画笔描边
E. 所选对象的选项
F. 新建画笔
G. 删除画笔

图 12-4

提示 若要了解有关散点画笔的详细信息，请在“Illustrator”帮助（选择“帮助”>“Illustrator 帮助”）中搜索“散点画笔”。

12.3 使用书法画笔

本节将介绍书法画笔。书法画笔的效果类似于用书法钢笔的笔尖绘制的效果。书法画笔由中心跟随路径的椭圆形定义，您可以使用这种画笔创建类似于使用扁平、倾斜的笔尖绘制的手绘描边，如图 12-5 所示。

书法画笔示例

图 12-5

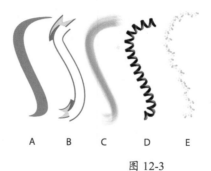

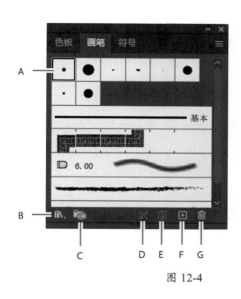

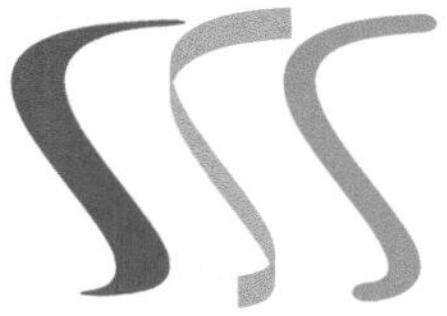

12.3.1 将书法画笔应用于图稿

本小节将过滤“画笔”面板中显示的画笔类型，使其仅显示书法画笔。

1 选择“窗口”>“画笔”，打开“画笔”面板。单击“画笔”面板菜单按

钮███，然后勾选"列表视图"复选框，如图 12-6 所示。

❷ 再次单击"画笔"面板菜单按钮███，仅勾选"显示书法画笔"复选框，取消勾选以下复选框。

- 显示艺术画笔。
- 显示毛刷画笔。
- 显示图案画笔。

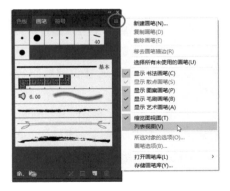

图 12-6

勾选"画笔"面板菜单中画笔类型旁边的复选框表示该画笔类型在面板中可见。您不能一次性取消勾选它们，必须多次单击菜单按钮███来访问菜单进行取消选择。

❸ 在工具栏中选择"选择工具"▶，然后单击画板顶部的粉红色文本对象。该文本已转换为路径，因为它已经经过编辑并创建了您看到的外观。

❹ 按"Command + +"（macOS）或"Ctrl + +"（Windows）组合键几次，放大视图。

❺ 单击"画笔"面板中名为"5 pt. Flat"的画笔，将其应用于粉红色文本形状，如图 12-7 所示，并将其添加到"画笔"面板。

图 12-7

❻ 在"属性"面板中将描边粗细更改为"5 pt"以查看画笔的效果，如图 12-8 所示，然后将其更改为"1 pt"。

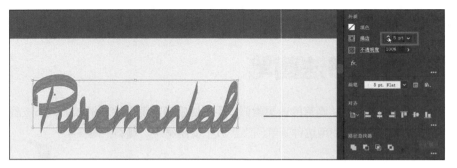

图 12-8

与实际使用书法钢笔绘图一样，当您应用书法画笔（如"5 pt. Flat"）时，绘制的路径越垂直，路径的描边就会越细。

❼ 单击"属性"面板中的"描边"框，单击"色板"按钮███，然后选择"Black"色板，如图 12-9

所示。如有必要，按 Esc 键隐藏"色板"面板。

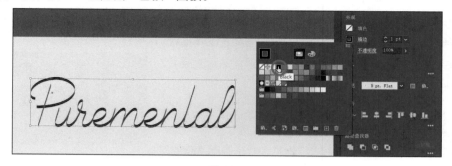

图 12-9

❽ 选择"选择">"取消选择"，然后选择"文件">"存储"，保存文件。

12.3.2 编辑画笔

若要更改画笔选项，您可以在"画笔"面板中双击该
画笔。编辑画笔时，您还可以选择是否更新应用了该画笔
的对象。本小节将更改"5 pt. Flat"画笔的外观。

❶ 在"画笔"面板中，双击文本"5 pt.Flat"左侧的画
笔缩略图或画笔名称的右侧区域，如图 12-10 所示，打开
"书法画笔选项"对话框。

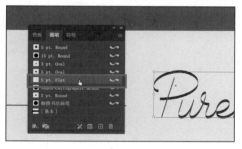

图 12-10

💡 **注意** 您对画笔所做的编辑仅在当前文件中有效。

💡 **提示** 预览对话框中的窗口（在名称字段下方）将显示您对画笔所做的更改。

❷ 在"书法画笔选项"对话框中，进行以下更改，如图 12-11 所示。

· 名称：8 pt. Angled。

· 角度：35°。

· 从"角度"右侧的菜单中选择"固定"选项（选择"随机"选项时，每次绘制时画笔角度都
会随机变化）。

· 圆度：15%（此设置影响画笔描边的圆度）。

· 大小：8 pt。

图 12-11

③ 单击"确定"按钮。

④ 在弹出的对话框中，单击"应用于描边"按钮，如图 12-12 所示，这样修改画笔将影响应用了该画笔的文本形状。

⑤ 如有必要，请选择"选择">"取消选择"，然后选择"文件">"存储"，保存文件。

图 12-12

12.3.3　使用画笔工具绘图

"画笔工具"允许您在绘画时应用画笔。对于使用"画笔工具"绘制的矢量路径，您可以使用"画笔工具"或其他绘图工具来编辑。本小节将使用"画笔工具"以默认画笔库中的书法画笔来绘制文本中的字母"t"。

① 在工具栏中选择"画笔工具"。

② 单击"画笔"面板底部的"画笔库菜单"按钮，然后选择"艺术效果">"艺术效果 _ 书法"。此时将显示具有各种画笔的"画笔"面板，如图 12-13 所示。

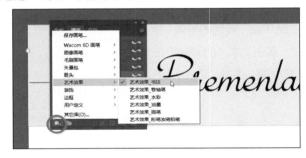

图 12-13

Adobe Illlustrator 配备了大量的画笔库，供您在绘制中使用。每种画笔类型（包括前面讨论过的画笔）都有一系列库供您选择。

③ 单击"艺术效果 _ 书法"面板菜单按钮，然后选择"列表视图"选项。单击名为"15 点扁平"的画笔，将其添加到"画笔"面板，如图 12-14 所示。

图 12-14

④ 关闭"艺术效果 _ 书法"画笔库面板。

从画笔库面板（例如"艺术效果 _ 书法"面板）中选择一个画笔，只会将该画笔添加到当前文件的"画笔"面板中。

⑤ 确保"属性"面板中的"填色"为"无"，描边颜色为黑色，描边粗细为"1 pt"。

将鼠标指针置于文档窗口中，注意鼠标指针旁边有一个星号，这表示您要绘制新路径。

该书法画笔将创建随机角度的路径，所以您的路径可能不像图 12—15 所示的那样，这没关系。

⑥ 将鼠标指针移动到"Puremental"中的字母"t"的左侧，如图 12-15（a）所示，按住鼠标左键从左到右绘制一条弯曲的路径，如图 12-15（b）所示。

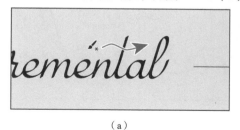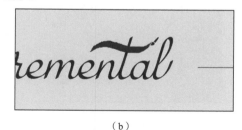

（a） （b）

图 12-15

⑦ 选择"选择工具"，单击您绘制的新路径。在右侧的"属性"面板中将描边粗细更改为"0.5 pt"，如图 12-16 所示。

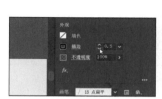

图 12-16

⑧ 选择"选择">"取消选择"（如有必要），然后选择"文件">"存储"，保存文件。

12.3.4 使用画笔工具编辑路径

本小节将使用"画笔工具"来编辑绘制的路径。

❶ 在工具栏中选择"选择工具"▶，然后单击"Puremental"文本形状。

❷ 在工具栏中选择"画笔工具"✐，将鼠标指针移动到大写字母"P"上，如图 12-17（a）所示。当鼠标指针位于所选路径上时，它的旁边不会出现星号。按住鼠标左键拖动以重新绘制路径，如图 12-17（b）所示，所选路径将从重新绘制的点进行编辑。

（a） （b）

图 12-17

请注意，使用"画笔工具"完成绘制后将不再选择字母形状。默认情况下，路径被取消选择，如图 12-18 所示。

❸ 按住 Command 键（macOS）或 Ctrl 键（Windows）临时切换到"选择工具"，然后单击您在字母"t"上绘制的曲线路径，如图 12-19 所示。单击后，松开 Command 键（macOS）或 Ctrl 键（Windows）返回到"画笔工具"。

图 12-18 | 图 12-19

❹ 选择"画笔工具"，将鼠标指针移动到所选路径的某个部分。当星号在鼠标指针旁边消失时，按住鼠标左键向右拖动以重新绘制路径，如图 12-20 所示。

图 12-20

接下来，您将编辑画笔工具选项，更改"画笔工具"的工作方式。

❺ 双击工具栏中的"画笔工具" ，弹出"画笔工具选项"对话框，进行以下更改，如图 12-21 所示。

- 保真度：将滑块一直拖动到"平滑"端（向右）。
- "保持选定"复选框：勾选。

❻ 单击"确定"按钮。

在"画笔工具选项"对话框中，对于"保真度"选项，拖动滑块越接近"平滑"端，路径就越平滑，并且点越

图 12-21

少。此外，由于勾选了"保持选定"复选框，在完成绘制路径后，这些路径仍将处于选中状态。

❼ 在仍选择"画笔工具"的情况下，再次按住 Command 键（macOS）或 Ctrl 键（Windows）临时切换到"选择工具"，然后单击您在字母"t"上绘制的曲线路径。松开 Command 键（macOS）或 Ctrl 键（Windows），再次尝试重新绘制路径，如图 12-22 所示。

图 12-22

请注意，在绘制每条路径后，Adobe Illustrator 会选择该路径，因此您可以根据需要对其进行编辑。如果需要使用画笔工具绘制一系列重叠路径，最好将工具选项设置为在完成绘制路径后不保持选中状态。这样，您就可以绘制重叠路径而无须更改先前绘制的路径。

⑧ 如有必要，请选择"选择"＞"取消选择"，然后选择"文件"＞"存储"，保存文件。

12.3.5　删除画笔描边

您可以轻松删除图稿上已应用的不需要的画笔描边。本小节将从路径的描边中删除画笔描边效果。

① 选择"视图"＞"画板适合窗口大小"，查看画板上的所有内容。

② 选择"选择工具" ▶，然后单击黑色路径，其看起来像粉笔沿着路径进行了涂鸦，如图 12-23（a）所示。

在创作图稿时，您在图稿上尝试了不同的画笔。现在需要移去应用于所选路径的画笔描边。

> 💡 提示　您还可以在"画笔"面板中选择"[基本]"画笔，以删除应用于路径的画笔效果。

③ 单击"画笔"面板底部的"移去画笔描边"按钮 ✕，如图 12-23（b）所示。

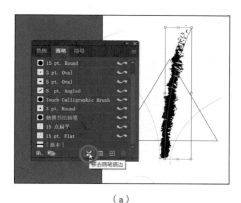 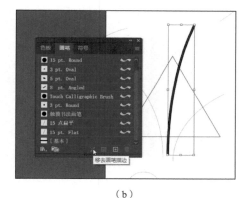

（a）　　　　　　　　　　　　　　　　（b）

图 12-23

删除画笔描边不会删除描边颜色和粗细，它只是删除所应用的画笔效果。

④ 在"属性"面板中将描边粗细更改为"1 pt"，如图 12-24 所示。

图 12-24

⑤ 选择"选择"＞"取消选择"，然后选择"文件"＞"存储"，保存文件。

12.4 使用艺术画笔

艺术画笔可沿着路径均匀地拉伸图稿或置入的栅格图像，如图 12-25 所示。与其他画笔一样，您也可以编辑画笔工具选项，来修改艺术画笔工作的方式。

12.4.1 应用现有的艺术画笔

本小节将应用现有的艺术画笔于广告顶部编辑过的文本两侧的线条上。

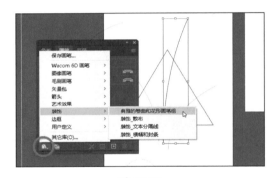

① 在"画笔"面板中，单击"画笔"面板菜单按钮▤，取消勾选"显示书法画笔"复选框，然后从同一面板菜单中勾选"显示艺术画笔"复选框，在"画笔"面板中显示各种艺术画笔。

② 单击"画笔"面板底部的"画笔库菜单"按钮▥，选择"装饰">"典雅的卷曲和花形画笔组"，如图 12-26 所示。

③ 单击"典雅的卷曲和花形画笔组"面板菜单按钮▤，选择"列表视图"选项。单击列表中名为"花茎 3"的画笔，将画笔添加到此文件的"画笔"面板，如图 12-27 所示。

艺术画笔示例
图 12-25

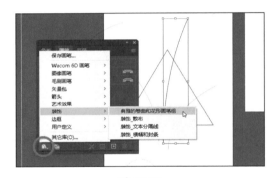

图 12-26

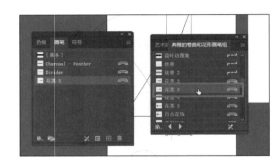

图 12-27

④ 关闭"典雅的卷曲和花形画笔组"面板。

⑤ 在工具栏中选择"画笔工具"，单击画板顶部文本左侧的路径。

⑥ 按"Command + +"（macOS）或"Ctrl + +"（Windows）组合键几次，放大视图。

⑦ 按住 Shift 键单击文本右侧的路径以将其选中。

⑧ 单击"画笔"面板中的"花茎 3"画笔，如图 12-28 所示。

图 12-28

⑨ 单击"属性"面板中的"编组"按钮，将它们编组在一起。

⑩ 选择"选择">"取消选择"，然后选择"文件">"存储"，保存文件。

12.4.2　创建艺术画笔

本小节将从现有图稿创建新的艺术画笔。您可以用矢量图稿或嵌入的栅格图像创建艺术画笔，但该图稿不得包含渐变、混合、画笔描边、网格对象、图形、链接文件、蒙版或尚未转换为轮廓的文本。

❶ 从"属性"面板的"画板"菜单中选择"2"画板，定位到带有茶叶图稿的画板的第二个画板。

❷ 选择"选择工具" ▶，单击叶子图稿，如图 12-29 所示。

❸ 在图稿仍处于选中状态的情况下，在"画笔"面板中，单击"画笔"面板底部的"新建画笔"按钮 ▣，如图 12-29 所示。这将用所选图稿创建新画笔。

❹ 在"新建画笔"对话框中，选择"艺术画笔"单选按钮，然后单击"确定"按钮，如图 12-30 所示。

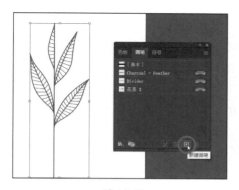

图 12-29

图 12-30

> 💡 **提示**　您还可以通过将图稿拖动到"画笔"面板中，然后在出现的"新建画笔"对话框中选择"艺术画笔"单选按钮来创建艺术画笔。

❺ 在弹出的"艺术画笔选项"对话框中，将"名称"更改为"Tea Leaves"，单击"确定"按钮，如图 12-31 所示。

❻ 选择"选择">"取消选择"。

❼ 从"属性"面板的"现用画板"菜单中选择"1"以返回第一个画板。

❽ 选择"选择工具"，按住 Shift 键单击以选中画板中心三角形上方的 3 条曲线，如图 12-32 所示。

❾ 单击"画笔"面板中名为"Tea Leaves"的画笔以应用它，结果如图 12-33 所示。

请注意，原始的茶叶图稿将沿着路径拉伸，这是艺术画笔的默认行为。但是，它与我们想要的效果完全相反，接下来会解决这个问题。

图 12-31

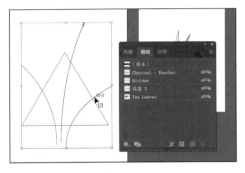

图 12-32

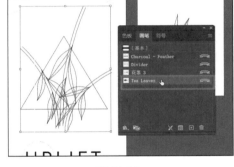

图 12-33

12.4.3　编辑艺术画笔

本小节将编辑应用于路径的"Tea Leaves"画笔，并更新画板上路径的外观。

❶ 在仍选择画板上路径的情况下，在"画笔"面板中，双击文本"Tea Leaves"左侧的画笔缩略图或名称的右侧，如图 12-34 所示，打开"艺术画笔选项"对话框。

❷ 在"艺术画笔选项"对话框中，勾选"预览"复选框以便观察所做的更改。移动对话框，以便看到应用画笔的路径，如图 12-35 所示，进行以下更改。

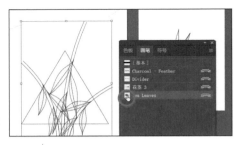

图 12-34

- 在参考线之间伸展：选择。这些参考线不是画板上的物理参考线，它们用于指示拉伸或收缩以使艺术画笔适合路径长度的图稿部分。不在参考线内的图稿的任何部分都可以拉伸或收缩。"开始"和"结束"用于设置指示参考线在原始图稿上的位置。

- 开始：7.375 in。

- 结束：10.8587 in（默认设置）。

- 横向翻转：勾选。

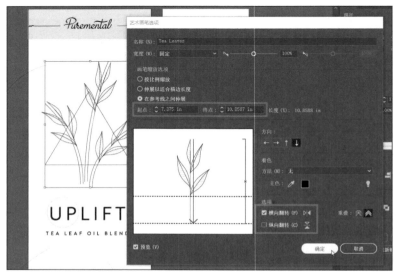

图 12-35

③ 单击"确定"按钮。

④ 在弹出的对话框中，单击"应用于描边"按钮，修改应用了"Tea Leaves"画笔的路径。

⑤ 选择"选择">"取消选择"，然后单击应用了"Tea Leaves"画笔的较大的中心路径，如图 12-36 所示。

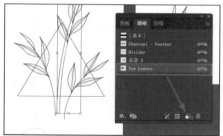

⑥ 在"画笔"面板中，将"Tea Leaves"画笔拖动到底部的"新建画笔"按钮上进行复制，如图 12-36 所示。

⑦ 在"画笔"面板中双击"Tea Leaves_ 副本"画笔缩略图进行编辑。

⑧ 在"艺术画笔选项"对话框中，从"画笔缩放选项"选项组中选择"按比例缩放"单选按钮，以便简单地沿路径拉伸图稿，如图 12-37 所示，单击"确定"按钮。

图 12-36

⑨ 在弹出的对话框中，单击"应用于描边"按钮，这将更改应用"Tea Leaves_ 副本"画笔的路径。

⑩ 取消选择路径。

⑪ 按住 Shift 键单击画板周围的剩余路径，然后应用"Tea Leaves"或"Tea Leaves_ 副本"画笔，如图 12-38 所示。

图 12-37

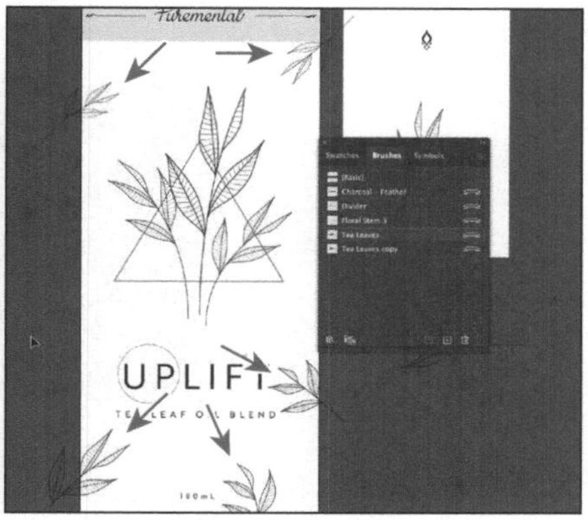

图 12-38

⑫ 选择"选择">"取消选择"。

12.5 使用图案画笔

图案画笔用于绘制由不同部分或拼贴组成的图案，如图 12-39 所示。当您将图案画笔应用于图稿时，Adobe Illustrator 将根据所处的路径位置（边缘、中点或拐点）绘制图案的不同部分（拼贴）。创建图稿时，您有数百种有趣的图案画笔可选择，如草、城市风景等。本节会将现有的图案画笔应用于广告中间的三角形。

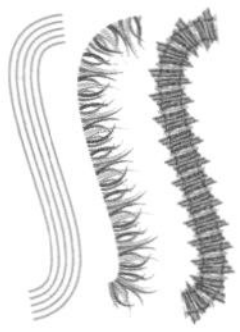

① 选择"视图">"画板适合窗口大小"。

图案画笔示例

② 在"画笔"面板中，单击面板菜单按钮▤，勾选"显示图案画笔"复选框，然后取消勾选"显示艺术画笔"复选框。

图 12-39

③ 选择"选择工具" ▶，单击广告中间的三角形，如图 12-40 所示。

④ 在"画笔"面板的底部单击"画笔库菜单"按钮 🔳，然后选择"边框">"边框_几何图形"。

⑤ 单击列表中名为"几何图形 17"的画笔，如图 12-41 所示，将其应用于所选路径，并将画笔添加到此文件的"画笔"面板。关闭"边框_几何图形"面板组。

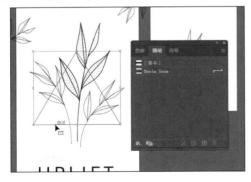

图 12-40   图 12-41

⑥ 将"属性"面板中的描边粗细更改为"2 pt"。

⑦ 单击"属性"面板中的"所选对象的选项"按钮 🔳，以便仅编辑画板上所选路径的画笔选项，如图 12-42 所示。

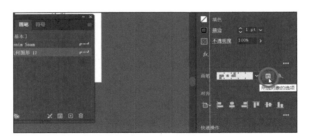

图 12-42

⑧ 在"描边选项（图案画笔）"对话框中勾选"预览"复选框，拖动"缩放"滑块或直接输入值，将"缩放"更改为"120%"，如图 12-43 所示，单击"确定"按钮。

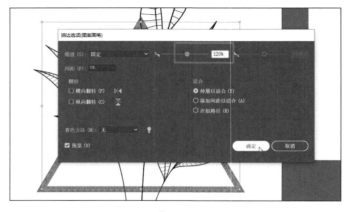

图 12-43

编辑所选对象的画笔选项时，您只能看到一部分画笔选项。"描边选项（图案画笔）"对话框仅用于编辑所选路径的画笔属性，而不会更新画笔本身。

⑨ 选择"选择">"取消选择"，然后选择"文件">"存储"，保存文件。

12.5.1　创建图案画笔

您可以通过多种方式创建图案画笔。例如，对于应用于直线的简单图案，您可以选择使用该图案的图稿，然后单击"画笔"面板底部的"新建画笔"按钮 ▣。

若要创建具有曲线和角部对象的更复杂的图案画笔，您可以在文档窗口中选择用于创建图案画笔的图稿，然后在"色板"面板中创建相应的色板，甚至可以让 Adobe Illustrator 自动生成图案画笔的角。在 Adobe Illustrator 中，只有边线拼贴需要定义。Adobe Illustrator 会根据用于边线拼贴的图稿，自动生成 4 种不同类型的角拼贴，并完美地适配角。

本小节将为"UPLIFT"文本周围的装饰创建图案画笔，如图 12-44 所示。

❶ 在未选择任何内容的情况下，在"属性"面板的"画板"菜单中选择"2"画板，切换到第二个画板。

❷ 选择"选择工具" ▶，单击画板顶部的图稿，如图 12-45 所示。

图 12-44　　　　　　　　　　　　　　　图 12-45

❸ 按"Command + +"（macOS）或"Ctrl + +"（Windows）组合键几次，放大视图。

❹ 单击"画笔"面板中的面板菜单按钮 ▤，然后选择"缩览图视图"选项。

请注意，"画笔"面板中的图案画笔在"缩览图视图"中进行了分段，每段对应一个图案拼贴。

❺ 在"画笔"面板中，单击"新建画笔"按钮 ▣，创建图稿中的图案单元，如图 12-46（a）所示。

❻ 在"新建画笔"对话框中，选择"图案画笔"单选按钮，单击"确定"按钮，如图 12-46（b）所示。

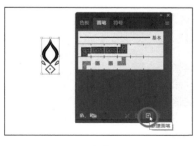

（a）　　　　　　　　　　　　　　　　（b）

图 12-46

无论是否选择了图稿，您都可以创建新的图案画笔。如果在未选择图稿的情况下创建图案画笔，则您需要在将图稿拖动到"画笔"面板或在编辑画笔时从图案色板中选择图稿。

⑦ 在弹出的"图案画笔选项"对话框中，命名画笔为"Decoration"。

图案画笔最多可以有 5 个拼贴：边线拼贴、起点拼贴、终点拼贴，以及用于在路径上绘制锐角的外角拼贴和内角拼贴。

您可以在"图案画笔选项"对话框中的"间距"选项下看到这 5 种拼贴按钮，如图 12-47 所示。拼贴按钮允许您将不同的图稿应用于路径的不同部分。您可以单击拼贴按钮来定义所需拼贴，然后从弹出的面板菜单中选择自动生成选项（如果可用）或图案色板。

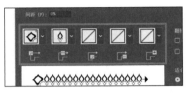

图 12-47

⑧ 在"间距"文本框下，单击"边线拼贴"框（左起第二个拼贴）。可以发现，除了"无"和其图案色板选项，最开始选择的"原始"图案色板也出现在菜单中，如图 12-48 所示。

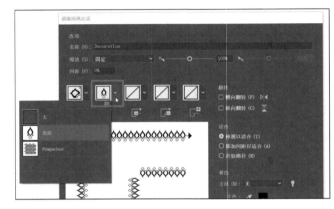

图 12-48

💡提示　将鼠标指针移动到"图案画笔选项"对话框中的拼贴按钮上，就会有提示说明它是哪种拼贴。

💡提示　在创建图案画笔时，所选图稿默认将成为边线拼贴。

⑨ 单击"外角拼贴"框以显示菜单，如图 12-49 所示。您可能需要单击两次，一次关闭上一个菜单，另一次单击打开这个新菜单。

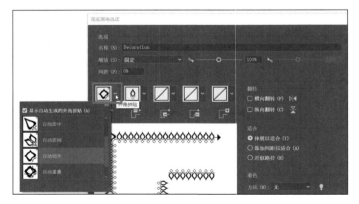

图 12-49

外角拼贴是由 Adobe Illustrator 根据原始电线图稿自动生成的。在菜单中，您可以从自动生成的以下 4 种类型的外角拼贴中选择。

· 自动居中：边线拼贴沿角部拉伸，并且在角部以单个拼贴副本为中心。

· 自动居间：边线拼贴副本一直延伸到角，且角每边各有一个副本，然后通过折叠消除的方式将副本拉伸成角形状。

· 自动切片：将边线拼贴沿着对角线分割，再将切片拼接到一起，类似于木质相框的边角。

· 自动重叠：拼贴的副本在角部重叠。

⑩ 从菜单中选择"自动居间"选项。从"外角拼贴"菜单中选择"自动居间"选项，这会生成路径的外角，且图案画笔会把选择的装饰图稿应用到该路径。

⑪ 单击"确定"按钮，"Decoration"画笔会出现在画笔面板中，如图 12-50 所示。

⑫ 选择"选择">"取消选择"。

图 12-50

12.5.2 应用图案画笔

本小节将把"Decoration"图案画笔应用到第一个画板中心文本周围的圆圈上。正如您前面所了解到的，当使用绘图工具将画笔应用于图稿时，您需要先使用绘图工具绘制路径，然后在"画笔"面板中选择画笔，将画笔应用于该路径。

❶ 从"属性"面板中的"画板"菜单中选择"1"画板，定位到第一个带有广告图稿的画板。

❷ 选择"选择工具" ▶，单击"UPLIFT"中"UP"周围的圆圈。

❸ 选择"视图">"放大"，重复几次以放大视图。

❹ 选择路径后，单击"画笔"面板中的"Decoration"画笔，将其应用到圆圈路径上，如图 12-51 所示。

图 12-51

❺ 选择"选择">"取消选择"。

该路径是用"Decoration"画笔绘制的，由于路径不包括尖角，因此并不会对路径应用外角和内角拼贴。

12.5.3 编辑图案画笔

本小节将使用创建的图案色板来编辑"Decoration"图案画笔。

提示　有关创建图案色板的详细信息，请参阅"Illustrator 帮助"（选择"帮助">"Illustrator 帮助"）中的"关于图案"。

① 从"属性"面板中的"现用画板"菜单中选择"2"画板，以定位到第二个画板。

② 选择"选择工具"▶，单击画板顶部相同的装饰图稿。将描边颜色更改为浅绿色，如图 12-52（a）所示，效果如图 12-52（b）所示。按 Esc 键隐藏面板。

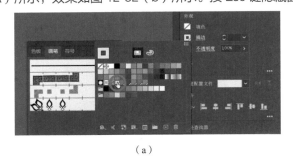
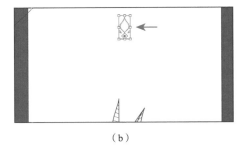

（a）　　　　　　　　　　　　　　　　　　　（b）

图 12-52

③ 单击"画笔"面板组中的"色板"面板的选项卡以显示"色板"面板。

④ 将装饰图稿拖入"色板"面板，如图 12-53 所示。

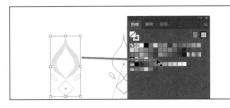
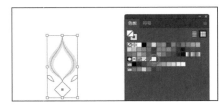

图 12-53

图稿将在"色板"面板中存储为新的图案色板。创建了图案色板后，如果您不打算将图案色板用于其他图稿，也可以在"色板"面板中将其删除。

⑤ 选择"选择">"取消选择"。

⑥ 从"属性"面板的"现用画板"菜单中选择"1"画板，以定位到第一个带有主场景图稿的画板。

⑦ 单击"画笔"面板选项卡以显示该面板，然后双击"Decoration"图案画笔打开"图案画笔选项"对话框，如图 12-54 所示。

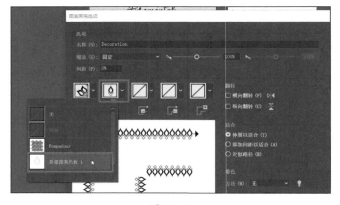

图 12-54

⑧ 单击"边线拼贴"框，然后从菜单中选择名为"新建图案色板 1"的图案色板，该图案色板是您刚刚创建的。

> 💡提示　您还可以通过按住 Option 键（macOS）或 Alt 键（Windows）并按住鼠标左键将图稿从画板拖动到要在"画笔"面板中更改的图案画笔拼贴上，以更改图案画笔中的图案拼贴。

⑨ 将"缩放"更改为"50%"，如图 12-55 所示，单击"确定"按钮。

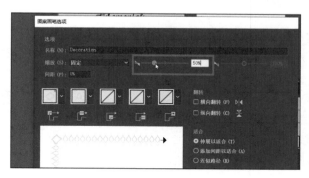

图 12-55

⑩ 在弹出的对话框中，单击"应用于描边"以更新"Decoration"图案画笔和应用在圆上的图案画笔效果，如图 12-56 所示。

⑪ 选择"选择工具"，单击应用了"几何图形 17"图案画笔的三角形，如图 12-57 所示。您可能需要放大视图。

图 12-56

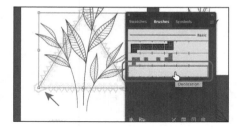

图 12-57

⑫ 单击"画笔"面板中的"Decoration"画笔以应用该画笔，结果如图 12-57 所示。

请注意，该三角形中出现了角（图 12-57 中箭头所示为其中之一），此时路径是由"Decoration"图案画笔的边线拼贴和外角拼贴绘制。

⑬ 单击"几何图形 17"图案画笔以再次应用它。

⑭ 选择"选择">"取消选择"，然后选择"文件">"存储"，保存文件。

12.6　使用毛刷画笔

毛刷画笔允许您绘制有毛刷绘制效果的描边。您使用"画笔工具"中的毛刷画笔绘制的是带有毛刷画笔效果的矢量路径，如图 12-58 所示。

本书将先修改毛刷画笔的选项以调整其在图稿中的外观，然后使用"画笔工具"和毛刷画笔进行绘制。

> 💡 **注意** 要了解更多关于"毛刷画笔选项"对话框及其设置的信息，请在"Illustrator 帮助"（选择"帮助">"Illustrator 帮助"）中搜索"使用毛刷画笔"。

毛刷画笔示例

图 12-58

12.6.1 更改毛刷画笔选项

您可以在将画笔应用于图稿之前或之后，通过在"画笔选项"对话框中调整其设置来更改画笔的外观。对于毛刷画笔，通常最好在绘画前就调整好画笔设置，因为更新毛刷画笔描边可能需要较长时间。

① 在"画笔"面板中，单击面板菜单按钮 ☰，勾选"显示毛刷画笔"复选框，然后取消勾选"显示图案画笔"复选框，再选择"列表视图"选项。

② 在"画笔"面板中，双击默认的"Mop"画笔的缩略图或名称右侧以更改该画笔的设置。在"毛刷画笔选项"对话框中，进行图 12-59 所示的更改。

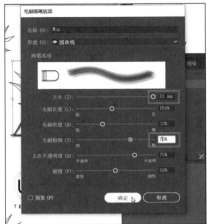

图 12-59

- 形状：圆曲线。
- 大小：10mm（画笔大小是画笔的直径）。
- 毛刷长度：150%（这是默认设置，毛刷长度从刷毛与手柄相接的地方开始算）。
- 毛刷密度：33%（这是默认设置，毛刷密度是刷颈指定区域的刷毛数量）。
- 毛刷粗细：70%（刷毛粗细可以从细到粗设置 1% ~ 100% 的值）。
- 上色不透明度：75%（这是默认设置，使用此选项可以设置所使用的颜料的不透明度）。
- 硬度：50%（这是默认设置，硬度是指刷毛的软硬程度）。

> 💡 **提示** Adobe Illustrator 附带一系列默认的毛刷画笔，请单击"画笔"面板底部的"画笔库菜单"按钮 ▥ ，然后选择"毛刷画笔">"毛刷画笔库"查看。

③ 单击"确定"按钮。

12.6.2 使用毛刷画笔绘制

本小节将使用"Mop"画笔在图稿后面绘制一些笔触，为广告的背景添加一些纹理。使用毛刷画笔可以绘制生动、流畅的路径。

① 选择"视图">"画板适合窗口大小"。

② 选择"选择工具" ▶，单击"UPLIFT"文本。

这将选择文本形状所在的图层，以便您绘制的任何图稿都位于同一图层上。"UPLIFT"文本形状位于画板上大多数其他图稿下方的图层上。

③ 选择"选择">"取消选择"。

④ 在工具栏中选择"画笔工具"✏，如果尚未选择"Mop"画笔，请在"属性"面板中的"画笔"菜单中选择该画笔，如图 12-60 所示。

🔍 提示 您也可以在"画笔"面板中选择画笔（如果它已打开）。

⑤ 确保"属性"面板中的"填色"为"无"☑，并且描边颜色为与"Decoration"画笔相同的浅绿色。按 Esc 键隐藏"色板"面板。

图 12-60

⑥ 在"属性"面板中将描边粗细更改为"5 pt"。

⑦ 将鼠标指针移动到页面中间的三角形右侧，按住鼠标左键稍微向左下方拖动，穿过画板，然后再次向右拖动，如图 12-61 所示。当到达要绘制的路径的末端时，松开鼠标左键。

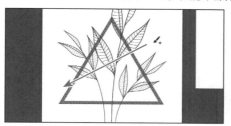

图 12-61

⑧ 使用"MOP"毛刷画笔在画板周围绘制更多路径，为广告添加纹理。

图 12-62 中添加的粉红色路径展示了向广告添加的另外两条路径的位置。

图 12-62

12.6.3 对毛刷画笔路径进行编组

本小节将对使用"MOP"毛刷画笔绘制的路径进行编组，以便以后更轻松地选择它们。

① 选择"视图">"轮廓"，查看刚刚创建的所有路径。

② 选择"选择">"对象">"毛刷画笔描边"以选择使用"MOP"毛刷画笔创建的所有路径。在图 12-63 中，粉红色路径所示为路径所在的位置。

③ 单击"属性"面板中的"编组"按钮，将它们组合在一起。

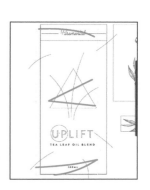

图 12-63

④ 选择"视图">"预览"(或"GPU 预览")。

⑤ 选择"选择">"取消选择"，然后选择"文件">"存储"，保存文件。

▎**12.7 使用斑点画笔工具**

您可以使用"斑点画笔工具" 来绘制有填色的形状，并可将其与其他同色形状相交或合并。您可以像应用"画笔工具"那样，使用"斑点画笔工具"进行艺术创作。但是使用"画笔工具"可以创建开放路径，而"斑点画笔工具"只允许您创建只有填色（无描边）的闭合形状。另外您可以使用"橡皮擦工具" 或"斑点画笔工具"编辑该闭合形状，但不能使用"斑点画笔工具"编辑具有描边的形状，如图 12-64 所示。

   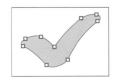

　　　　使用"画笔工具"创建的形状　　　　　　使用"斑点画笔工具"创建的形状

图 12-64

12.7.1 使用斑点画笔工具绘图

本小节将使用"斑点画笔工具"为一片叶子形状添加颜色。

① 选择"选择工具" ，单击画板中心（三角形上方）最大的一束叶子。

② 按"Command + +"(macOS) 或"Ctrl + +"(Windows) 组合键几次，以放大视图。

③ 单击画板的空白区域取消选择叶子。

④ 在"画笔工具" 上长按鼠标左键，然后选择"斑点画笔工具" 。

您也可以双击"斑点画笔工具"来设置它的选项。在本例中，您将按原样使用它，所以只需调整画笔大小。

⑤ 单击"画笔"面板组中的"色板"面板的选项卡以显示"色板"面板。通过"填色"框编辑填充颜色，然后选择浅绿色色板。

单击"描边"框，然后选择"无" 以删除描边，如图 12-65 所示。

使用"斑点画笔工具"绘图时，如果在绘图前设置了填色和描边，则描边颜色将成为绘制形状的填充颜色；如果在绘图之前只设置了填色，则该填色将成为绘制形状的填充颜色。

⑥ 将鼠标指针移动到画板中心最大的一束叶子附近，如图 12-66 所示。为了更改斑点画笔大小，请多次按] 键以增大画笔。

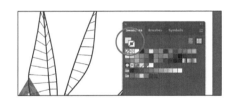   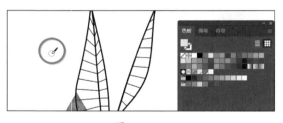

　　　　图 12-65　　　　　　　　　　　　　　　　　图 12-66

请注意，斑点画笔的鼠标指针具有围绕它的一个圆圈，该圆圈表示画笔的大小。按 [键将使画笔变小。

⑦ 在叶子形状的外侧拖动以松散地绘制另一个叶子形状，如图 12-67 所示。

使用"斑点画笔工具"绘制时，将创建有填色的、闭合的形状。这些形状可以包含多种类型的填充，包括渐变、纯色、图案等。

⑧ 选择"选择工具"并单击刚刚绘制的图稿，如图 12-68 所示。请注意，它是一个填充形状，而不是带有描边的路径。

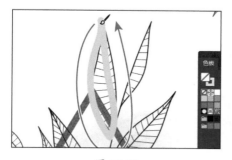

图 12-67

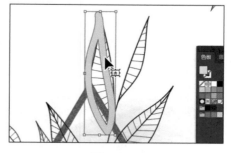

图 12-68

⑨ 单击画板的空白区域以取消选择，然后再次选择工具栏中的"斑点画笔工具"。

⑩ 按住鼠标左键拖动以填充图 12-68 所示的形状，您可能需要向其添加更多内容，如图 12-69 所示。

只要新图稿与现有图稿重叠并且具有相同的描边和填色，它们就将合并为一个形状。如果需要，请尝试按照相同的步骤向其他叶子添加更多形状。

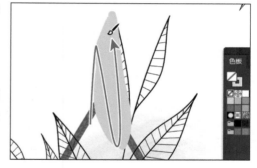

图 12-69

12.7.2 使用橡皮擦工具编辑

当您使用"斑点画笔工具"绘制和合并形状时，您可能会绘制多余内容，然后希望编辑所绘制的形状。您可以将"橡皮擦工具"◆与"斑点画笔工具"结合使用，以调整形状，并纠正一些不理想的操作。

> ♀提示　当您使用"斑点画笔工具"和"橡皮擦工具"绘制时，建议您一次拖动较短的距离并经常松开鼠标左键。这样方便撤销所做的编辑。如果您在不松开鼠标左键的情况下长距离绘制，撤销时将删除全部编辑效果。

❶ 选择"选择工具"▶，单击上一小节制作的叶子形状。

❷ 单击"属性"面板中的"排列"按钮，选择"置于底层"选项以将该形状放置在应用了"Tea Leaves_ 副本"画笔的路径后面。

在擦除之前选择形状会将"橡皮擦工具"限制为仅擦除所选的形状。与"画笔工具"或"斑点画笔工具"一样，您也可以双击设置"橡皮擦工具"的选项。本例将按原样使用"橡皮擦工具"，因此只需调整画笔大小。

❸ 在工具栏中选择"橡皮擦工具"◆，将鼠标指针移动到制作的叶子形状附近。为了更改橡皮

擦大小，可以按] 键增加画笔大小。

　　使用"斑点画笔工具"和"橡皮擦工具"时，鼠标指针都会带有圆圈，这个圆圈表示画笔的大小。

　　④ 将鼠标指针移出叶子形状的左上角，选择"橡皮擦工具"，沿边缘按住鼠标左键并拖动以删除其中的一些形状。尝试在"斑点画笔工具"和"橡皮擦工具"之间切换以编辑形状，如图 12-70 所示。

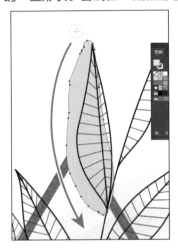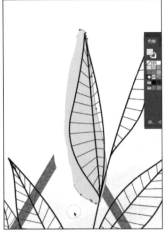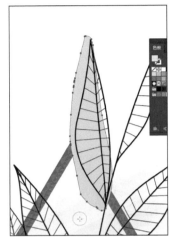

图 12-70

　　⑤ 选择"选择">"取消选择"，然后选择"视图">"画板适合窗口大小"。

　　在图 12-71 中，可以看到添加了更多使用"斑点画笔工具"和"橡皮擦工具"创建的叶子形状，您可以据此进行一些练习。

图 12-71

　　⑥ 选择"文件">"存储"，然后关闭所有打开的文件。

12.8 复习题

1. 使用"画笔工具" ✐ 将画笔应用于图稿和使用某种绘图工具将画笔应用于图稿有什么区别?
2. 如何将艺术画笔中的图稿应用于对象?
3. 如何编辑使用"画笔工具"绘制的路径?"保持选定"复选框是如何影响"画笔工具"的?
4. 在创建画笔时,哪些画笔类型必须在画板上先选定图稿?
5. "斑点画笔工具" ☑ 有什么作用?
6. 使用"橡皮擦工具" ◆ 时,如何确保仅擦除某些图稿?

参考答案

1. 使用"画笔工具" ✐ 绘制时,如果在"画笔"面板中选择了某种画笔,然后在画板上绘制,则画笔将直接应用于所绘制的路径。若要使用绘图工具来应用画笔,就要先选择绘图工具并在图稿中绘制路径,然后选择该路径并在"画笔"面板中选择某种画笔,才能将其应用于选择的路径。

2. 艺术画笔是由图稿(矢量图或嵌入的栅格图像)创建的。将艺术画笔应用于对象的描边时,艺术画笔中的图稿会默认沿着所选对象的描边进行拉伸。

3. 要使用"画笔工具"编辑路径,请按住鼠标左键在选择的路径上拖动,重绘该路径。使用"画笔工具"绘图时,勾选"保持选定"复选框将保持最后绘制的路径为被选中状态。如果要便捷地编辑之前绘制的路径,请勾选"保持选定"复选框。如果要使用"画笔工具"绘制重叠路径而不修改之前的路径,请取消勾选"保持选定"复选框,取消勾选"保持选定"复选框后,可以使用"选择工具" ▶ 选择路径,然后对其进行编辑。

4. 对于艺术画笔及散点画笔,您需要先选择图稿,再使用"画笔"面板中的"新建画笔"按钮来创建画笔。

5. 使用"斑点画笔工具" ☑ 可以编辑带填色的形状,使其与具有相同颜色的其他形状相交或合并,也可以从头开始创建图稿。

6. 为了确保仅擦除某些图稿,需要先选择图稿。

效果和图形样式的创意应用

在本课中，您将学习如何执行以下操作。

- 使用"外观"面板。
- 编辑并应用外观属性。
- 复制、启用、禁用和删除外观属性。
- 重新排列外观属性。

- 应用和编辑各种效果。
- 以图形样式保存和应用外观。
- 将图形样式应用于图层。
- 缩放描边和效果。

学习本课大约需要 **60**分钟

在不改变对象结构的情况下，您可以通过简单应用"外观"面板中的属性（如填充、描边和效果等）来更改对象的外观。效果本身是实时的，您可以随时对其进行修改或删除。另外，您可以将外观属性保存为图形样式，并将它们应用于其他对象。

13.1 开始本课

本课将使用"外观"面板、各种效果和图形样式来更改图稿的外观。在开始之前,您需要还原 Adobe Illustrator 的默认首选项,然后打开一个包含最终图稿的文件,查看要创建的内容。

① 为了确保工具的功能和默认值完全如本课所述,请删除或停用(通过重命名实现)Adobe Illustrator 首选项文件,具体操作请参阅本书"前言"中的"还原默认首选项"部分。

② 启动 Adobe Illustrator。

③ 选择"文件">"打开",然后在"Lesson">"Lesson13"文件夹中打开"L13_end.ai"文件。

该文件显示了学生艺术节海报的完整插图。

④ 在可能弹出的"缺少字体"对话框中,勾选所有缺少的字体的复选框并单击"激活字体"按钮以激活所有缺少的字体,如图 13-1 所示。激活它们后,您会看到消息提示"已成功激活字体",单击"关闭"按钮。

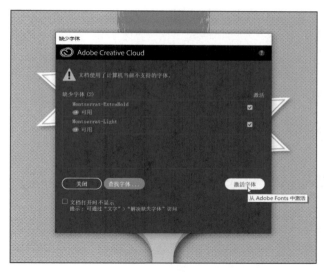

图 13-1

> **注意** 您需要联网来激活字体。

如果无法激活字体,您可以访问 Adobe Creative Cloud 桌面应用程序,然后单击右上方的"字体"图标 ƒ,查看可能存在的问题(有关如何解决此问题的更多信息,请参阅 9.3.1 小节)。

您也可以在"缺少字体"对话框中单击"关闭"按钮,然后在后续操作时忽略缺少的字体。

您还可以单击"缺少字体"对话框中的"查找字体"按钮,然后使用计算机上的本地字体替代缺少的字体,或者转到"Illustrator 帮助"(选择"帮助">"Illustrator 帮助")并搜索"查找缺少的字体"。

⑤ 选择"视图">"画板适合窗口大小",使文件保持打开状态作为参考,或选择"文件">"关闭"以将其关闭。

您将打开一个现有图稿文件开始工作。

⑥ 选择"文件">"打开"，在"打开"对话框中，定位到"Les-sons">"Lesson13"文件夹，然后选择"L13_start.ai"文件。单击"打开"按钮以打开文件，如图 13-2 所示。

"L13_start.ai"文件使用了与"L13_end.ai"文件相同的字体。如果您已经激活了字体，则无须再执行此操作。如果您没有打开"L13_end.ai"文件，则此步骤很可能会出现"缺少字体"对话框。单击"激活字体"按钮以激活所有缺少的字体。激活它们后，您会看到消息提示"已成功激活字体"，请单击"关闭"按钮。

⑦ 选择"文件">"存储为"，如果弹出"云文档"对话框，则单击"保存在您的计算机上"按钮。

图 13-2

⑧ 在"存储为"对话框中，将文件命名为"ArtShow.ai"，然后选择"Lesson13"文件夹。从"格式"菜单中选择"Adobe Illustrator (ai)"选项（macOS）或从"保存类型"菜单中选择"Adobe Illustrator (*.AI)"选项（Windows），然后单击"保存"按钮。

⑨ 在"Illustrator 选项"对话框中，保持选项为默认设置，然后单击"确定"按钮。

⑩ 从应用程序栏中的工作区切换器中选择"重置基本功能"选项，以重置工作区。

ℚ 注意　如果在工作区切换器中没有看到"重置基本功能"选项，请在选择"窗口">"工作区">"重置基本功能"之前，先选择"窗口">"工作区">"基本功能"。

⑪ 选择"视图">"画板适合窗口大小"。

13.2　使用外观面板

外观属性是一种美学属性（如填色、描边、不透明度或效果），它影响对象的外观，但通常不会影响其基本结构。到目前为止，您一直在"属性"面板、"色板"面板等面板中更改外观属性。这些外观属性，在所选图稿的"外观"面板中也可以找到。本节将重点使用"外观"面板来应用和编辑外观属性。

① 选择"选择工具" ▶，然后单击背景中大的深灰色形状。

ℚ 提示　您也可以选择"窗口">"外观"，打开"外观"面板。

② 在右侧"属性"面板的"外观"选项组中单击"打开'外观'面板"按钮 ███，打开"外观"面板，如图 13-3 所示。

"外观"面板显示所选内容的类型（在本例中为"路径"）及应用于该内容的外观属性（"描边""填色"等）。

ℚ 提示　您可能需要将"外观"面板的底边向下拖动，使面板变长。

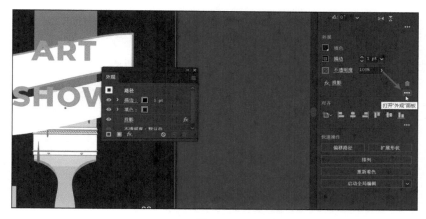

图 13-3

"外观"面板中可用的选项如图 13-4 所示。

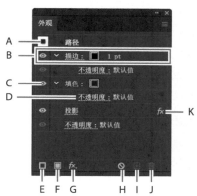

A. 选择的图稿和缩略图　G. 添加新效果
B. 属性行　　　　　　　H. 清除外观
C. 眼睛图标　　　　　　I. 复制所选项目
D. 链接到效果选项　　　J. 删除所选项目
E. 添加新描边　　　　　K. 指示应用了效果
F. 添加新填色

图 13-4

"外观"面板（选择"窗口">"外观"）可用于查看和调整所选对象、编组或图层的外观属性。"填色"和"描边"按堆叠顺序列出：它们在面板中从上到下的顺序对应了它们在图稿中从前到后的显示顺序。应用于图稿的效果按照它们的应用顺序，从上到下列出。使用外观属性的优点是，在不影响底层图稿或"外观"面板中应用于该对象的其他属性的情况下，可以随时修改或删除外观属性。

13.2.1　编辑外观属性

本小节将使用"外观"面板来更改图稿的外观。

❶ 选择深灰色背景形状，在"外观"面板中单击"填色"框，打开"色板"面板。选择名为"Background"的色板进行填色，如图 13-5 所示。按 Esc 键隐藏"色板"面板。

> **♡ 注意** 您可能需要多次单击"填色"框才能打开"色板"面板。第一次单击"填色"框选择面板中的填色行，然后单击显示"色板"面板。

❷ 单击"描边"文本框中的"1 pt"，将描边粗细更改为"0 pt"以移除描边（描边粗细为空白或显示为"0 pt"），如图 13-6 所示。

图 13-5

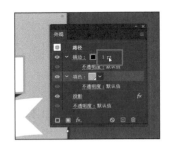 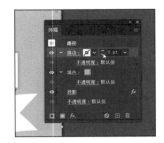

图 13-6

❸ 在"外观"面板中，单击"投影"属性名称左侧的眼睛图标 👁，如图 13-7 所示。

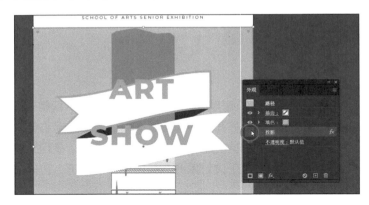

图 13-7

可以暂时隐藏或删除外观属性，以使其不应用于所选图稿。

> 💡 **提示** 在"外观"面板中，可以将属性行（如"投影"）拖动到"删除所选项目"按钮 🗑 上将其删除，也可以选择属性行然后单击"删除所选项目"按钮将其删除。

> 💡 **提示** 从"外观"面板菜单中选择"显示所有隐藏的属性"选项，可以查看所有隐藏的属性（已关闭的属性）。

❹ 选择"投影"行（单击链接"投影"的右侧），单击面板底部的"删除所选项目"按钮 🗑，完全删除投影，而不仅是使其不可见，如图 13-8 所示。保持形状为选中状态。

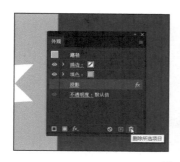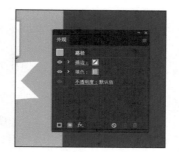

图 13-8

13.2.2 为内容添加新填色

Adobe Illustrator 中的图稿和文本可以应用多个描边和填色。这可能是增加作品受众对诸如形状和路径之类的设计元素的兴趣的好方法，而向文本中添加多个描边和填色则可能是向文本中添加流行元素的好方法。本小节将向背景形状添加另一个填色。

① 在仍选择背景形状的情况下，单击"外观"面板底部的"添加新填色"按钮▣，如图 13-9 所示。

图 13-9 所示为单击"添加新填色"按钮后的面板，可以看到"外观"面板中添加了第 2 个"填色"框。默认情况下，新的"填色"或"描边"框会直接添加到所选属性行之上。如果没有选择属性行，则添加到"外观"面板属性列表的顶部。

图 13-9

② 单击底部"填色"属性行中的"填色"框，直到弹出"色板"面板。单击名为"Crosses"的图案色板，将其应用于原来的背景形状填色中，如图 13-10 所示。按 Esc 键隐藏"色板"面板。

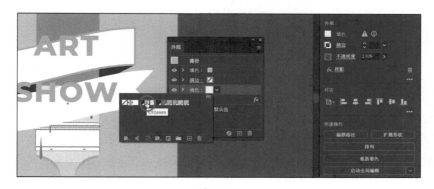

图 13-10

该图案不会显示在所选图稿中，因为在步骤 1 中添加的第二个填色覆盖了"Crosses"填色。这两个填色内容会堆叠起来。

> ♀提示 要关闭那些单击带下划线的文本后弹出的面板，您可以按 Esc 键、单击其属性行或按 Enter 键。

③ 单击顶部"填色"属性行左侧的眼睛图标◉将其隐藏，如图 13-11 所示。

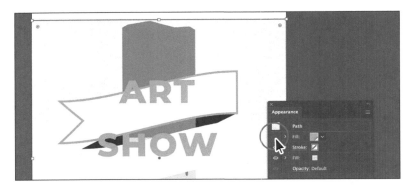

图 13-11

现在，您就会看到新的图案填充在形状中了。13.2.4 小节将对"外观"面板中的属性行进行重新排序，使图案填充层位于颜色填充层的上层。

④ 单击顶部"填色"属性行左侧的眼睛图标以再次显示它。

⑤ 选择"选择">"取消选择"，然后选择"文件">"存储"，保存文件。

13.2.3　向文本添加多个描边和填色

除了给图稿添加多个描边和填色之外，您还可以对文本执行同样的操作。使文本保持可编辑状态，您就可以应用多种效果来获得所需的外观。

① 选择"文字工具" T，然后选择文本"ART SHOW"，如图 13-12 所示。

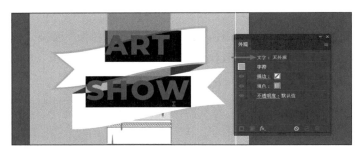

图 13-12

请注意，此时在"外观"面板的顶部出现的"文字：无外观"是指文本对象，而不是其中的文本。

您还将看到"字符"选项组，其中列出了文本（而不是文本对象）的格式，您应该会看到"描边"（无）和"填色"（金色）。另请注意，由于面板底部的"添加新描边"和"添加新填色"按钮变暗，因此您无法为文本添加其他描边或填色。若要为文本添加新的描边或填色，您需要选择文本对象，而不是其内部的文本。

② 选择"选择工具" ▶，单击文本对象（而不是文本）。

> 💡提示　您还可以单击"外观"面板顶部的"文字：无外观"，选择文本对象（而不是其内部的文本）。

③ 单击"外观"面板底部的"添加新填色"按钮 ◘，在"字符"选项组上方添加填色，如图 13-13 所示。

图 13-13

新的黑色填色覆盖了文本的原始填色。如果在"外观"面板中双击"字符"一词，则将选择文本并查看其格式选项（如填色、描边等）。

④ 单击"填色"属性行将其选中（如果尚未被选中的话）。单击黑色的"填色"框，然后选择名为"USGS 22 Gravel Beach"的图案色板，如图 13-14 所示，按 Esc 键隐藏色板面板。

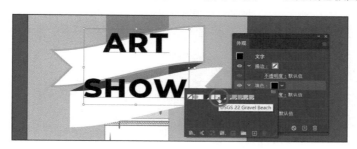

图 13-14

💡 注意　"USGS 22 Gravel Beach"色板实际上并不是新创建的。默认情况下，该图案色板可以在 Adobe Illustrator 中找到（选择"窗口">"色板库">"图案">"基本图形">"基本图形_纹理"）。

当您将填色应用于文本对象时，也会应用无色描边，您不必管它。

⑤ 如有必要，单击"填色"左侧的折叠按钮▸以显示其他属性。单击"不透明度"一词，打开"透明度"面板，将"不透明度"更改为"50%"，如图 13-15 所示。按 Esc 键隐藏"透明度"面板。

图 13-15

每个外观行（描边、填充）都有自己的不透明度，您可以对其进行调整。"外观"面板底部的"不透明度"属性行会影响整个所选对象的不透明度。接下来我们将使用"外观"面板在文本中添加两个描边，这是用单个对象实现独特设计效果的另一种好方法。

⑥ 在"外观"面板中单击"描边"框几次以打开"色板"面板。选择名为"文字描边"的浅绿色色板，如图 13-16（a）所示，按 Esc 键隐藏色板。

⑦ 将描边粗细改为"5 pt"，如图 13-16（b）所示。

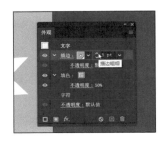

（a）　　　　　　　　　　　　　　　　（b）

图 13-16

⑧ 单击"外观"面板底部的"添加新描边"按钮▣，如图 13-17 所示。

图 13-17

现在将第二个描边（原来描边的副本）添加到文本中。这是一种增加设计趣味的好方法，使用这种方法无须复制形状，而通过将它们相互叠加来添加多个描边。

⑨ 选择新的（顶部）"描边"属性行，然后将颜色更改为白色，如图 13-18 所示。

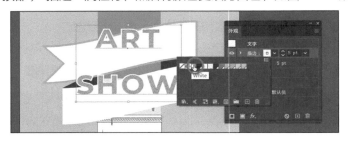

图 13-18

⑩ 在同一属性行中单击"描边"文本以打开"描边"面板。在面板的"边角"部分单击"圆角连接"按钮▣，将描边的边角稍微变圆，如图 13-19 所示。按 Enter 键以确认更改并隐藏"描边"面板。

图 13-19

与"属性"面板一样，单击"外观"面板中带下划线的文本会显示更多格式选项，通常是"色板"面板或"描边"面板之类的面板。外观属性（例如"填色"或"描边"）中通常具有其他属性选项，例如"不透明度"仅应用于该属性的效果。这些附加选项在属性行下以子集形式列出，您可以通过单击属性行左端的折叠按钮 ▶ 来显示或隐藏附加选项。

13.2.4 调整外观属性行的排列顺序

外观属性行的排列顺序可以极大地改变图稿的外观。在"外观"面板中，"填色"和"描边"按它们的堆叠顺序列出，即它们在面板中从上到下的顺序对应了它们在图稿中从前到后的显示顺序。类似于在"图层"面板中拖动图层来排序，您也可以拖动各属性行来对属性行重新排序。本小节将通过在"外观"面板中调整属性的排列顺序来更改图稿的外观。

❶ 在文本仍处于选中状态的情况下，按"Command + +"（macOS）或"Ctrl + +"（Windows）组合键，重复几次以放大视图。

> 💡 注意　您可以拖动"外观"面板的底边，使面板更长。

❷ 在"外观"面板中，单击白色"描边"行左侧的眼睛图标将其暂时隐藏，如图 13-20 所示。

❸ 按住鼠标左键，将"外观"面板中的浅绿色"描边"行向下拖动到"字符"一词下方。当"字符"一词下方出现一条蓝线时，松开鼠标左键以查看结果，如图 13-21（a）所示，效果如图 13-21（b）所示。

图 13-20

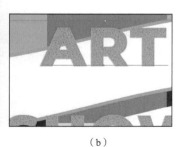

（a）　　　　　　　　　（b）

图 13-21

现在，浅绿色的描边位于两个属性的下层。"字符"表示文本（不是文本对象）的描边和填色（芥末色）在堆叠顺序中的位置。

❹ 点击白色"描边"行左侧的眼睛图标 👁，再次显示白色描边效果。

❺ 选择"选择工具" ▶，然后单击背景中的大矩形。在"外观"面板中，按住鼠标左键将粉红色的"填色"行向下拖动到带有"Cross"图案的"填色"行的下方，然后松开鼠标左键，如图 13-22 所示。

将粉红色的"填色"属性移动到图案"填色"属性下方会更改图稿的外观。现在，图案填色位于纯色填色的上层，如图 13-23 所示。

图 13-22

❻ 选择"选择">"取消选择"，然后选择"文件">"存储"，保存文件。

图 13-23

13.3 应用实时效果

在大多数情况下，效果会在不改变底层图稿的情况下修改对象的外观。效果将添加到对象的外观属性中，您可以随时在"外观"面板中编辑、移动、隐藏、删除或复制该属性，如图 13-24 所示。

💡注意 应用栅格效果时，使用文档的栅格效果设置会对原始矢量图进行栅格化，这些设置决定了生成图像的分辨率。若要了解文档栅格效果设置，请在"Illustrator 帮助"中搜索"文档栅格效果设置"。

带有阴影效果的图稿

图 13-24

Adobe Illustrator 中有两种类型的效果：矢量效果和栅格效果。在 Adobe Illustrator 中，您可以在"效果"菜单中查看不同类型的可用效果。

• 矢量效果："效果"菜单的上半部分为矢量效果，在"外观"面板中，您只能将这些效果应用于矢量对象或矢量对象的填色或描边，而有的矢量效果可同时应用于矢量对象和位图对象，如 3D 效果、SVG 滤镜、变形效果、转换效果、阴影、羽化、内发光和外发光。

• 栅格效果："效果"菜单的下半部分为栅格效果，您可以将它们应用于矢量对象或位图对象。

本节将介绍如何应用和编辑效果。然后介绍 Adobe Illustrator 中一些常用的效果，讲解可用效果的应用范围。

13.3.1 应用效果

通过"属性"面板、"效果"菜单和"外观"面板，您可以将效果应用于对象、编组或图层。本小节将介绍如何使用"效果"菜单应用效果，然后介绍使用"属性"面板应用效果的方法。

① 选择"视图" > "画板适合窗口大小"。

② 选择"选择工具" ▶，单击油漆刷图稿的手柄。

③ 单击"外观"面板底部的"添加新效果"按钮 fx，或单击"属性"面板中"外观"部分的"选取效果"按钮 fx。在弹出的菜单的"Illustrator 效果"中选择"风格化" > "投影"，如图 13-25 所示。

④ 在"投影"对话框中，勾选"预览"复选框，并更改以下选项，如图 13-26 所示。

• 模式：正片叠底（默认设置）。

- 不透明度：50%。
- X 位移：0.14 in。
- Y 位移：0.14 in。
- 模糊：0.21 in。
- "颜色"单选按钮：选择。

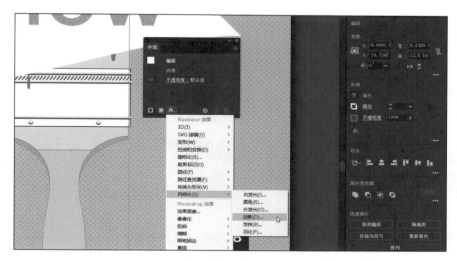

图 13-25

图 13-26

⑤ 单击"确定"按钮。

因为"投影"效果被应用于该编组，所以它会出现在编组的周边，而不是单独出现在每个对象上。如果您现在查看"外观"面板，您将在面板中看到"编组"一词及应用的"投影"效果，如图 13-27 所示。面板中的"内容"是指编组中的内容。编组中的每个对象都可以有自己的外观属性。

⑥ 选择"文件"＞"存储"，保存文件。

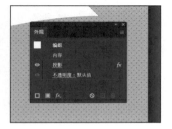

图 13-27

13.3.2 编辑效果

效果是实时的，因此您可以在将效果应用于对象后对其进行编辑。您可以在"属性"面板或"外观"面板中编辑效果，方法是选择应用了效果的对象，然后单击效果的名称，或者在"外观"面板中双击属性行，打开该效果的对话框进行编辑。对效果所做的修改将在插图中实时更新。本小节将编辑应用于背景形状组的"投影"效果。

> **注意** 如果您尝试将效果应用到已经应用相同效果的图稿，Adobe Illustrator 会警告您即将应用相同效果。

① 单击文本"ART SHOW"，选择文本对象后，选择"效果">"应用'阴影'"，如图 13-28 所示。

> **提示** 如果选择"效果">"投影"，则会出现"投影"对话框，允许您在应用效果之前进行更改。

图 13-28

"应用阴影"会以相同的设置应用上次使用的效果。

② 在仍选择文本的情况下，单击"外观"面板中的"投影"文本，如图 13-29（a）所示。

③ 在"投影"对话框中，勾选"预览"复选框以查看更改。将"不透明度"更改为"10%"，将"模糊"更改为"0.03 in"，如图 13-29（b）所示，单击"确定"按钮。保持文本对象处于选中状态。

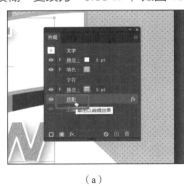

（a）   （b）

图 13-29

13.3.3　使用变形效果风格化文本

Adobe Illustrator 中有许多效果可以应用于文本，例如第 9 课中的文本变形。本小节将使用"变形"效果来变形文本。第 9 课中应用的文本变形与本小节的"变形"效果之间的区别在于，"变形"效果只是一种效果，可以轻松打开和关闭、编辑或删除。

① 在仍然选择文本对象的情况下，在"属性"面板的"外观"选项组中单击"选取效果"按钮 *fx*，从菜单中选择"变形">"上升"，如图 13-30 所示。

图 13-30

💡提示 您还可以单击"外观"面板底部的"添加新效果"按钮**fx.**来打开该菜单。

这是将"效果"应用于内容的另一种方法，如果您没有打开"外观"面板，该方法会很方便。

② 在弹出的"变形选项"对话框中，勾选"预览"复选框以查看所做的更改。若要创建弧形效果，请将"弯曲"设置为"15%"，如图 13-31 所示。尝试从"样式"菜单中选择其他样式并查看效果，然后选择"上升"选项。

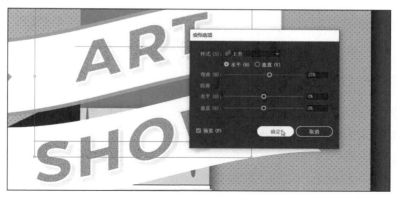

图 13-31

尝试调整"水平"和"垂直"扭曲滑块并查看效果变化，最终确保两个"扭曲"值回到"0%"，然后单击"确定"按钮。保持文本对象处于选中状态。

13.3.4 临时禁用效果进行编辑

您可以在应用了"变形"效果的情况下编辑文本，但是有时关闭效果更容易对文本进行编辑，待编辑完文本之后重新打开效果即可。

💡提示 您可能要按住鼠标左键向下拖动"外观"面板的底边，使面板变长，以便轻松查看面板中的内容。

① 选择文本对象，单击"外观"面板中"变形：上升"行左侧的眼睛图标 👁，可以暂时关闭效果，如图 13-32 所示。

请注意，此时文本不会在画板上呈现出弯曲样式，如图 13-33 所示。

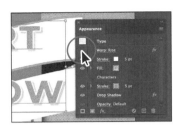

图 13-32

图 13-33

② 在工具栏中选择"文字工具"**T**，然后将文本改为"ART FEST"，如图 13-33 所示。

③ 在工具栏中选择"选择工具"▶，单击文本对象，而不是具体文本。

💡 **提示** 您可以在按 Esc 键后，选择"选择工具"，然后选择文本对象，而不是具体文本。

④ 单击"外观"面板中"变形：上升"行左侧的眼睛图标以打开效果。

此时文本会再次变形，但由于文本已更改，因此文本的整体大小所需要的变形量可能有所不同。

⑤ 在"外观"面板中，单击"变形：上升"文本以编辑效果。在"变形选项"对话框中，将"弯曲"更改为"11%"，单击"确定"按钮。

您可能需要按住鼠标左键向下拖动文本，以使其在图稿中居中。

⑥ 选择"选择">"取消选择"，然后选择"文件">"存储"，保存文件。

13.3.5　应用其他效果

本小节将应用一些其他效果来完成图稿的各个部分。您可以将多个效果应用于相同的对象以获得想要的外观。

① 选择"选择工具"▶，单击顶部的横幅形状。

② 单击"外观"面板中的"描边"属性行。

③ 选择"描边"属性行后，在"外观"面板底部单击"添加新效果"按钮 **fx.**，然后选择"路径">"偏移路径"，仅将其应用于描边，如图 13-34 所示。

④ 在"偏移路径"对话框中，将"偏移"更改为"–0.13 in"，单击"确定"按钮，如图 13-35 所示。

⑤ 选择"选择工具"，单击"ART FEST"文本。在"外观"面板中，单击浅绿色的"描边"行以将其选中，如图 13-36 所示。您应用的效果现在将仅影响选择的描边。

⑥ 在"外观"面板底部单击"添加新效果"按钮 **fx.**，选择"扭曲和变换">"变换"。

图 13-34

图 13-35

⑦ 在"变换效果"对话框中,勾选"预览"复选框,并更改以下内容,如图 13-37 所示。

- 水平移动: 0.013 in。
- 垂直移动: 0.013 in。
- 副本: 10。

图 13-36

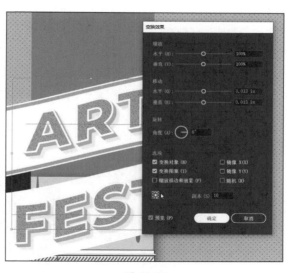

图 13-37

⑧ 单击"确定"按钮。

在这种情况下,"变换"效果将复制 10 次描边,并将这些副本向右下方移动。

⑨ 在"外观"面板中,单击浅绿色描边"描边: 5 磅"文本左侧的折叠按钮▶,将其切换为打开状态(如果尚未打开的话),如图 13-38 所示。

注意,"变换"效果是"描边"的子集。这表明"变换"效果仅应用于该描边。

⑩ 选择"选择">"取消选择",然后选择"文件">"存储",保存文件。

图 13-38

13.4 应用栅格效果

栅格效果生成的是像素而不是矢量数据。栅格效果包括 SVG 滤镜、"效果"菜单下半部分的所有效果，以及"效果">"风格化"中的"投影""内发光""外发光""羽化"，您可以将它们应用于矢量对象或位图对象。本小节将对某些背景形状应用栅格效果。

1️⃣ 单击油漆刷的油漆痕迹图稿以将其选中，如图 13-39 所示。

2️⃣ 在"属性"面板的"外观"选项组中单击"选取效果"按钮🅕x，在弹出的菜单中选择"画笔描边">"喷色描边"。

当您选择大多数（不是全部）栅格效果时，都会打开"滤镜库"对话框。类似于在 Adobe Photoshop 滤镜库中使用滤镜，您也可以在 Adobe Illustrator 滤镜库中尝试不同的栅格效果，以了解它们如何影响您的图稿。

图 13-39

3️⃣ 在"滤镜库"对话框打开的情况下，您可以在对话框顶部看到滤镜类型（本例为"喷色描边"），在对话框左下角的视图菜单中选择"符合视图大小"选项，以便您可以看到效果如何改变形状外观。

"滤镜库"对话框可调整大小，其中包含一个预览区域（标记为 A）、可以单击应用的效果缩略图（标记为 B）、当前所选效果的设置（标记为 C）及已应用的效果列表（标记为 D），如图 13-40 所示。如果要应用其他效果，请在对话框的中间面板（B 所在区域）中展开一个类别，然后单击效果缩略图。

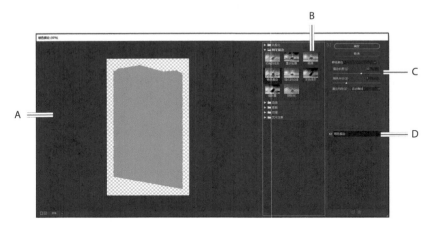

图 13-40

4️⃣ 更改"喷色描边"对话框右上角的设置（如有必要），如图 13-41 所示。

- 画笔描边：喷色描边。
- 描边长度：20。
- 喷色半径：25。
- 描边方向：垂直。

5️⃣ 单击"确定"按钮将栅格效果应用到形状。

6️⃣ 选择"选择 > 取消选择"。

图 13-41

💡 提示   您可以在对话框右边已应用的效果列表（标记为 D）中单击"喷色描边"左侧的眼睛图标 👁，
查看没有应用效果的图稿。

💡 注意   "滤镜库"仅能让您一次应用一种效果。如果要应用多个栅格效果，您可以单击"确定"按钮应
用当前效果之后，再从"效果"菜单中选择另一个效果。

13.5 应用图形样式

图形样式是一组已保存的、可以重复使用的外观属性。通过应用图形样式，您可以快速地全局修
改对象和文本的外观。

通过"图形样式"面板（选择"窗口">"图形样式"），您可以为对象、图层和编组创建、命名、
保存、应用和删除效果和属性。还可以断开对象和图形样式之间的链接，并编辑该对象的属性，而不
影响使用了相同图形样式的其他对象。

"图形样式"面板中的选项如图 13-42 所示。

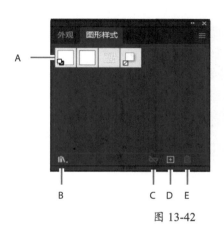

A. 图形样式缩略图

B. 图形样式库菜单

C. 断开图形样式链接

D. 新建图形样式

E. 删除图形样式

图 13-42

例如，想要绘制一幅使用形状来表示城市的地图，则可以创建一种图形样式，然后使用该图形样式绘制地图上的所有城市形状。如果想使用其他颜色，则可以将图形样式的填色修改为其他颜色。这样，使用该图形样式的所有对象的填色都将更新为其他颜色。

13.5.1 应用现有的图形样式

您可以直接从 Adobe Illustrator 附带的图形样式库中选择图形样式，并应用到您的图稿。本小节将介绍一些 Adobe Illustrator 内置的图形样式，并将其应用到图稿中。

💡 **提示** 使用库面板底部的箭头，可以加载面板中的上一个或下一个图形样式库。

❶ 选择"窗口">"图形样式"，单击"图形样式"面板底部的"图形样式库菜单"按钮 🎨.，然后选择"照亮样式"选项，打开"照亮样式"面板，如图 13-43 所示。

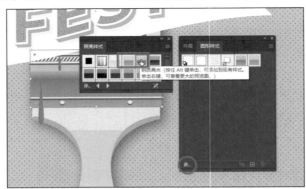

图 13-43

❷ 选择"选择工具" ▶，单击油漆刷上的金属带图稿。

❸ 单击"铝质高光"样式，然后在"照明样式"面板中单击"钢质高光"图形样式。现在，您可以在面板中看到这两种图形样式："铝质高光"和"钢质高光"。

❹ 关闭"照亮样式"面板。

单击第一种样式会将该样式的外观属性应用于所选图稿。单击第二种样式则会让此样式替换掉第一种样式的外观属性。但这两种图形样式都添加到了活动文件的"图形样式"面板中。

❺ 在仍然选择图稿的情况下，单击"外观"面板的选项卡以查看应用于所选图稿的填色。您可能需要在面板中拖动滚动条来查看，但是请注意面板列表顶部的"路径：钢质高光"，如图 13-44 所示，这表示应用了名为"钢质高光"的图形样式。

图 13-44

💡 **提示** 您可以在"图形样式"面板中，将鼠标指针放在图形样式缩略图上，长按鼠标右键以显示所选图稿上的图形样式预览。预览图形样式是一种很好的方法，您可以通过这种方法了解图形样式如何影响所选对象，而无须实际应用它。

❻ 单击"图形样式"面板的选项卡，再次显示该面板。

13.5.2　创建和应用新图形样式

本小节将创建一个新的图形样式并将该图形样式应用于图稿。

① 选择"选择工具" ▶，单击"ART"文本下方的横幅形状。

② 在"图形样式"面板底部单击"新建图形样式"按钮回，如图 13-45 所示。

图 13-45

> 💡 **提示**　使用所选对象制作图形样式时，您可以将所选对象直接拖动到"图形样式"面板中。您也可以
> 在"外观"面板中，将列表顶部的外观缩略图拖动到"图形样式"面板中。当然，此时这两个面板不能
> 在同一个面板组中。

所选形状的外观属性将另存为图形样式。

③ 在"图形样式"面板中，双击新的图形样式缩略图。在弹出的"图形样式选项"对话框中，将新样式命名为"Banner"，单击"确定"按钮。

④ 单击"外观"面板的选项卡，在"外观"面板顶部，您会看到"路径: Banner"，如图 13-46 所示。

这表示已将名为"Banner"的图形样式应用于所选图稿。

> 💡 **提示**　您还可以通过将"图形样式"面板中的图形样式缩略图拖动到文件
> 中的图稿上来应用图形样式。

图 13-46

⑤ 选择"选择工具"，单击"FEST"文本下方的横幅图稿。在"图形样式"面板中，单击名为"Banner"的图形样式以应用该样式，如图 13-47 所示。

图 13-47

⑥ 保持形状处于选中状态，然后选择"文件">"存储"，保存文件。

将图形样式应用于文本

当您将图形样式应用于文本区域时，图形样式的填色将覆盖文本中的填色。如果单击"图形样式"面板菜单按钮 ▤，然后取消勾选"覆盖字符颜色"复选框，则文本中的填色（如果有的话）将覆盖图形样式的填色。

如果单击"图形样式"面板菜单按钮 ▤，然后勾选"使用文本进行预览"复选框，则可以在图形样式上长按鼠标右键，从而预览文本上的图形样式。

13.5.3 更新图形样式

创建图形样式后，您可以更新该图形样式，所有应用了该样式的图稿也会更新其外观。如果您编辑应用了图形样式的图稿外观，则该图形样式会被覆盖，并且在更新图形样式时图稿也不会变化。

① 仍然选择"FEST"文本下方的横幅形状，查看"图形样式"面板，您会看到"Banner"图形样式缩略图将高亮显示（其周围带有边框），这表明该图形样式已应用于所选对象，如图 13-48 所示。

② 单击"外观"面板的选项卡。请注意面板顶部的文字"路径：Banner"，这表明所选图形已应用了"Banner"图形样式。这是判断图形样式是否应用于所选图稿的另一种方法。

图 13-48

③ 选择形状后，在"外观"面板的"描边"属性行中，单击"描边"框几次以打开"色板"面板。选择名为"Text stroke"的浅绿色色板。按 Esc 键隐藏"色板"面板。将描边粗细更改为"3 pt"，如图 13-49 所示。

图 13-49

请注意，"外观"面板顶部的文字"路径：Banner"现在仅是"路径"，这表示图形样式不再应用于所选图稿。

④ 单击"图形样式"面板选项卡，查看"Banner"图形样式，发现其缩略图周围不再高亮显示，

这意味着该图形样式不再被所选形状应用。

> 💡 **提示** 您还可以通过选择要替换的图形样式来更新图形样式。即选择具有所需属性的图稿（或在"图层"
> 面板中定位一个项目），然后单击"外观"面板菜单按钮以选择"重新定义图形样式'样式名称'"选项。

⑤ 按住 Option 键（macOS）或 Alt 键（Windows），然后将选择的形状拖动到"图形样式"面板
中的"Banner"图形样式缩略图上，如图 13-50 所示。在图形样式缩略图呈高亮显示时，松开鼠标左
键，然后松开 Option 键（macOS）或 Alt 键（Windows）。

图 13-50

现在，"Banner"图形样式已应用于两个对象，因此两个横幅形状的图形样式看起来相同，如
图 13-51 所示。

图 13-51

⑥ 选择"选择">"取消选择"，然后选择"文件">"存储"，保存文件。

⑦ 单击"外观"面板的选项卡，您会在面板顶部看到文字"未选择对象：
Banner"（您可能需要向上拖动滚动条才能看到），如图 13-52 所示。

将外观设置、图形样式等应用于图稿后，绘制的下一个形状将具有"外
观"面板中列出的相同的外观设置。

图 13-52

13.5.4 将图形样式应用于图层

将图形样式应用于图层后，添加到该图层中的所有内容都会应用相同的样式。本小节将对名为

"Text banner"的图层应用"Drop Shadow"图形样式，这将一次性对该图层上的所有内容应用该样式。

💡注意 如果先将图形样式应用于对象，然后将图形样式应用于对象所在的图层（或子图层），图形样式格式将添加到对象的外观中，这是可以累积的。因为将图形样式应用于图层会将其添加到图稿格式中，这会以意想不到的方式更改图稿。

💡提示 在"图层"面板中，您可以将图层的目标图标拖动到底部的"删除所选图层"按钮🗑上，以删除外观属性。

❶ 单击右侧的"图层"面板的选项卡以显示"图层"面板，单击"Text banner"图层的目标图标⦿，如图 13-53 所示。

这将选择图层内容，并将该图层作为外观属性的作用目标。

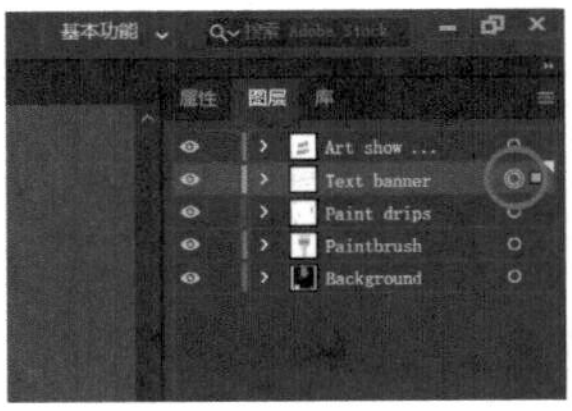

❷ 单击"图形样式"面板的选项卡，然后单击名为"Drop Shadow"的图形样式，将该图形样式应用于所选图层及图层上的所有内容，如图 13-54 所示。

现在，"图层"面板中的"Text banner"图层已加上了投影。

❸ 在"Text banner"图层上的所有图稿仍处于选中状态的情况下，单击"外观"面板选项卡，您会看到"图层: Drop Shadow"字样，如图 13-55 所示。

图 13-53

图 13-54

图 13-55

💡提示 在"图形样式"面板中，显示带有红色斜杠的小框☑的图形样式缩略图表示该图形样式不包含描边或填色。例如，它可能只是一个"投影"或"外发光"效果。

这表示在"图层"面板中选择了图层目标图标，且为此图层应用了"Drop Shadow"图形样式。您可以关闭"外观"面板组。

应用多重图形样式

您可以将图形样式应用于已具有图形样式的对象。如果您要向对象添加另一种图形样式属性，这将非常有用。将图形样式应用于所选图稿后，按住 Option 键（macOS）或 Alt 键（Windows）并单击另一种图形样式缩略图，可将新的图形样式格式添加到现有图形格式中，而不是替换它。

13.5.5 缩放描边和效果

在 Adobe Illustrator 中缩放（调整大小）内容时，默认情况下，应用于该内容的任何描边和效果都不会变化。例如，假设您将一个描边粗细为"2 pt"的圆圈放大到充满画板，虽然形状放大了，但默认情况下描边粗细仍为"2 pt"，这可能会以意料之外的方式改变缩放图稿的外观，所以在转换图稿的时候需要注意这一点。本小节将在缩放时使描边一起变化。

① 选择"选择">"取消选择"。

② 选择"视图">"画板适合窗口大小"。

③ 单击画板左下角的建筑物图标组。

④ 双击该图标组进入隔离模式，您可以编辑该图标组的各个部分。单击芥末色矩形，如图 13-56（a）所示。注意此时"属性"面板中的描边粗细为"36 pt"，如图 13-56（b）所示。

⑤ 按下 Esc 键，退出隔离模式。在图稿外单击以取消选择，然后再次单击建筑物图标组。

⑥ 在"属性"面板的"变换"选项组中单击"更多选项"按钮 ■■■，然后在展开的面板底部勾选"缩放描边和效果"复选框，如图 13-57 所示，按 Esc 键隐藏展开的面板。

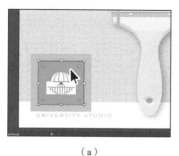
（a）

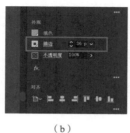
（b）

图 13-56

图 13-57

如果不勾选此复选框，则缩放图形时不会影响描边粗细或效果。勾选此复选框后，在缩小图形时描边也会等比例缩小，而不再是保持原来的描边粗细。

⑦ 按住 Shift 键，按住鼠标左键拖动建筑物图标组的右上角使其等比例变小，拖动到宽度和高度大约为"1.3 in"时为止，如图 13-58 所示。

缩放形状后，如果再次在隔离模式下选择"描边"框，则会看到"属性"面板中的描边粗细已发生了变化（缩小）。

⑧ 选择"选择 > 取消选择"，最终图稿效果如 13-59 所示。

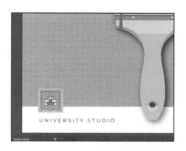

图 13-58

图 13-59

⑨ 选择"文件">"存储"，然后选择"文件">"关闭"。

1. 如何为图稿添加第二种填色或描边?
2. 列举两种将效果应用于对象的方法。
3. 将光栅效果应用于矢量图稿时,图稿将有何变化?
4. 在哪里可以访问应用于对象的效果选项?
5. 将图形样式应用于图层与将其应用于所选图稿有什么区别?

参考答案

1. 若要向图稿添加第二种填色或描边,需要单击"外观"面板底部的"添加新描边"按钮▣或"添加新填色"按钮▣,也可以从"外观"面板菜单中选择"添加新描边"或"添加新填色"选项。这将在外观属性列表的顶部添加一个描边或填色,它的属性与原来的描边或填色相同。

2. 选择对象,然后从"效果"菜单中选择要应用的效果,可以将效果应用于对象。还可以选中对象,单击"属性"面板中的"选取效果"按钮▣或"外观"面板底部的"添加新效果"按钮▣,然后从弹出的菜单中选择要应用的效果。

3. 光栅效果应用于图稿后会生成像素而不是矢量数据。光栅效果包括"效果"菜单下半部分的所有效果及"效果">"风格化"子菜单中的"投影""内发光""外发光""羽化",可以将它们应用于矢量对象或位图对象。

4. 通过单击"属性"面板或"外观"面板中的效果链接来访问效果选项,并编辑应用于所选图稿的效果。

5. 将图形样式应用于所选对象时,该图层上的其他对象不会受到影响。例如,如果将三角形对象路径应用"粗糙化"效果,并且将该三角形移动到另一个图层,则该三角形将保留"粗糙化"效果。将图形样式应用于图层后,添加到图层中的所有内容都将应用该样式。例如,在"图层 1"上创建一个圆,然后将该圆移动到"图层 2"上,如果"图层 2"应用了"投影"效果,则该圆也会被添加"投影"效果。

创建 T 恤图稿

本课概览

在本课中，您将学习如何执行以下操作。

- 使用现有符号。
- 创建、修改和重新定义符号。
- 在"符号"面板中存储和检索图稿。
- 了解 Adobe Creative Cloud 库。
- 使用 Adobe Creative Cloud 库。
- 使用全局编辑。

学习本课大约需要 **45** 分钟

　　在本课中，您将了解各种在 Adobe Illustrator 中更轻松、更快速地工作的方法，如使用符号、Adobe Creatives Cloud 库使您的设计资源在任何地方使用，以及使用全局编辑来编辑内容等。

14.1 开始本课

本课将探索符号和"库"面板等概念，以创建 T 恤图稿。在开始之前，您需要还原 Adobe Illustrator 的默认首选项。然后打开本课的最终图稿文件，以查看要创建的内容。

① 为了确保工具的功能和默认值完全如本课所述，请删除或停用（通过重命名实现）Adobe Illustrator 首选项文件，具体操作请参阅本书"前言"中的"还原默认首选项"部分。

② 启动 Adobe Illustrator。

③ 选择"文件">"打开"，然后在"Lesson">"Lesson14"文件夹中打开"L14_end1.ai"文件，如图 14-1 所示。

④ 选择"视图">"全部适合窗口大小"，并保持文件打开以供参考，或选择"文件">"关闭"以关闭文件。

⑤ 选择"文件">"打开"，在"打开"对话框中，定位到"Lessons">"Lesson14"文件夹，然后选择"L14_start1.ai"文件。单击"打开"按钮打开文件，如图 14-2 所示。

图 14-1

图 14-2

⑥ 选择"视图">"全部适合窗口大小"。

⑦ 选择"文件">"存储为"，如果弹出"云文档"对话框，单击"保存在您的计算机上"按钮。

⑧ 在"存储为"对话框中，将文件命名为"T Shirt. ai"，选择"Lesson14"文件夹。从"格式"菜单中选择"Adobe Illustrator (ai)"选项（macOS）或从"保存类型"菜单中选择"Adobe Illustrator (*.AI)"选项（Windows），然后单击"保存"按钮。

⑨ 在"Illustrator 选项"对话框中，保持选项为默认设置，然后单击"确定"按钮。

⑩ 从应用程序栏中的工作区切换器中选择"重置基本功能"选项。

> ♀注意 如果在工作区切换器中看不到"重置基本功能"选项，请在选择"窗口">"工作区">"重置基本功能"之前，先选择"窗口">"工作区">"基本功能"。

14.2 使用符号

符号是存储在"符号"面板（选择"窗口">"符号"）中的可重复使用的图稿对象。例如，如果您用所绘制的花朵形状创建符号，则可以快速将该花朵符号的多个实例添加到您的图稿中，从而不必绘制每个花朵形状。文件中的所有实例都链接到"符号"面板中的原始符号，编辑原始符号时，将更新链接到原始符号的所有实例（本例中的花朵），您可以立即把所有的花朵从白色变成红色。符号不仅可以节省时间，还能大大减小文件。

> 💡 注意　Adobe Illustrator 自带了一系列符号库，从"提基"符号到"毛发和皮毛"，再到"网页图标"。您可以在"符号"面板中访问这些符号库，也可以选择"窗口">"符号库"，轻松地将其合并到自己的图稿中。

选择"窗口">"符号"，打开"符号"面板。您在"符号"面板中看到的符号就是可以在文件中使用的符号。每个文件都有自己保存的一组符号。"符号"面板中的不同选项如图 14-3 所示。

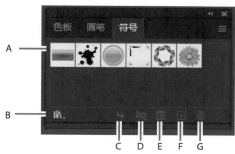

A. 符号缩略图　　　　D. 断开符号链接

B. 符号库菜单　　　　E. 符号选项

C. 置入符号实例　　　F. 新建符号

　　　　　　　　　　　G. 删除符号

图 14-3

14.2.1　使用现有符号库

本小节将从 Adobe Illustrator 自带的符号库中项目添加符号。

① 在工具栏中选择"选择工具" ▶，然后单击较大的画板。

② 选择"视图">"画板适合窗口大小"，使当前画板适应文档窗口的大小。

③ 单击"属性"面板中的"单击可隐藏智能参考线"按钮，暂时关闭智能智能参考线，如图 14-4 所示。

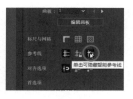

图 14-4

> 💡 提示　您也可以 选择"视图">"智能参考线"，关闭智能参考线。

④ 在"符号"面板（"窗口">"符号"）中，单击"符号库菜单"按钮▨，然后从菜单中选择"提基"选项，如图 14-5 所示。

"提基"库会作为自由浮动面板打开。该库中的符号不在当前文件中，但是您可以将任何符号置入文件中并在图稿中使用它们。

⑤ 将鼠标指针移动到"提基"面板中的符号上，查看其名称（其名称由工具提示显示）。单击名为"鱼"的符号，将其添加到"符号"面板，如图 14-6 所示，关闭"提基"面板。

> 💡 提示　如果要查看符号名称及符号图片，请单击"符号"面板菜单按钮▤，然后选择"小列表视图"或"大列表视图"选项。

> 💡 提示　您还可以在画板上复制符号实例，并根据需要粘贴任意数量的符号实例。这与将符号实例从"符号"面板拖动到画板上的结果相同。

图 14-5

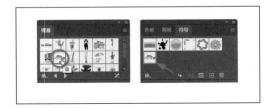

图 14-6

将符号添加到"符号"面板时，它们只保存在当前文件中。

6 选择"选择工具" ▶，将"鱼"符号从"符号"面板拖动到画板的中心位置。总共执行两次操作，创建两个彼此相邻的"鱼"符号实例，如图 14-7 所示。

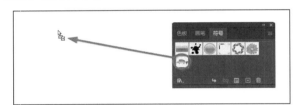
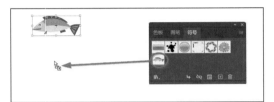

图 14-7

每次将像"鱼"这样的符号拖动到画板上时，都会创建原始符号的实例。

7 选择一个"鱼"符号实例，按住 Shift 键从右上角的定界点向中心拖动，使其等比例缩小一点，如图 14-8 所示。松开鼠标左键和 Shift 键。

> 💡**注意** 虽然可以通过多种方式来变换符号实例，但您无法编辑静态符号（如"鱼"）实例的特定属性。例如，填色将被锁定，因为它是由"符号"面板中的原始符号控制的。

符号实例被视为一组对象，并且只能更改某些变换和外观属性（如缩放、旋转、移动、不透明度等）。如果不断开指向原始符号的链接，则无法编辑构成实例的图稿。注意，在画板上选择符号实例后，在"属性"面板中就能看到"符号（静态）"和符号相关选项。

8 在仍选择"鱼"符号实例的情况下，按住 Option 键（macOS）或 Alt键（Windows），按住鼠标左键并拖动以复制出副本。松开鼠标左键，然后松开 Option 键（macOS）或 Alt 键（Windows），如图 14-9 所示。

创建的实例副本与从"符号"面板中拖动符号创建的实例效果相同。

9 按住 Shift 键和鼠标左键拖动"鱼"符号实例的一个角上的定界点使

图 14-8

其等比例缩小，调整"鱼"符号实例副本的大小，如图 14-10 所示，松开鼠标左键和 Shift 键。

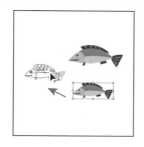

图 14-9

图 14-10

⑩ 将 3 个"鱼"符号实例拖动到适当位置，如图 14-11 所示，选择"选择 > 取消选择"。

图 14-11

14.2.2　编辑符号

本小节将编辑原始"鱼"符号，并更新文件中的所有实例。编辑符号的方法有多种，本小节将重点介绍其中一种方法。

① 选择"选择工具"▶，双击画板上的任何一个"鱼"符号实例。此时会弹出一个警告对话框，表明您将编辑符号定义，并且所有实例将更新，单击"确定"按钮，如图 14-12 所示。

图 14-12

> 💡提示　有很多编辑符号的方法：您可以在画板上选择符号，然后单击"属性"面板中的"编辑符号"
> 按钮，或双击在"符号"面板中的符号缩略图。

这将进入符号编辑模式，您无法编辑该页面上的任何其他对象。双击的"鱼"符号实例，其将显示为原始符号图稿的大小。这是因为在符号编辑模式下，看到的是原始符号图稿，而不是变换后的实例。现在，您可以编辑构成符号的图稿。

② 选择"缩放工具"🔍，按住鼠标左键在符号上拖动以连续放大视图。

③ 选择"直接选择工具"▷，然后单击鱼的浅绿色头部，如图 14-13（a）所示。

④ 在"属性"面板中单击"填色"框，在弹出的"色板"面板中单击"颜色混合器"按钮💠。按住 Shift 键，然后向右稍微拖动"C"滑块以按比例更改所有颜色，如图 14-13（b）所示。

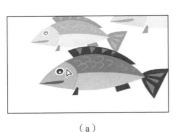
（a）

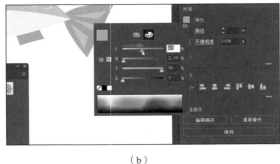
（b）

图 14-13

⑤ 在符号内容以外的位置双击，或在文档窗口的左上角单击"退出符号编辑模式"按钮 ，退出符号编辑模式，方便编辑其他内容。

请注意，画板上的所有"鱼"符号实例均已发生改变，如图 14-14 所示。

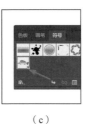

图 14-14

14.2.3　使用动态符号

编辑符号会更新文件中的所有实例，而符号也可以是动态的，这意味着您可以使用"直接选择工具" 更改实例的某些外观属性，而无须编辑原始符号。本小节将编辑"鱼"符号的属性，使其变为动态符号，从而分别编辑每个实例。

❶ 在"符号"面板中，单击"鱼"符号缩略图将其选中（如果尚未被选中的话）。单击"符号"面板底部的"符号选项"按钮 ，如图 14-15（a）所示。

❷ 在"符号选项"对话框中，选择"动态符号"单选按钮，然后单击"确定"按钮，如图 14-15（b）所示。符号及其实例现在都是动态的了。

您可以通过查看"符号"面板中的缩略图来判断符号是否是动态的。如果缩略图的右下角有一个小加号，那么它就是一个动态符号，如图 14-15（c）所示。

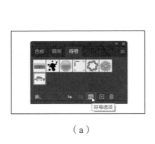
（a）

（b）

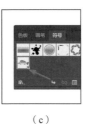
（c）

图 14-15

❸ 在工具栏中选择"直接选择工具" ，在最小的"鱼"符号实例的鱼头内单击，如图 14-16（a）所示。

❹ 选择了一部分符号实例后，请注意"属性"面板顶部的文本"符号（动态）"，这表示该符号是一个动态符号。

⑤ 单击"属性"面板中的"填色"框，单击"色板"按钮，在"色板"面板中将"填色"更改为蓝绿色色板，如图 14-16（b）和图 14-16（c）所示。

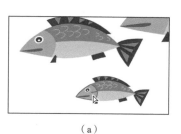
（a）

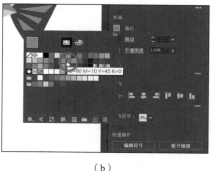
（b）

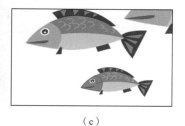
（c）

图 14-16

现在，这条鱼看起来与其他鱼有些不同。要知道如果像之前那样编辑原始符号，则所有符号实例都会更新，但是现在只有最小的"鱼"符号实例的蓝绿色头部发生了变化。

14.2.4 创建符号

Adobe Illustrator 允许您创建和保存自定义的符号。您可以使用对象来创建符号，包括路径、复合路径、文本、嵌入（非链接）的栅格图像、网格对象和对象编组。符号甚至可以包括活动对象，如画笔描边、混合、效果或其他符号实例。本小节将使用现有的图稿创建自定义符号。

① 从文档窗口下方的状态栏中的"画板导航"菜单中选择"2 Symbol Artboard"画板。

② 选择"选择工具" ▶，单击画板上的花朵将其选中。

③ 单击"符号"面板底部的"新建符号"按钮 回，用所选图稿创建符号，如图 14-17 所示。

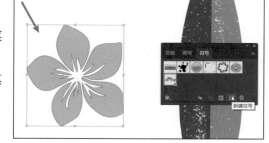
图 14-17

④ 在打开的"符号选项"对话框中，将名称更改为"Flower"。确保选择了"动态符号"单选按钮，以防稍后要单独编辑其中某个符号实例的外观。单击"确定"按钮创建符号，如图 14-18 所示。

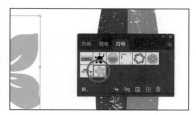

图 14-18

在"符号选项"对话框中，您将看到一个提示，表明 Adobe Illustrator 中的"影片剪辑"和"图形类型"之间没有区别。如果您不打算将此内容导出到 Adobe Animate，则无须在意选择哪种导出类型。

创建符号后，画板上的花卉图稿将转换为"Flower"符号的实例，该符号也会出现在"符号"面板中。

> 💡 提示　您可以在"符号"面板中拖动符号缩略图以更改其顺序，重新排序"符号"面板中的符号对图稿没有影响，这是一种简单的组织符号的方式。

⑤ 将冲浪板图稿拖动到"符号"面板的空白区域中。在"符号选项"对话框中，将名称更改为"Surfboard"，然后单击"确定"按钮，如图 14-19 所示。

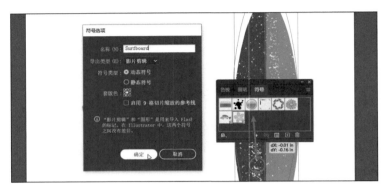

图 14-19

⑥ 从文档窗口下面的状态栏中的"画板"菜单中选择"1 T-shirt"画板。

⑦ 将"Flower"符号从"符号"面板拖动到画板上 4 次，将"Flower"符号实例放置在鱼的周围，如图 14-20 所示。

⑧ 使用"选择工具"在画板上调整每个"Flower"符号实例的大小并旋转其角度，以使其具有不同的大小，如图 14-21 所示。确保在缩放时按住 Shift 键以约束缩放比例。

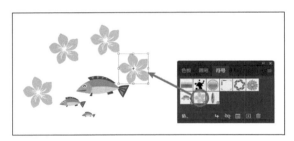

图 14-20

图 14-21

⑨ 选择"选择">"取消选择"，然后选择"文件">"存储"，保存文件。

14.2.5　断开符号链接

有时，您需要编辑画板上的特定实例，这就要求您断开原始符号图稿和实例之间的链接。由前面的内容可知，您可以对符号实例进行某些更改，如缩放，设置不透明度和翻转，而将符号保存为动态符号则只允许您使用"直接选择工具"编辑某些外观属性。当断开符号和实例之间的链接后，如果编辑了该符号，其实例将不再更新。

本小节将断开到符号实例的链接，以便仅更改某个实例。

① 选择"视图">"智能参考线"，打开"智能参考线"。

❷ 选择"选择工具" ▶，从"符号"面板拖出 3 个"Surfboard"符号实例到画板上，这些实例位于已经存在的其他图稿之上。

❸ 分别选择每个符号实例并调整其大小，使位于画板中心的实例比其他两个更高。这里把 3 个实例都放大了，如图 14-22（a）所示。确保按住 Shift 键拖动以等比例调整实例大小。

💡 提示 您还可以通过选择画板上的符号实例，然后单击"符号"面板底部的"断开符号链接"按钮，来断开指向符号实例的链接。

❹ 选择中间的冲浪板，在"属性"面板中单击"断开链接"按钮，如图 14-22（b）所示。

现在，该冲浪板是一系列路径。如果单击该冲浪板，则将在"属性"面板的顶部看到"编组"一词，您现在就可以直接编辑图稿了。如果编辑了"Surfboard"符号，则此冲浪板图稿也将不再更新。

❺ 选择"缩放工具" Q，然后在所选冲浪板的顶部位置拖动图稿以放大视图。

❻ 选择"选择 > 取消选择"。

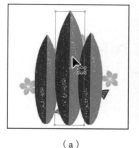 

（a）　　　　　　　　（b）

图 14-22

❼ 选择"直接选择工具"，然后在中间冲浪板的顶部框选几个锚点。将鼠标指针移动到中间的冲浪板顶部的锚点上，当看到"锚点"一词时，在其中一个锚点上按住鼠标左键向下拖动一点，以调整顶部的形状，如图 14-23 所示。

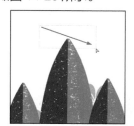  

图 14-23

❽ 选择"选择 > 取消选择"。

❾ 选择"选择工具" ▶，然后按住 Shift 键，单击所有 3 个冲浪板以将其全部选中。选择"对象" > "排列" > "置于底层"。

❿ 单击"属性"面板中的"编组"按钮将它们编组在一起。

⓫ 选择"文件" > "存储"，保存文件。

符号工具

您可以使用工具栏中的"符号喷枪工具"在画板上喷绘符号，创建符号组。

符号组是使用"符号喷枪工具"创建的一组符号实例。符号组非常有用，例如，如果您要用单片草叶创建草丛，喷绘草叶会极大地加快这一过程。通过对一个符号使用"符号喷枪工具"，然后对另一个符号再次使用，您可以创建混合符号实例组。

您可以使用符号工具修改符号组中的多个符号实例。例如，您可以使用"符号移位器工具"将实例分散到较大的区域，或逐步调整实例的颜色，使其看起来更加逼真。

> ⓘ**注意** 符号工具不在默认的工具栏中。若要访问它们，请单击工具栏中的"编辑工具栏"按钮■■■，然后将需要的符号工具拖动到工具栏中。

14.2.6 替换符号

您可以轻松地将文件中的符号实例替换为另一个符号的实例。就算您已经对动态符号实例进行了更改，也一样可以替换它。这样，符号实例将再次与原始符号图稿匹配。本小节将替换一个"鱼"符号实例。

❶ 选择"选择工具"▶，选择最小的"鱼"符号实例，如图 14-24（a）所示，即您为其头部重新着色的实例。

选择符号实例时，因为所选定实例的符号在"符号"面板中突出显示，所以您可以知道它来自哪个符号。

❷ 在"属性"面板中，单击"替换符号"字段右侧的箭头，打开一个面板，该面板中会显示"符号"面板中的符号。单击面板中的"Flower"符号，如图 14-24（b）所示，该符号在画板上如图 14-24（c）所示。

（a）

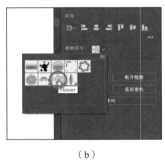
（b）

（c）

图 14-24

如果要替换的原始符号实例应用了变换（如旋转），则替换它的符号实例也将应用相同的变换。

❸ 在画板上仍选择"Flower"符号实例的情况下，在"属性"面板中，单击"替换符号"字段右侧的下拉按钮，然后在面板中单击"鱼"符号。

> ⓘ**注意** 使用"直接选择工具"编辑动态符号实例后，可以使用"选择工具"重新选择整个实例，然后单击"属性"面板中的"重置"按钮，将外观重置为与原始符号相同的外观。

此时，您之前对"鱼"符号实例所做的更改（更改了头部颜色）消失了，原始的"鱼"符号图稿代替了花朵，如图 14-25 所示。

图 14-25

④ 选择"选择">"相同">"符号实例"。

这是选择文件中所有符号实例的好方法。

⑤ 单击"属性"面板中的"编组"按钮，将它们组合在一起。

⑥ 选择"选择">"取消选择"，然后关闭"符号"面板组。

符号图层

使用前面介绍的方法来编辑符号时，打开"图层"面板，您可以看到该符号具有自己的分层，如图 14-26 所示。

与在隔离模式下处理编组类似，您只能看到与该符号关联的图层，而不会看到文件的其他图层。在"图层"面板中，可以重命名、添加、删除、显示／隐藏和重新排序符号图层。

图 14-26

14.3 使用 Adobe Creative Cloud 库

使用 Adobe Creative Cloud 库是在 Adobe Photoshop、Adobe Illustrator、Adobe InDesign 等许多 Adobe 应用程序和大多数 Adobe 移动应用之间创建和共享存储内容（如图像、颜色、文本样式、Adobe Stock 资源等）的一种简便方法。

Adobe Creative Cloud 库可以连接您的创意档案，使您保存的创意资源触手可及。当您在 Adobe Illustrator 中创建内容并将其保存到 Adobe Creative Cloud 库时，该资源可在所有 AI 文件中使用。这些资源将自动同步，并可与使用 Adobe Creative Cloud 账户的任何人进行共享。当您的创意团队跨 Adobe 桌面应用和移动应用工作时，您的共享库资源始终保持最新并可随时使用。本节将介绍 Adobe Creative Cloud 库，并在项目中使用保存在库中的资源。

♀注意 若要使用 Adobe Creative Cloud 库，则需要使用 Adobe ID 登录并连接互联网。

14.3.1 将资源添加到 Adobe Creative Cloud 库

本小节将要了解如何使用 Adobe Illustrator 中的"库"面板（选择"窗口">"库"），以及如何向 Adobe Creative Cloud 库添加资源。本小节将在 Adobe Illustrator 中打开一个现有文件，并从中捕获资源。

① 选择"文件">"打开"，在"打开"对话框中，定位到"Lessons">"Lesson14"文件夹，然后选择"Sample.ai"文件，单击"打开"按钮。

♀注意 可能会弹出"缺少字体"对话框。您需要联网来激活字体。激活过程可能需要几分钟。单击"激活字体"按钮可激活所有缺少的字体。激活字体后，您会看到成功提示消息，表示不再缺少字体，请单击"关闭"按钮。如果您在激活方面遇到问题，可以转到"Illustrator 帮助"（选择"帮助">"Illustrator 帮助"）并搜索"查找缺少字体"。

② 选择"视图">"全部适合窗口大小"。

您将从此文件捕获图稿、文本和颜色，它们将被用到"TShirt.ai"文件中。

③ 选择"窗口">"库"，或单击"库"面板选项卡以打开"库"面板。

默认情况下，您有一个名为"您的库"的库可以使用，如图 14-27 所示。您可以将设计资源添加到此默认库中，也可以创建更多库（可以根据客户或项目保存资源）。

④ 如果选择了任何内容，请选择"选择">"取消选择"。

⑤ 选择"选择工具" ▶，然后单击包含文本"PLAY ZONE"的文本对象，按住鼠标左键将文本拖动到"库"面板中。当面板中出现加号时，松开鼠标左键以将文本对象保存在默认库中，如图 14-28 所示。如果您看到缺少配置文件的警告对话框，单击"确定"按钮。

图 14-27

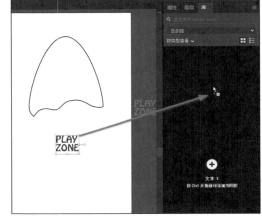

图 14-28

现在，该文本对象将被保存在当前选择的库中，并且仍可以作为文本进行编辑并保留文本格式。在"库"面板中保存资源和格式时，内容是按资源类型来组织的。

⑥ 确保从"查看方式"菜单中选择"按类型查看"选项，如图 14-29（a）所示。

💡提示　单击"库"面板"按类型查看"选项右侧的按钮，即可改变库中项目（图标或列表）的显示外观。

⑦ 要更改保存的文本对象的名称，请在"库"面板中双击名称"文本 1"，然后将其更改为"SURF ZONE"，按 Enter 键确认名称修改，如图 14-29（b）和图 14-29（c）所示。当您在本课后面部分将文本更新为"SURF ZONE"时，该名称将更有意义。

（a）

（b）

（c）

图 14-29

您也可以更改"资源"面板中保存的其他资源的名
称，例如图形、颜色、字符样式和段落样式。对于保存
的字符样式和段落样式，您还可以将鼠标指针移动到资
源上，查看已保存格式的工具提示。

⑧ 在画板上仍选择"PLAY ZONE"文本的情况下，
单击"库"面板底部的加号按钮⊕，然后选择"文本填
充颜色"选项以保存蓝色，如图 14-30 所示。

图 14-30

⑨ 单击 T 恤图稿，将选择的图稿拖动到"库"面
板中，松开鼠标左键，将图稿添加为图形，如图 14-31 所示。

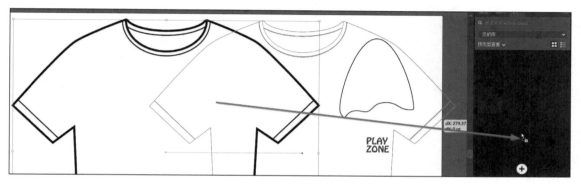

图 14-31

以图形形式存储在 Adobe Creative Cloud 库中的资源，无论您在哪里使用，它们仍然是可编辑的矢
量格式。

⑩ 单击画板上"PLAY ZONE"文本上方的形状，如图 14-32 所示。您只需复制此图稿，用来掩
盖或隐藏冲浪板的某些部分，选择"编辑">"复制"以复制图稿。

> ♀ 提示　通过在"库"面板中选择想要共享的库，然后从面板菜单中选择"共享链接"选项，您可以与
> 其他人共享您的库。

⑪ 选择"文件">"关闭"以关闭"Sample.ai"文件并返回到"TShirt.ai"文件。如果跳出询问
是否保存的提示对话框，请不要保存该文件。

请注意，即使打开了其他文件，"库"面板仍会显示库中的资源。无论在 Adobe Illustrator 中打开
哪个文件，库及其资源都是可用的。

⑫ 选择"编辑">"粘贴"以粘贴形状，将其拖动到冲浪板的右侧，如图 14-33 所示。

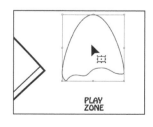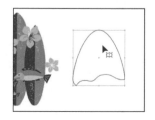

图 14-32　　　　　　　　　　　　图 14-33

14.3.2 使用库资源

现在，您在"库"面板中创建了一些资源，一旦同步，只要您使用相同的 Adobe Creative Cloud 账户登录，这些资源就可用在支持库的其他应用程序中。本小节将在"TShirt. ai"文件中使用其中的一些资源。

① 在"1 T-Shirt"画板上，选择"视图">"画板适合窗口大小"。

② 按住鼠标左键，将"SURF ZONE"资源从"库"面板拖动到画板上，如图 14-34 所示。

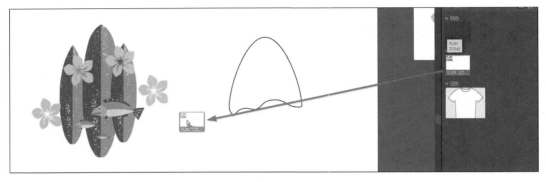

图 14-34

> 💡提示　若要应用保存在"库"面板中的颜色或样式，请选择图稿或文本，然后单击库面板中的颜色或样式。对于"库"面板中的文本样式，如果要将其应用于文件中的文本，则应在"段落样式"面板或"字符样式"面板（具体取决于您在"库"面板中选择的内容）中选择相同的名称和格式。

③ 单击以置入文字，如图 14-35 所示。

④ 选择"文字工具"后，单击"PLAY ZONE"文本，选择文本"PLAY"，然后输入"SURF"。

⑤ 选择"选择工具" ▶，然后按住鼠标左键将 T 恤图形资源从"库"面板拖动到画板上，需要置入的时候单击画板，如图 14-36 所示。现在不用在意置入的位置。

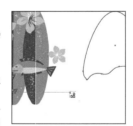 

图 14-35

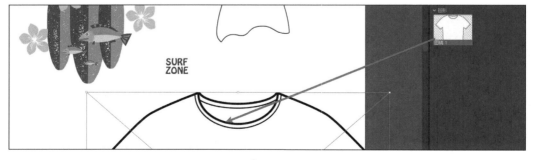

图 14-36

⑥ 选择"选择">"取消选择"。

14.3.3　更新库资源

　　将图形从 Adobe Creative Cloud 库拖动到 AI 文件中时，它将自动作为链接资源置入。从"库"中拖入的资源被选中时，其上会显示一个围绕方框的"×"，这表示该资源为链接资源。如果对库资源进行更改，那么项目中链接的实例也会更新。本小节将介绍如何更新资源。

　　❶ 在"库"面板中，双击 T 恤图稿缩略图，如图 14-37 所示。插图将在新的临时文件中打开，如图 14-38 所示。

> 💡提示　您也可以通过单击"链接"面板底部的"编辑原稿"按钮✐来编辑链接的库资源（例如 T 恤）。

　　❷ 选择"选择工具"▶，单击 T 恤的形状。在"属性"面板中，将描边颜色更改为浅灰色，色值为"C = 0 M = 0 Y = 0 K = 40"，如图 14-38 所示。

图 14-37

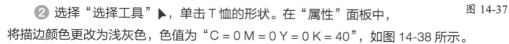

图 14-38

　　❸ 选择"文件">"存储"，然后选择"文件">"关闭"。

　　在"库"面板中，图形缩略图会更新以反映所做的外观更改。回到"TShirt.ai"文件中，画板上的 T 恤图形应该已经更新。如果没有更新，则选择画板上的 T 恤图稿，在"属性"面板中单击"链接的文件"链接。在弹出的"链接"面板中选择"图稿 1 资源行"选项，单击面板底部的"更新链接"按钮🔁。

　　❹ 单击画板上的 T 恤图稿，单击"属性"面板的选项卡以再次查看该面板。单击"快速操作"部分中的"嵌入"按钮，嵌入 T 恤图形，如图 14-39 所示。

　　此时，资源不再链接到库项目，并且如果库项目更新，资源也不会更新。

　　这也意味着 T 恤图稿现在可以在"TShirt.ai"文件中进行编辑。嵌入的"库"面板图稿在置入后通常会用来制作剪切蒙版。

　　❺ 选择"选择工具"▶，选择 T 恤图稿，单击"属性"面板中的"排列"按钮，然后选择"置于底层"选项。T 恤图稿现在位于所有其他内容的下层，将其拖动到画板的中心位置。

　　❻ 按"Command + 2"（macOS）或"Ctrl + 2"（Windows）组合键，锁定 T 恤图稿。

　　❼ 单击您粘贴到文件中的形状并将其拖动到冲浪板的顶部。按住 Shift 键，然后按住鼠标左键拖

动一个角的定界点，使其等比例变大，松开鼠标左键和 Shift 键，效果如图 14-40 所示。

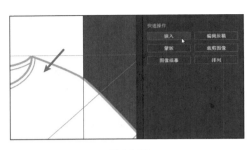

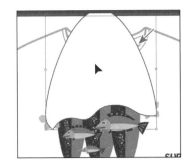

图 14-39   图 14-40

该形状将用作蒙版，以遮罩冲浪板的某些部分。您将在第 15 课了解有关创建和编辑蒙版的更多信息。

⑧ 选择形状，按住 Shift 键并单击冲浪板组中的图稿。

⑨ 选择"对象"＞"剪切蒙版"＞"建立"，如图 14-41 所示。

现在隐藏了该形状以外的冲浪板图稿部分。

⑩ 要将冲浪板图稿放置在鱼和花朵的后面，请单击"属性"面板中的"排列"按钮，然后选择"置于底层"选项，这会将冲浪板图稿放置在画板的底层。再次单击"排列"按钮，选择"上移一层"选项。

⑪ 按住鼠标左键框选花朵、鱼和冲浪板等内容。单击"属性"面板中的"编组"按钮，将其编组。

⑫ 将该新组及文本拖动到适当位置，如图 14-42 所示。

图 14-41   图 14-42

💡提示   您可能需要在"属性"面板中调整文本格式，例如行距、增大字号等。如果增大字号，则需要调整文本框的大小，以便显示所有文字。

⑬ 选择"选择＞取消选择"。

⑭ 选择"文件"＞"保存"，然后选择"文件"＞"存储"，保存文件。

14.3.4   使用全局编辑

有时您会创建多个图稿的副本，并在文件的各画板中使用它们。如果要对所有对象都进行修改，则可以使用全局编辑来编辑所有类似的对象。本小节将打开一个带有图标的新文件，并对其内容进行全局编辑。

① 选择"文件">"打开"，然后在"Lesson">"Lesson14"文件夹中打开"L14_start2.ai"文件。

② 选择"文件">"存储为"，如果弹出"云文档"对话框，单击"保存在您的计算机上"按钮。在"存储为"对话框中，定位到"Lesson14"文件夹，将文件命名为"Icons.ai"。从"格式"菜单中选择"Adobe Illustrator (ai)"选项（macOS）或从"保存类型"菜单中选择"Adobe Illustrator (*.AI)"选项（Windows），然后单击"保存"按钮。

③ 在"Illustrator 选项"对话框中，保持选项为默认设置，然后点击"确定"按钮。

④ 选择"视图">"全部适合窗口大小"。

⑤ 选择"选择工具"，单击较大的麦克风图标后面的圆圈，如图 14-43 所示。

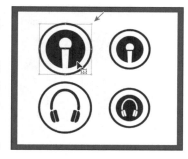

如果需要编辑所有的图标后面的圆圈，可以使用多种方法来选择它们，如选择"选择">"相同"，使用这种方法的前提是它们都具有相似的外观属性。若要使用全局编辑，您可以在同一画板或所有画板上选择具有共同属性（如描边、填充、大小）的对象。

⑥ 在"属性"面板的"快速操作"选项组中单击"启动全局编辑"按钮，如图 14-44（a）所示。

图 14-43

> **💡 提示** 可以通过选择"选择">"启动全局编辑"来开始全局编辑。

现在，本例中所有圆圈都被选中了，您可以对它们进行编辑。您最初选择的对象会红色高亮显示，而类似的对象则用蓝色高亮显示，如图 14-44（b）和 14-44（c）所示。您还可以使用"全局编辑"选项进一步缩小需要选择的对象的范围。

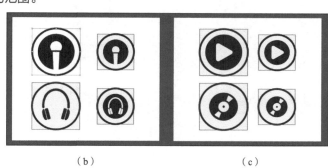

（a） （b） （c）

图 14-44

⑦ 单击"停止全局编辑"按钮右侧的下拉按钮，打开"结果"菜单勾选"外观"复选框以选择具有与所选圆形相同的外观属性的所有内容，如图 14-45（a）所示，效果如图 14-45（b）所示。保持"结果"菜单处于显示状态。

> **💡 注意** 默认情况下，当所选内容包括插件图或网格图时，将启用"外观选项"。

⑧ 从"结果"菜单中勾选"大小"复选框以进一步优化搜索，如图 14-46（a）所示，从而选择具有相同形状、外观属性和大小的对象。现在应该只选择了两个圆圈，如图 14-46（b）所示。

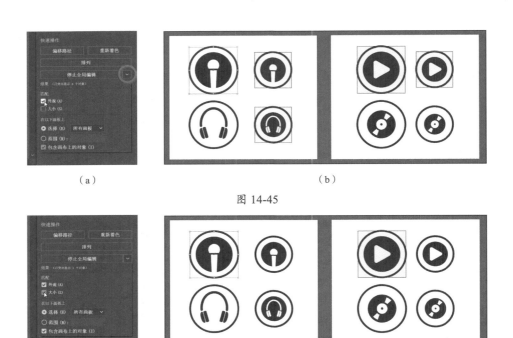

（a） （b）

图 14-45

（a） （b）

图 14-46

您可以通过在指定画板上选择搜索类似对象，来进一步优化您的选择。

⑨ 在"属性"面板中单击"描边"框，单击"色板"按钮，然后对描边应用图 14-47 所示的红色。
如果弹出警告对话框，请单击"确定"按钮。

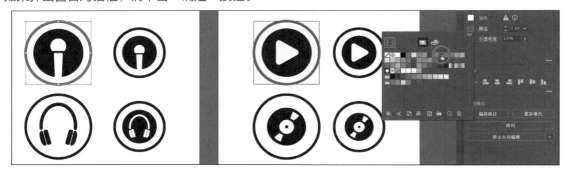

图 14-47

⑩ 在面板以外的区域单击以隐藏"色板"面板，两个选择的对象都将更改外观，如图 14-48 所示。

图 14-48

⑪ 选择"选择"＞"取消选择"，然后选择"文件"＞"存储"，保存文件。

⑫ 选择"文件"＞"关闭"。

14.4 复习题

1. 使用符号有哪些优点?
2. 如何更新现有的符号?
3. 什么是动态符号?
4. 在 Adobe Illustrator 中,哪种类型的内容可以保存在库中?
5. 如何嵌入链接的库中的图形资源?

参考答案

1. 使用符号的优点如下。
- 编辑一个符号,它所有的符号实例都将自动更新。
- 可以将图稿映射到 3D 对象(本课中未介绍该内容)。
- 使用符号可以缩小整个文件的大小。
2. 要更新现有符号,可以双击"符号"面板中该符号图标,双击画板上的符号实例,或在画板上选择该实例并单击"属性"面板中的"编辑符号"按钮。然后就可以在隔离模式下进行编辑了。
3. 当符号保存为动态符号时,可以使用"直接选择工具"更改实例的某些外观属性,而无须编辑原始符号。
4. 在 Adobe Illustrator 中,可以将颜色(填充和描边)、文字对象、图形资源和文字格式等内容保存到库中。
5. 默认情况下,将图形资源从"库"面板拖动到文件中时,会创建指向原始库资源的链接。若要嵌入图形资源,请在文件中选择该资源,然后在"属性"面板中单击"嵌入"按钮。一旦嵌入,如果编辑了原始库资源,图形也就不会更新了。

第 15 课
置入和使用图像

本课概览

在本课中，您将学习如何执行以下操作。

- 在 AI 文件中置入链接图形和嵌入图形。
- 变换和裁剪图像。
- 创建和编辑剪切蒙版。
- 使用文字制作图像蒙版。

- 创建和编辑不透明蒙版。
- 使用"链接"面板。
- 嵌入和取消嵌入图像。

学习本课大约需要 **60**分钟

您可以轻松地将图像添加到 AI 文件中，这是将栅格图像与矢量图形结合的好方法。

15.1 开始本课

在开始本课之前，请还原 Adobe Illustrator 的默认首选项，然后打开本课最终完成图稿文件，查看您将创建的内容。

① 为了确保工具的功能和默认值完全如本课所述，请删除或停用（通过重命名实现）Adobe Illustrator 首选项文件。具体操作请参阅本书"前言"中的"还原默认首选项"部分。

② 启动 Adobe Illustrator。

③ 选择"文件">"打开"，然后在"Lesson">"Lesson15"文件夹中打开"L15_end.ai"文件。

该文件包含旅游公司的一系列社交内容图像和 App 界面设计，如图 15-1 所示。"L15_end.ai"文件中的字体已转换为轮廓（选择"文字">"创建轮廓"）以避免丢失字体，图像也已被嵌入。

④ 选择"视图">"全部适合窗口大小"，可使该文件保持打开状态以供参考，或选择"文件">"关闭"。

⑤ 选择"文件">"打开"，在"打开"对话框中，定位到"Lessons">"Lesson15"文件夹，然后选择"L15_start.ai"文件。单击"打开"按钮，打开文件，如图 15-2 所示。

图 15-1

图 15-2

这是旅行公司社交内容的未完成版本，本课将为其添加和编辑图形。

⑥ 此时很可能会弹出"缺少字体"对话框，如图 15-3 所示。勾选所有缺少的字体的复选框，单击"激活字体"按钮以激活所有缺少的字体。激活字体后，您会看到消息提示不再缺少字体，单击"关闭"按钮。

> ♀ **注意** 您需要联网以激活字体，该过程可能需要几分钟。

如果无法激活字体，则可以转到 Adobe Creative Cloud 桌面应用程序，然后在右上角单击"字体"按钮 ƒ 来查看具体的问题（有关如何解决该问题的更多信息，请参阅 9.3.1 小节）。

您也可以单击"缺少字体"对话框中的"关闭"按钮，然后在继续操作时忽略缺少的字体。您还可以单击"缺少字体"对话框中的"查找字体"按钮，并将缺少的字体替换为计算机上的本地字体。

图 15-3

💡 注意 您还可以在"Illustrator 帮助"（选择"帮助">"Illustrator 帮助"）中搜索"查找缺少字体"来激活字体。

⑦ 选择"文件">"存储为"，如果弹出"云文档"对话框，单击"保存在您的计算机上"按钮。

⑧ 在"存储为"对话框中，定位到"Lesson15"文件夹，打开该文件夹，将文件命名为"Social-Travel.ai"。从"格式"菜单中选择"Adobe Illustrator (ai)"选项（macOS）或从"保存类型"菜单中选择"Adobe Illustrator (*.AI)"选项（Windows），然后单击"保存"按钮。

⑨ 在"Illustrator 选项"对话框中，使选项参数保持默认设置，然后单击"确定"按钮。

⑩ 选择"窗口">"工作区">"重置基本功能"以重置基本工作区。

⑪ 选择"视图">"全部适合窗口大小"。

15.2 组合图稿

您可以通过多种方式将 AI 文件中的图形与其他应用程序中的图像组合起来，以获得各种创意效果。通过在应用程序之间共享图稿，您可以将连续色调绘图、照片与矢量图稿结合起来。虽然 Adobe Illustrator 允许您创建某些类型的栅格图像，但是 Adobe Photoshop 更擅长处理多图像编辑任务。因此，您可以在 Adobe Photoshop 中编辑或创建图像，然后将其置入 Adobe Illustrator。

本课将引导您创建一幅组合图，将位图图像与矢量图形组合起来，以及使用不同应用程序。首先，您将把在 Adobe Photoshop 中创建的照片图像添加到在 Adobe Illustrator 中创建的社交内容中，然后为图像创建蒙版，并更新置入的图像。

15.3 置入图像文件

您可以使用"打开"命令、"置入"命令、"粘贴"命令、拖放操作和"库"面板，将 Adobe

Photoshop 或其他应用程序中的栅格图稿添加到 Adobe Illustrator 中。Adobe Illustrator 支持大多数 Adobe Photoshop 数据，包括图层、图层组合、可编辑的文本和路径。这意味着，您可以在 Adobe Photoshop 和 Adobe Illustrator 之间传输文件，并且能够编辑文件中的图稿。

选择"文件">"置入"来置入文件时，无论图像文件是什么类型（JPG、GIF、PSD、AI 等），都可以嵌入或链接该图像。嵌入文件将在 AI 文件中保存该图像的副本，因此会增加 AI 文件的大小。链接文件只在 AI 文件中创建指向外部图像的链接，所以不会显著增加 AI 文件的大小。链接到图像可确保 AI 文件能够及时反映图像的更新。但是，链接的图像必须始终伴随着 AI 文件，否则链接将中断，且置入的图像也不会再出现在 AI 文件的图稿中。

> 💡 注意　Adobe Illustrator 支持 DeviceN 栅格。例如，如果您在 Adobe Photoshop 中创建了一个双色调图像并将其置入 Adobe Illustrator 中，它将正确分离并打印专色。

15.3.1　置入图像

本小节将向文件中置入一个 JPEG（.jpg）图像。

❶ 选择"文件">"置入"。

❷ 定位到"Lessons">"Lesson15">"images"文件夹，然后选择"Mountains2.jpg"文件。确保在"置入"对话框中勾选了"链接"复选框，如图 15-4 所示。

图 15-4

> 💡 注意　在 macOS 中，您可能需要单击"置入"对话框中的"选项"按钮来显示"链接"选项。

❸ 单击"置入"按钮。

鼠标指针现在应显示为一个加载图形的样式。您可以在鼠标指针旁边看到"1/1"，指示即将置入的图像数量，另外还有一个缩略图，这样您就可以看到置入的是什么图像。

④ 将鼠标指针移动到左侧画板的左边缘附近单击，置入图像，如图 15-5 所示。保持图像处于选中状态。

图 15-5

💡提示 所选图像上的"×"表示置入的是链接的图像（要显示边缘，请选择"视图">"显示边缘"）。

图像将以其原始尺寸显示在画板上，而且图像的左上角将位于您单击的位置。您还可以在置入图像时，按住鼠标左键并拖动鼠标指针形成一个选框区域，从而对置入图像进行大小限定。

请注意，选择图像后，您会在"属性"面板（选择"窗口">"属性"）顶部看到"链接的文件"字样，表示图像已链接到其源文件，如图 15-6 所示。默认情况下，置入的图像是链接到源文件的。因此，如果在 Adobe Illustrator 外部编辑了源文件，则在 Adobe Illustrator 中置入的图像也会相应地更新。如果在置入时取消勾选"链接"复选框，则图像文件会直接嵌入 AI 文件。

图 15-6

15.3.2 变换置入的图像

像在 AI 文件中对其他对象操作那样，您也可以复制和变换置入的栅格图像。与矢量图形不同的是，对于栅格图像，您需要考虑图像分辨率，因为分辨率较低的栅格图像在打印时可能会出现像素锯齿。在 Adobe Illustrator 中操作时，缩小图像可以提高其分辨率，而放大图像则会降低其分辨率。在 Adobe Illustrator 中对链接的图像执行的变换及任何导致分辨率变化的操作都不会改变原始图像。所做的更改仅影响在 Adobe Illustrator 中渲染图像的方式。本小节将变换"Mountains2.jpg"图像。

💡提示 若要变换置入的图像，您还可以打开"属性"面板或"变换"面板（选择"窗口">"变换"），并在其中更改设置。

① 选择"选择工具" ▶，同时按住 Shift 键和鼠标左键，将图像右下角的定界点向中心拖动，直到其宽度略大于画板。松开鼠标左键和 Shift 键，如图 15-7 所示。

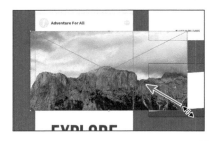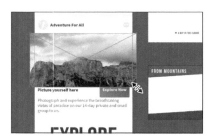

图 15-7

与其他图稿类似，您也可以按住"Option + Shift"（macOS）或"Alt + Shift"（Windows）组合键，拖动围绕图像的一个定界点，从中心调整图像的大小，同时保持图像的比例不变。

② 在"属性"面板中，单击"属性"面板顶部的"链接的文件"文本以打开"链接"面板。在"链接"面板中选择"Mountains2.jpg"文件后，单击面板左下角的"显示链接信息"折叠按钮可查看有关图像的信息，如图 15-8 所示。

您可以查看缩放百分比、旋转角度、大小等。

如果像上一步那样缩放置入的栅格图像，则图像分辨率将发生变化（置入的原始图像不受影响）。如果将图像拉大，分辨率会降低；如果将图像缩小，分辨率会升高。其他变换（如旋转），也可以通过第 5 课"变换图稿"中的各种方法应用到图像中。

③ 按 Esc 键隐藏"链接"面板。

④ 单击"属性"面板中的"水平轴翻转"按钮 ，沿中心水平翻转图像，如图 15-9 所示。

图 15-8

图 15-9

⑤ 使图像保持选中状态，然后选择"文件">"存储"，保存文件。

15.3.3　裁剪图像

在 Adobe Illustrator 中，您可以遮挡或隐藏图像的一部分，也可以裁剪图像以永久删除部分图像。在裁剪图像时，您可以定义分辨率，这是减小文件大小和提高性能的有效方法。在 Windows（64 位）和 macOS 上裁剪图像时，Adobe Illustrator 会自动识别所选图像的视觉重要部分。这是由 Adobe Sensei 提供的内容感知裁剪功能。本小节将裁剪部分山脉的图像。

通过选择"Illustrator">"首选项">"常规"（macOS）或"编辑">"首选项">"常规"（Windows），然后取消勾选"启用内容识别默认设置"复选框，可以关闭内容感知功能。

① 在仍然选择图像的情况下，单击"属性"面板中的"裁剪图像"按钮，如图 15-10（a）所示。在弹出的警告对话框中单击"确定"按钮，如图 15-10（b）所示。

若要裁剪所选图像，您还可以选择"对象">"裁剪图像"或从上下文菜单中选择"裁剪图像"选项（用鼠标右键单击图像或按住 Ctrl 键单击图像）。

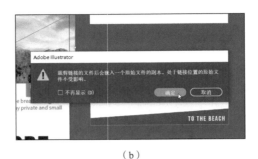

（a） （b）

图 15-10

链接的图像（如山峰图像）在被裁剪后，会嵌入 AI 文件中。Adobe Illustrator 会自动识别所选图像的视觉重要部分，而且图像上会显示一个默认裁剪框。如果有必要，您可以调整此裁剪框的尺寸，而裁剪框以外的部分会变暗，在完成裁剪之前无法选择。

❷ 按住鼠标左键拖动裁剪手柄，裁掉图像的底部和顶部，并且在图像左右两侧将其裁剪到与画板边缘齐平。您最初看到的裁剪框可能与图 15-11（a）所示的有所不同，这没关系。您在操作时可以将图 15-11（b）作为最终参考。

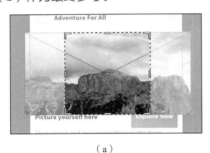
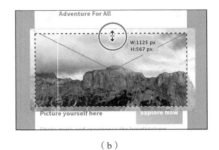

（a） （b）

图 15-11

您可以拖动出现在图像周围的手柄来裁剪图像的不同部分，还可以在"属性"面板中定义要裁剪的大小（宽度和高度）。

❸ 打开"属性"面板中的"PPI"菜单，如图 15-12 所示。

"PPI"是指图像的分辨率。"PPI"菜单中任何高于图像原始分辨率的选项都将被禁用。您可以输入的最大值等于原始图像分辨率，而链接图稿的 PPI 可选为"高（300 ppi）"。如果要缩小文件大小，请选择比原始图像分辨率更低的分辨率。

> ♀️注意 分辨率较低的图像不适合打印。

图 15-12

❹ 将鼠标指针移动到图像的中心，然后将裁剪框向下拖动一点，在图像的顶部进行更多裁剪，如图 15-13 所示。

❺ 在"属性"面板中单击"应用"按钮，永久性裁剪图像，如图 15-14 所示。

由于图像在裁剪时已经嵌入，因此裁剪不会影响置入的原始图像文件。

❻ 如果有需要，将图像拖动到图 15-15 所示位置。

❼ 单击"属性"面板中的"排列"按钮，然后选择"后移一层"选项，执行此操作多次，使图

像位于插图和文本的下层，如图 15-15 所示。

图 15-13

图 15-14

图 15-15

❽ 选择"选择">"取消选择"，然后选择"文件">"存储"，保存文件。

15.3.4　置入 PSD 文件

在 Adobe Illustrator 中置入包含多个图层的 PSD 文件（本地文件 PSD 或云文档 PSDC）时，您可以在置入该文件时更改图像选项。例如，如果置入 PSD 文件，则可以选择拼合图像，或者保留文件中的原始 Photoshop 图层。本小节将置入一个 PSD 文件，然后设置相关选项将其嵌入 AI 文件。

❶ 选择"文件">"置入"。

❷ 在"置入"对话框中，定位到"Lessons">"Lesson15">"images"文件夹，然后选择"PhotoFrame.psd"文件，如图 15-16 所示。在"置入"对话框中，设置以下选项（在 macOS 中如果看不到这些选项，请单击"选项"按钮）。

· 链接：取消勾选（取消勾选"链接"复选框可将图像文件嵌入 AI 文件中。如您所见，嵌入 PSD 文件可在置入时提供更多选项）。

· 显示导入选项：勾选（勾选此复选框将打开"Photoshop 导入选项"对话框，您可以在置入之前设置相关选项）。

> 💡注意　如果图像没有多个图层，即使在"置入"对话框中勾选"显示导入选项"复选框，也不会显示"Photoshop 导入选项"对话框。

❸ 单击"置入"按钮。

由于文件具有多个图层，且在"置入"对话框中勾选了"显示导入选项"复选框，因此此时会弹出"Photoshop 导入选项"对话框。

❹ 在"Photoshop 导入选项"对话框中设置以下选项，如图 15-17 所示。

· 图层复合：Beach（图层复合是在 Adobe Photoshop 中创建的"图层"面板状态的快照。在

Adobe Photoshop 中，您可以在单个 PSD 文件中创建、管理和查看图层布局。PSD 文件中图层复合关联的所有注释都将显示在"注释"区域中）。

- 显示预览：勾选（在预览框中显示所选图层复合的预览图）。
- 将图层转换为对象：选择（当您取消勾选"链接"复选框，并选择嵌入 PSD 文件时，此单选按钮和"将图层拼合为单个图像"单选按钮可用）。
- 导入隐藏图层：勾选（可导入在 Adobe Photoshop 中隐藏的图层）。

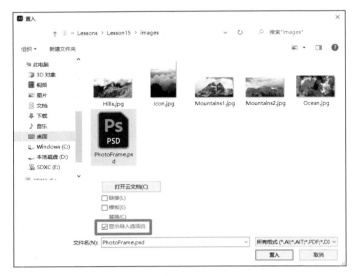

图 15-16   图 15-17

> 💡 提示　若要了解有关图层复合的详细信息，请参阅"Illustrator 帮助"中的"从 Photoshop 导入图稿"（选择"帮助">"Illustrator 帮助"）。

⑤ 单击"确定"按钮。

⑥ 将鼠标指针移动到右侧画板的左上角，按住鼠标左键从画板的左上角拖动到画板的右下角，如图 15-18 所示，置入图像并调整其大小，确保该图像覆盖整个画板。

 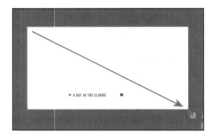

图 15-18

您已将"PhotoFrame.psd"文件中的图层变换为可以在 Adobe Illustrator 中显示和隐藏的图层，而不是将整个文件拼合为单个图像。如果在置入 PSD 文件时勾选了"链接"复选框（链接到原始 PSD 文件），那么"Photoshop 导入选项"对话框的"选项"选项组中仅有唯一可选项"将图层拼合为单个图像"。请注意，在画板上仍选择图像的情况下，"属性"面板的顶部会显示"编组"一词。在保存和置入时，原来的图层将编组在一起。

⑦ 选择"对象">"排列">"置于底层"，将图像置于画板上内容的底层。

⑧ 单击文档窗口右上方的"图层"面板的选项卡，打开"图层"面板。按住鼠标左键将"图层"面板的左边缘向左侧拖动，使面板变宽，以便查看图层的完整名称。

⑨ 单击面板底部的"定位对象"按钮 ，在"图层"面板中显示图像内容，如图 15-19 所示。

注意"PhotoFrame.psd"的子图层。这些子图层是 PSD 文件中的图层，现在出现在 Adobe Illustrator 的"图层"面板中，这是因为在置入图像时选择了不拼合图层。

当置入带有图层的 PSD 文件并在"Photoshop 导入选项"对话框中选择"将图层转换为对象"单选按钮时，Adobe Illustrator 会将图层视为编组中的单独子图层。PSD 文件中有一个白色相框，但是画板上已经有一个相框，因此接下来您需要隐藏 PSD 文件的白色相框及其中一张图像。

⑩ 在"图层"面板中，在子图层"Pic frame"和"Beach"图像的左侧单击眼睛图标 ，将其隐藏，如图 15-20 所示。单击山图像图层的眼睛图标（本例中，山图像图层已被命名为"<背景> 0"）以显示山图像。

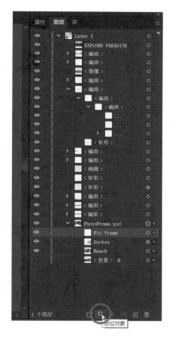

图 15-19

图 15-20

15.3.5 置入多个图像

在 Adobe Illustrator 中，您还可以一次性置入多个文件。本小节将同时置入多张图像，然后将其放置在画板上。

① 选择"文件">"置入"。

② 在"置入"对话框中，打开"Lessons">"Lesson15">"images"文件夹，选择"Hills.jpg"文件，然后按住 Command 键（macOS）或 Ctrl 键（Windows）并单击名为"Icon.jpg"的图像以选中两个

图像文件，如图 15-21 所示。在 macOS 中，如有必要，单击"选项"按钮以显示其他选项。取消勾选"显示导入选项"复选框，并确保取消勾选"链接"复选框。

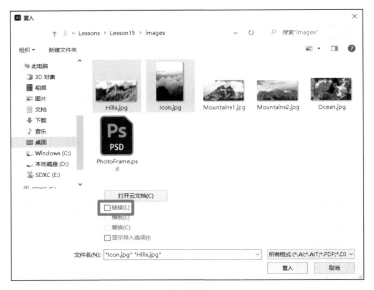

图 15-21

💡 **提示** 您可以通过按住 Shift 键，在"置入"对话框中连续选择一系列文件。

💡 **注意** 您在 Adobe Illustrator 中看到的"置入"对话框可能会以不同的视图（如"列表视图"）显示图像，这不影响操作。

③ 单击"置入"按钮。

④ 将鼠标指针移动到带有"Adventure For All"文本的画板的左侧，按→键或←键（或↑键和↓键）几次，观察鼠标指针旁边的图像缩略图之间的循环切换。在看到带有"Icon"图像的缩略图后，按住鼠标左键并拖动，以较小的尺寸置入图像，如图 15-22 所示。

图 15-22

💡 **提示** 若要丢弃已加载并准备置入的资源，请使用方向键定位到该资源，然后按 Esc 键。

您可以在文档窗口中单击，将图像直接以原始大小置入，也可以按住鼠标左键拖动来置入图像。置入图像时，通过按住鼠标左键并拖动可以调整图像的大小。在 Adobe Illustrator 中调整图像大小可能会导致该图像的分辨率与原始分辨率不同。另外，当您在文档窗口中单击或拖动时，无论鼠标指针的图标显示的是哪个缩略图，其都是要置入的图像。

⑤ 将鼠标指针移动到右下方的画板中，将其移动至画板的左上角，然后按住鼠标左键拖过画板的右下角以置入和缩放图像，如图 15-23 所示。保持图像处于选中状态。

 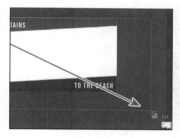 

图 15-23

⑥ 单击"属性"面板的选项卡以显示该面板，单击"属性"面板中的"排列"按钮，然后选择"置于底层"选项，将图像排列在画板上其他内容的下层，如图 15-24 所示。

图 15-24

⑦ 保持图像呈选中状态，选择"文件">"存储"，保存文件。

置入云文档

在 Adobe Illustrator 中，您可以置入 PSD 云文档。目前唯一的方法就是嵌入它们，操作如下。

1. 选择"文件">"置入"。

2. 在"置入"对话框中单击"打开云文档"按钮，以打开云文档的资源选择器，如图 15-25 所示。

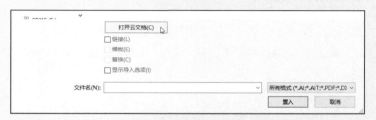

图 15-25

在资源选择器中选择文件（例如 PSD 云文档，扩展名为 .psdc）后，如果该文件不是本地文件，则会下载该文件。然后，您可以选择适当的选项，例如保留图层用于嵌入云文档，如图 15-26 所示。

图 15-26

15.4 给图像添加蒙版

为了实现某些设计效果，您可以为内容应用剪切蒙版（剪贴路径）。剪切蒙版是一种对象，其形状会遮挡其他图稿，只有位于形状内的图稿可见。图 15-27（a）所示为顶层为白色圆形的图像，图 15-27（b）中，白色圆圈被用作遮罩以隐藏部分图像。

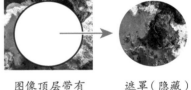

图像顶层带有　　遮罩（隐藏）
白色圆形　　　　部分图像
（a）　　　　　　（b）

图 15-27

> 💡 **注意** 通常，"剪切蒙版""剪贴路径""蒙版"的意思是一样的。

只有矢量对象才能成为剪切蒙版，但是可以为任何图稿添加蒙版。您还可以导入在 PSD 文件中创建的蒙版。剪贴路径和被遮罩对象统称为"剪切组"。

15.4.1 给图像添加简单蒙版

本小节将在"Hills.jpg"图像上创建一个简单的蒙版，以便隐藏部分图像。

❶ 在仍然选择"Hills.jpg"图像的情况下，在"属性"面板中单击"快速操作"选项组中的"蒙版"按钮，如图 15-28 所示。

> 💡 **提示** 您还可以通过选择"对象"＞"剪切蒙版"＞"制作"来应用剪切蒙版。

单击"蒙版"按钮，可将一个形状和大小均与图像相同的剪切蒙版应用于图像。在这种情况下，图像本身看起来并没有任何变化。

❷ 在"图层"面板中，单击面板底部的"定位对象"按钮🔎，如图 15-29 所示。

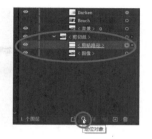

图 15-28 | 图 15-29

注意包含在"＜剪切组＞"子图层中的"＜剪贴路径＞"和"＜图像＞"子图层。"＜剪贴路径＞"对象是创建的蒙版，"＜剪切组＞"是包含蒙版和被遮罩对象（被裁剪后的嵌入图像）的集合。

15.4.2 编辑剪切蒙版

为了编辑剪切蒙版，需要选择该蒙版。Adobe Illustrator 提供了多种方法来选择蒙版。本小节将编辑刚创建的蒙版。

❶ 单击"属性"面板的选项卡以显示该面板。在画板上仍选择"Hills.jpg"图像的情况下，单击"属性"面板右上角的"编辑内容"按钮🔘，如图 15-30（a）所示。

> 💡 提示　您还可以双击剪切组（带有剪切蒙版的对象）进入隔离模式。然后，您可以单击被遮罩的对象（在本例中为图像），也可以单击剪切蒙版边缘以选择剪切蒙版。完成编辑后，您可以使用前面课程介绍的各种方法（如按 Esc 键）退出隔离模式。

❷ 单击"图层"面板选项卡，您会注意到"＜图像＞"子图层（在"＜剪切组）＞"中）名称最右侧出现了选择指示器（小蓝色框），这意味着它在画板上被选中了，如图 15-30（b）所示。

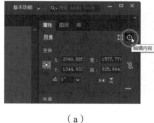

（a） | （b）

图 15-30

❸ 单击"属性"面板选项卡，然后在"属性"面板右上角单击"编辑剪切路径"按钮🔲，在"图层"面板中选择"＜剪贴路径＞"，如图 15-31 所示。

图 15-31

对象被遮罩时，您可以编辑蒙版和遮罩的对象。使用"编辑内容"按钮和"编辑剪切路径"按钮可选择要编辑的对象。首次单击被遮罩的对象时，将同时编辑蒙版和遮罩对象。

④ 选择"选择工具"▶，按住鼠标左键拖动所选蒙版的右下角的定界点，使其适合画板大小，如图 15-32 所示。

💡提示 您还可以使用变换选项（如旋转、倾斜等）或使用"直接选择工具"▷编辑剪切蒙版。

⑤ 单击"属性"面板右上角的"编辑内容"按钮◎，编辑"Hills.jpg"图像，而不是蒙版，如图 15-33（a）所示。

图 15-32

💡提示 您还可以按方向键来重新定位图像。

⑥ 选择"选择工具"▶，在蒙版范围内按住鼠标左键小心地拖动，以将图像重新定位在蒙版的中央，然后松开鼠标左键，如图 15-33（b）所示。请注意，此处移动的是图像而不是蒙版。

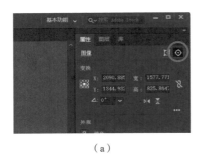

（a）

（b）

图 15-33

单击"编辑内容"按钮◎后，可以对图像应用多种变换，包括缩放、移动、旋转等。

⑦ 选择"视图">"全部适合窗口大小"。

⑧ 选择"选择">"取消选择"，然后选择"文件">"存储"，保存文件。

15.4.3 用形状创建蒙版

您还可以使用形状来创建蒙版。本小节将用一个圆形遮罩图像来制作一个小小的图像图标。

❶ 选择"Adventure For All"文本左侧的灰色圆形，按住鼠标左键将其拖动到"Icon.jpg"图像的上部，如图 15-34 所示。

圆形将被放置在图像的下层。

❷ 按"Command + +"（macOS）或"Ctrl + +"（Windows）组合键 4 次，放大视图。

❸ 单击"属性"面板中的"排列"按钮，然后选择"置于顶层"选项，将圆形排列在"Icon.jpg"图像的上层。

图 15-34

❹ 按住 Shift 键并单击图像以选择圆形和图像，单击"属性"面板的"快速操作"选项组中的"建立剪切蒙版"按钮，以圆形遮罩图像，如图 15-35 所示。

图 15-35

此时已经隐藏了圆形范围之外的图像。

⑤ 在圆形中双击以进入隔离模式，调整图像的大小和位置。在"隔离模式下"，您可以分别编辑图像和遮罩（圆形）。将指针移动到图像上方，然后单击（注意不要单击圆形的边缘）以将其选中。

⑥ 按住 Shift 键，按住鼠标左键拖动图像的角定界点，以缩小图像，如图 15-36（a）所示。松开鼠标左键，然后松开 Shift 键。

⑦ 将鼠标指针移动到图像上，当鼠标指针变为▶时，按住鼠标左键拖动图像以重新调整图像位置，如图 15-36（b）所示。

⑧ 按 Esc 键，退出隔离模式。

⑨ 在图像蒙版以外的地方单击以取消选择图像，然后按住鼠标左键将圆形拖动到画板上的"Adventure For All"文本的左侧，如图 15-37 所示。

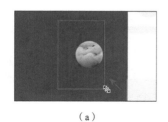

（a） （b）

图 15-36

图 15-37

⑩ 选择"选择"＞"取消选择"，然后选择"视图"＞"全部适合窗口大小"以再次查看所有内容。

15.4.4 用文本创建蒙版

本小节将使用文本作为置入图像的蒙版。在本例中，文本将保持可编辑状态，而不是转换为轮廓。另外，您将使用 PSD 文件的一部分来置入图像。

❶ 选择"选择工具"▶，在右上画板中单击之前置入的 Photoshop 文件。

❷ 在"图层"面板中，单击"定位对象"按钮🔍，突出显示"图层"面板中置入的图像内容。

❸ 单击海滩图像（"Beach"图层）左侧的眼睛图标以显示它，然后单击"图层"面板中的选择指示器以仅选择该图像，如图 15-38 所示。

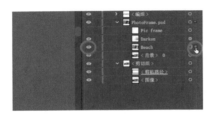

图 15-38

④ 选择"编辑">"复制"，然后选择"编辑">"粘贴"。

⑤ 选择"编辑">"粘贴"，粘贴另一个副本，然后按住鼠标左键将其拖动到空白区域，如图 15-39 所示。

⑥ 在"图层"面板中，单击"PhotoFrame.psd"图层组中海滩图像左侧的眼睛图标👁，再次将其隐藏。

⑦ 拖动图像的第一个副本到大型文本"EXPLORE PARADISE"的上层，确保图像覆盖文本。

⑧ 单击"属性"面板的选项卡以显示该面板。单击"属性"面板中的"排列"按钮，然后选择"置于底层"选项，结果如图 15-40 所示。

图 15-39   图 15-40

您现在能看到"EXPLORE PARADISE"文本。要从文本创建蒙版，文本需要在图像上层。

⑨ 选择"编辑">"复制"，复制图像，然后选择"编辑">"贴在前面"。

⑩ 选择"对象">"隐藏">"所选对象"，隐藏副本。

⑪ 单击文本下方的图像，然后按住 Shift 键单击"EXPLORE PARADISE"文本，同时选择它们。

⑫ 在"属性"面板中单击"建立剪切蒙版"按钮，如图 15-41 所示。

现在，图像应被文本遮罩，如图 15-42 所示。

图 15-41   图 15-42

15.4.5 完成文字蒙版

接下来，您将在文字下层添加一个深色矩形来使文字和下层的图像在视觉上区分开来。

❶ 在"图层"面板中，单击"图层"面板底部隐藏的海滩图像的眼睛图标以显示它，如图 15-43 所示。

图 15-43

❷ 在工具栏中选择"矩形工具" ▢，按住鼠标左键绘制一个和所选图像等大的矩形并覆盖该图像。

❸ 单击"属性"面板中的"填色"框，然后选择一个深灰色色板。

❹ 在"属性"面板中将"不透明度"更改为"80%"，如图 15-44（a）所示，效果如图 15-44（b）所示。

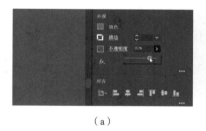 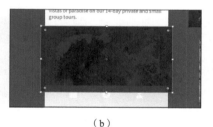

（a）　　　　　　　　　　　（b）

图 15-44

❺ 单击"排列"按钮，然后选择"置于底层"选项，将矩形置于蒙版图像的下层。单击"排列"按钮，然后选择"前移一层"选项，将其置于未遮盖的图像的上层，如图 15-45 所示。

图 15-45

❻ 选择"选择">"取消选择"，然后选择"文件">"存储"，保存文件。

15.4.6　创建不透明蒙版

不透明蒙版不同于剪切蒙版，它允许您遮罩对象并改变图稿的不透明度。您可以使用"透明度"面板制作和编辑不透明蒙版。本小节将为海滩图像副本创建一个不透明蒙版，使其逐渐融入另一个图像中。

① 选择"选择工具" ▶，选择复制的海滩图像并将其拖动到图 15-46 所示位置。

② 在工具栏中选择"矩形工具" ▢，按住鼠标左键拖动以创建一个覆盖大部分海滩图像的矩形，如图 15-47（a）所示，它将成为蒙版。

图 15-46

③ 按 D 键设置新矩形为默认描边（黑色，1 pt）和填色（白色），如图 15-47（b）所示，以便更轻松地选择和移动它。

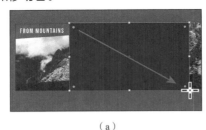
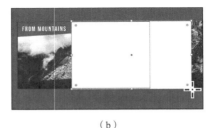

（a）　　　　　　　　　　　　　　　　（b）

图 15-47

④ 选择"选择工具" ▶，然后在按住 Shift 键的同时单击沙滩图像以将其选中。

> 💡 **注意**　如果要创建与图像具有相同尺寸的不透明蒙版，则不需要绘制形状，只需单击"透明度"面板中的"制作蒙版"按钮即可。

⑤ 单击"属性"面板选项卡以再次查看"属性"面板。单击"不透明度"一词以打开"透明度"面板，单击"制作蒙版"按钮，如图 15-48（a）所示，然后保持图稿处于选中状态，面板处于显示状态，如图 15-48（b）所示。

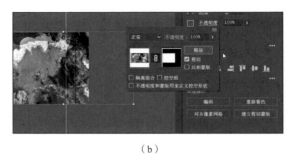

（a）　　　　　　　　　　　　　　　　（b）

图 15-48

单击"制作蒙版"按钮后，该按钮现在显示为"释放"。如果再次单击该按钮，沙滩图像将不再被遮罩。

15.4.7　编辑不透明蒙版

本小节将调整上一小节中创建的不透明蒙版。

① 选择"窗口">"透明度",打开"透明度"面板。

您将看到与单击"属性"面板中的"不透明度"一词时打开的面板相同的面板。当您单击"不透明度"一词打开"透明度"面板时,您需要隐藏该面板,使本小节所做的更改生效,而在自由浮动的"透明度"面板中,更改将自动生效。

② 在"透明度"面板中,按住 Shift 键并单击蒙版缩略图(由黑色背景上的白色矩形表示)以禁用蒙版。

> **提示** 若要禁用和启用不透明蒙版,您还可以单击"透明度"面板菜单按钮以选择"停用不透明蒙版"或"启用不透明蒙版"选项。

请注意,"透明度"面板上的蒙版上会出现一个红色的 ×,并且整个海滩图像会重新出现在文档窗口中,如图 15-49 所示。

如果您需要对被遮罩对象进行任何操作,则禁用蒙版以再次查看所有被遮罩的对象(在本例中为沙滩图像)。

③ 在"透明度"面板中,按住 Shift 键并单击蒙版缩略图,再次启用蒙版。

> **提示** 要在画板上单独显示蒙版(如果原始蒙版有其他颜色,则以灰度显示),还可以按住 Option 键(macOS)或 Alt 键(Windows),在"透明度"面板中单击蒙版缩略图。

④ 单击"透明度"面板右侧的蒙版缩略图,如果未在画板上选择蒙版,请使用"选择工具" ▶单击蒙版缩略图以选中它,如图 15-50 所示。

图 15-49

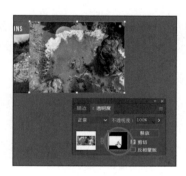

图 15-50

单击"透明度"面板中的不透明蒙版缩略图可在画板上选择蒙版。选择蒙版后,您将无法在画板上编辑其他图稿。另外,请注意,文件选项卡中会显示"(<不透明蒙版>/不透明蒙版)",表示您正在编辑该蒙版。

⑤ 单击"图层"面板的选项卡以显示"图层"面板,然后单击"<不透明蒙版>"图层的折叠按钮 ❯ 以显示内容,如图 15-51 所示。

图 15-51

⑥ 在"透明度"面板和画板上仍选择蒙版,在"属性"面板中将"填色"更改为白色到黑色的线性渐变(名称为"White, Black"),如图 15-52 所示。

您现在可以看到,在蒙版的白色部分海滩图像会显示出来,在蒙版的黑色部分海滩图像会被隐藏起来。这种渐变蒙版会逐渐显示图像。

图 15-52

⑦ 确保选择了工具栏底部的"填色"框。

⑧ 选择"渐变工具" ▮，将鼠标指针移动到海滩图像的右侧，按住鼠标左键向左拖动到图像的左边缘，如图 15-53 所示。

请注意，此时蒙版在"透明度"面板中的外观已发生改变。在"透明度"面板中选择图像缩略图后，默认情况下，图像和蒙版会链接在一起，所以在移动图像时，蒙版也会移动。

⑨ 在"透明度"面板中单击图像缩略图，停止编辑蒙版。单击图像缩略图和蒙版缩略图之间的链接按钮 ▮，如图 15-54 所示。这样就可以只移动图像或蒙版，而不会同时移动它们。

图 15-53

图 15-54

💡注意 只有在"透明度"面板中选择了图像缩略图（而不是蒙版缩略图）时，您才能单击链接按钮。

⑩ 选择"选择工具"，按住鼠标左键将沙滩图像向左侧稍微拖动，然后松开鼠标左键以查看其位置，如图 15-55 所示。

💡注意 海滩图像的位置不需要与图 15–55 所示完全一致。

⑪ 在"透明度"面板中，单击图像缩略图和蒙版缩略图之间的断开链接按钮 ▮，将两者再次链接在一起，如图 15-56 所示。

图 15-55

图 15-56

⑫ 按住鼠标左键将海滩图像向左侧拖动，以覆盖更多的山脉图像。

⑬ 按住 Shift 键，单击山脉图像，选择"对象">"排列">"置于底层"，将其置于画板上的文本的下层，如图 15-57 所示。

图 15-57

⑭ 选择"选择">"取消选择"，然后选择"文件">"存储"，保存文件。

15.5　使用图像链接

当您将图像置入 Adobe Illustrator 中时，可以链接图像或嵌入图像。您可以使用"链接"面板查看和管理所有链接图像或嵌入图像。"链接"面板显示了图像的缩略图，并使用各种图标来表示图像的状态。在"链接"面板中，您可以查看已链接或嵌入的图像，替换置入的图像，更新在 Adobe Illustrator 外部编辑的链接图像，或在链接图像的原始应用程序（如 Adobe Photoshop）中编辑它。

💡 注意　有关如何使用链接和 Adobe Creative Cloud 库项目的更多信息，参见第 14 课"创建 T 恤图稿"。

15.5.1　查找链接信息

当置入图像时，了解原始图像的位置、对图像应用的变换（如旋转和缩放）及更多其他信息很重要。本小节您将浏览"链接"面板来了解链接信息。

❶ 选择"窗口">"工作区">"重置基本功能"。

❷ 选择"窗口">"链接"以打开"链接"面板。

❸ 在"链接"面板中选择"Icon.jpg"图像，单击"链接"面板左下角的折叠按钮，以在面板底部显示链接信息，如图 15-58 所示。

💡 提示　您还可以双击"链接"面板列表中的图像来查看图像信息。

💡 注意　实际操作时，您看到的链接信息可能与图中的信息不同，不用在意。

在"链接"面板中，您将看到已置入的所有图像的列表。您可以通过图像

图 15-58

名称或缩略图右侧的嵌入图标判断图像是否已被嵌入。如果在"链接"面板中看不到图像的名称,则通常表示该图像是在置入时嵌入的,或者是与保留了图层的分层 PSD 文件一起使用的,或者是粘贴到 Adobe Illustrator 中的。您还可以看到有关图像的信息,例如嵌入(嵌入的文件)、分辨率、变换信息等。

④ 单击图像列表下方的"转至链接"按钮。"Icon.jpg"图像将被选中并居中显示在文档窗口中,如图 15-59 所示。

图 15-59

⑤ 选择"选择">"取消选择",然后选择"文件">"存储",保存文件。

15.5.2　嵌入和取消嵌入图像

如前所述,如果您选择在置入图像时不链接到该图像,则该图像将嵌入 AI 文件中。这意味着图像数据将存储在 AI 文件中。您也可以在置入并链接到图像后,再选择嵌入图像。此外,您可能希望在 Adobe Illustrator 外部使用嵌入图像,或在类似 Adobe Photoshop 这样的图像编辑应用程序中对其进行编辑。Adobe Illustrator 允许您取消嵌入图像,从而将嵌入的图稿作为 PSD 或 TIFF 文件(您可以选择)保存到您的文件系统,并自动将其链接到 AI 文件。本小节将在文件中取消嵌入图像。

> 💡 提示　您也可以单击"链接"面板菜单按钮▤,选择"取消嵌入"选项来取消嵌入图像。

> 💡 注意　嵌入的 "Hills.jpg" 图像数据从文件中解压缩,并作为 PSD 文件保存在"mages"文件夹中。画板上的图像现在链接到 PSD 文件。您可以说这是一个链接的图形,因为当选择它时,它会在边界框中显示"×"。

① 选择"视图">"全部适合窗口大小"。

② 单击右侧下部画板上的"Hills.jpg"图像(山脉)。

最初置入"Hills.jpg"图像时勾选了"嵌入"复选框,而嵌入图像后,您可能需要在 Adobe Photoshop 之类的应用程序中对该图像进行编辑。此时,您需要取消嵌入该图像来对其进行编辑。

③ 单击"属性"面板中的"取消嵌入"按钮,如图 15-60 所示。

④ 在弹出的对话框中,定位到"Lessons">"Lesson15">"images"文件夹。确保从"文件格式"菜单(macOS)或"保存类型"菜单(Windows)中选择"Photoshop(*.PSD)"选项,然后单击"保存"按钮,如图 15-61 所示。

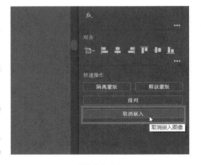

图 15-60

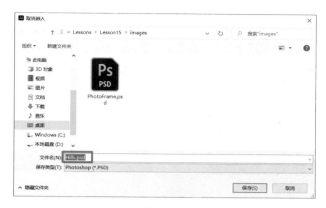

图 15-61

如果在 Adobe Photoshop 中编辑"Hills.psd"文件，由于图像已链接，其将在 Adobe Illustrator 中进行更新。

⑤ 选择"选择 > 取消选择"。

15.5.3 替换链接图像

您可以轻松地将链接或嵌入的图像替换为另一幅图像来更新图稿。替换图像要放置在原始图像所在的位置，如果新图像具有与原始图像相同的尺寸，则无须进行调整。如果缩放了要替换的图像，则可能需要调整替换图像的大小以匹配原始图像。本小节将替换图像。

① 单击左侧画板上的"Mountains2.jpg"图像。这是您置入的第一张图像。

② 在"链接"面板中，在图片列表下方单击"重新链接"按钮 🔗 ，如图 15-62 所示。

图 15-62

③ 在打开的对话框中，定位到"Lessons">"Lesson15">"images"文件夹，然后选择"Mountains1.jpg"图像。确保已启用"链接"，单击"置入"按钮以替换图像，如图 15-63 所示。替换链接图像结果如图 15-64 所示，最终结果如图 15-65 所示。

图 15-63

图 15-64

图 15-65

④ 选择"选择">"取消选择",然后选择"文件">"存储",保存文件。

⑤ 根据需要,选择"文件">"关闭"几次,关闭所有打开的文件。

15.6 复习题

1. 在 Adobe Illustrator 中，链接文件和嵌入文件有什么区别?
2. 导入图像时如何显示选项?
3. 哪些类型的对象可用作蒙版?
4. 如何为置入的图像创建不透明蒙版?
5. 如何替换置入的图像?

参考答案

1. 链接文件是一个独立的外部文件，通过链接与 AI 文件关联。链接文件不会显著地增加 AI 文件的大小。为保留链接并确保在打开 AI 文件时显示置入文件，被链接的文件必须随 AI 文件一起提供。嵌入文件将成为 AI 文件的一部分，因此嵌入文件后，AI 文件会相应增大。由于嵌入文件是 AI 文件的一部分，所以不存在断开链接的问题。无论是链接文件还是嵌入文件，都可以使用"链接"面板中的"重新链接"按钮 来更新。
2. 选择"文件" > "置入"置入图像时，在"置入"对话框中勾选"显示导入选项"复选框，将打开"导入选项"对话框，可以在其中设置导入选项，然后再置入图像。在 macOS 中，如果在"导入选项"对话框中看不到选项，则需要单击"选项"按钮。
3. 蒙版可以是简单路径，也可以是复合路径，可以通过置入 PSD 文件来导入蒙版（例如不透明蒙版），还可以使用位于对象组或图层上层的任何形状来创建剪切蒙版。
4. 将用作蒙版的对象放在要遮罩的对象的上层，可以创建不透明蒙版。选择蒙版和要遮罩的对象，然后单击"透明度"面板中的"制作蒙版"按钮，或从"透明度"面板菜单中选择"建立不透明蒙版"选项。
5. 要替换置入的图像，可以在"链接"面板中选择该图像，然后单击"重新链接"按钮 ，选择用于替换的图像后，单击"置入"按钮。

第 16 课

分享项目

本课概览

在本课中，您将学习如何执行以下操作。

- 打包文件。
- 创建 PDF 文件。
- 创建像素级优化的图稿。

- 使用"导出为多种屏幕所用格式"命令。
- 使用"资源导出"面板。

学习本课大约需要 **30**分钟

　　您可以使用多种方法将项目分享和导出 PDF 文件，或者优化您在 Adobe Illustrator 中创建的内容，以便在 Web、App 及屏幕演示文稿中使用。

16.1　开始本课

开始本课之前，请还原 Adobe Illustrator 的默认首选项，并打开课程文件。

> **注意**　本课所用课程文件由 Meng He 设计。

❶ 为了确保工具的功能和默认值完全如本课所述，请删除或停用（通过重命名实现）Adobe Illustrator 首选项文件，具体操作请参阅本书"前言"的"还原默认首选项"部分。

❷ 启动 Adobe Illustrator。

❸ 选择"文件">"打开"，在"打开"对话框中，定位到"Lessons">"Lesson16"文件夹，选择"L16_start1.ai"文件，单击"打开"按钮。

❹ 在弹出的警告对话框中勾选"应用于全部"复选框，单击"忽略"按钮，如图 16-1 所示。

此时至少有一张图像（Ocean.jpg）链接到了不在您系统中的 AI 文件。您需要打开"链接"面板查看哪个文件丢失了，然后替换它们，而不是直接在对话框中替换丢失的图像。

❺ 如果您跳过了第 15 课，"缺少字体"对话框很有可能再次弹出。单击"激活字体"按钮以激活所有缺少的字体，如图 16-2 所示（您的缺少字体列表可能和图 16-2 所示有所不同）。字体被激活之后，您会看到一条信息，提示没有缺少字体，单击"关闭"按钮。

图 16-1

图 16-2

❻ 选择"窗口">"工作区">"重置基本功能"，确保工作区为默认设置。

> **注意**　如果在"工作区"菜单中看不到"重置基本功能"选项，请先选择"窗口">"工作区">"基本功能"，然后选择"窗口">"工作区">"重置基本功能"。

❼ 选择"视图">"画板适合窗口大小"。

❽ 如果选择了任何内容，请选择"选择">"取消选择"。

❾ 选择"窗口">"链接"，打开"链接"面板。

❿ 在"链接"面板中，选择第一行右侧带有图标 ? 的"Ocean.jpg"图像，在面板底部单击"重新链接"按钮 ⟲，以链接缺少的图像到原始位置，如图 16-3 所示。

⓫ 在打开的对话框中，定位到"Lessons">"Lesson16">"images"文件夹，选择"Ocean.jpg"

文件，单击"置入"按钮，如图 16-4 所示。

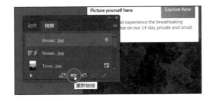

图 16-3

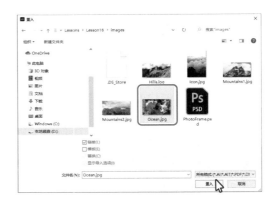

图 16-4

⑫ 选择"选择" > "取消选择"，然后选择"文件" > "存储"，保存文件。

⑬ 关闭"链接"面板。

16.2 打包文件

使用 Adobe Illustrator 打包文件时，将创建一个文件夹，其中包括 AI 文件的副本、所需字体、链接图像的副本及一个关于打包文件信息的报告。这是一个用来分发 AI 文件中所有必需文件的简便方法。本小节将打包打开的文件。

① 选择"文件" > "打包"，在弹出的"打包"对话框中，设置图 16-5 所示的选项。

图 16-5

- 单击"文件夹"按钮■，定位到"Lesson16"文件夹。单击"选择"（macOS）或"选择文件夹"（Windows）按钮，返回到"打包"对话框。

- 文件夹名称：Social。

- 选项：保持默认设置。

> **注意** 如果需要保存文件，会弹出一个对话框提示您。

> **注意** 勾选"创建报告"复选框后，Adobe Illustrator 将以 .txt（文本）文件的形式创建打包报告（摘要），该文件默认放在打包文件夹中。

勾选"复制链接"复选框后，Adobe Illustrator 会把所有链接文件复制到新创建的文件夹中。勾选"收集不同文件夹中的链接"复选框则会创建一个名为"Links'"的文件夹，并将所有链接复制到该文件夹。勾选"将已链接的文件重新链接到文档"复选框则会更新 AI 文件中的链接，使其链接到打包时新创建的副本中。

② 单击"打包"按钮。

③ 接下来弹出的对话框会提示字体授权信息，单击"确定"按钮即可。

单击"返回"按钮支持取消选择"复制字体"（Adobe 字体和非 Adobe CJK 字体除外）选项。

④ 在最后弹出的对话框中，单击"显示文件包"按钮，查看打包的文件夹，如图 16-6 所示。

打包的文件夹中有 AI 文件副本及名为"Links"的文件夹，"Links"文件夹中包含所有链接的图像，如图 16-7 所示。"L16_start1 报告 .txt"文件中包含有关文件内容的信息。

图 16-6

图 16-7

⑤ 返回到 Adobe Illustrator。

16.3 创建 PDF 文件

便携式文件格式（PDF）是一种通用文件格式，可保留在各种应用程序和平台上创建的源文件的字体、图像和版面。PDF 是在全球范围内安全、可靠地分发和交换电子文件和表单的标准文件格式。PDF 文件结构紧凑而完整，任何人都可以使用免费的 Adobe Acrobat Reader 或其他与 PDF 文件兼容的应用程序来共享、查看和打印 PDF 文件。

您可以在 Adobe Illustrator 中创建不同类型的 PDF 文件，如多页 PDF、分层 PDF 和 PDF/x 兼容的文件。分层 PDF 允许您存储一个带有图层、可在不同上下文中使用的 PDF 文件。PDF/x 兼容的文件减少了打印中的颜色、字体和陷印问题的出现。本小节将把此项目存储为 PDF 文件格式，以便将其发送给别人查看。

① 选择"文件">"存储为"，如果弹出"云文档"对话框，单击"保存在您的计算机上"按钮，如图 16-8 所示。

图 16-8

如果要了解更多"存储 Adobe PDF"对话框中的选项和其他预设信息，可以选择"帮助">"Illustrator 帮助"，并搜索"创建 Adobe PDF 文件"。

❷ 在"存储为"对话框中，从"格式"菜单中选择"Adobe PDF (pdf)"选项（macOS），或从"保存类型"菜单中选择"Adobe PDF (*.PDF)"选项（Windows），并定位到"Lessons">"Lesson16"文件夹，如图 16-9 所示。

图 16-9

在对话框中，您可以选择保存全部画板或部分画板到 PDF 文件。此文件仅包含一个画板，因此该选项不可选。单击"保存"按钮。

创建 PDF 时，如果要保存所有画板到一个 PDF 文件，则选择"全部"单选按钮；如果仅保存画板中某个画板组为一个 PDF 文件，则选择"范围"单选按钮，并输入画板范围。例如，某个文件有 3 个画板，范围"1-3"表示保存所有 3 个画板，而范围"1,3"表示保存第一个和第三个画板。

❸ 在"存储 Adobe PDF"对话框中，打开"Adobe PDF 预设"菜单，查看所有可用的 PDF 预设。确保选择了"[Illustrator 默认值]"选项，然后单击"存储 PDF"按钮，如图 16-10 所示。

图 16-10

自定义创建 PDF 文件的方法有很多种。使用"[Illustrator 默认值]"预设创建 PDF 文件将创建一个保留所有数据的 PDF 文件。在 Adobe Illustrator 中重新打开使用此预设创建的 PDF 文件时，不会丢失任何数据。如果出于特定目的保存 PDF 文件（如在 Web 上查看或打印），则可能需要选择其他预设或调整选项。

> ♡ 注意　您可能会留意到，当前打开的是 PDF 文件（L16_start1.pdf）。

④ 选择"文件">"关闭"，关闭 PDF 文件而无须保存。

▌ 16.4　创建像素级优化图稿

当创建用于 Web、App、屏幕演示文稿等内容时，从矢量图保存成清晰的位图就很重要了。为了创建像素级精确的设计稿，您可以使用"对齐像素"选项将图稿与像素网格对齐。像素网格是一个每英寸长宽各有 72 个小方格的网格，在启用像素预览模式（选择"视图">"像素预览"）的情况下，将视图缩放到 600% 或更高时，您可以查看到像素网格。

对齐像素是一个对象级属性，它使对象的垂直和水平路径都与像素网格对齐。只要为对象设置了该属性，修改对象时对象中的任何垂直或水平路径都会与像素网格对齐。

16.4.1　在像素预览中预览图稿

以 GIF、JPG 或 PNG 等格式导出图稿时，任何矢量图稿都会在生成的文件中被栅格化。启用"像素预览"是一种查看图稿被栅格化后的外观的好方法。本小节将使用"像素预览"查看图稿。

① 选择"文件">"打开"，在"打开"对话框中，定位到"Lessons">"Lesson16"文件夹。选择"L16_start2.ai"文件，单击"打开"按钮。

② 选择"文件">"文档颜色模式"，您将发现此时选择了 RGB 颜色。

针对屏幕查看（如 Web、App 等）进行设计时，RGB（红色、绿色、蓝色）是 AI 文件的首选颜色模式。创建新文件（选择"文件 > 新建"）时，可以通过"颜色模式"选项选择要使用的颜色模式。在"新建文档"对话框中，选择除"打印"以外的任何文件配置文件，"颜色模式"都会默认设置为"RGB 颜色"。

> ♡ 提示　创建文件后，可以选择"文件">"文档颜色模式"来更改文件的颜色模式。这将为所有创建的颜色和现有色板设置默认的颜色模式。RGB 是为 Web、App 或屏幕演示文稿等创建内容时使用的理想颜色模式。

③ 选择"选择工具"▶，单击页面中间的"JUPITER"（木星）图标。按"Command + +"（macOS）或"Ctrl + +"（Windows）组合键几次，连续放大所选图稿。

④ 选择"视图">"像素预览"，预览整个图稿的栅格化版本，如图 16-11 所示。

预览模式　　　　　　　　像素预览模式

图 16-11

16.4.2　将新建图稿与像素网格对齐

使用"像素预览",您能够看到像素网格,并能使图稿与像素网格对齐。启用"对齐像素"(选择"视图">"对齐像素")后,绘制、修改或变换生成的形状将会对齐到像素网格且显示得更清晰。这使大多数图稿(包括大多数实时形状)自动与像素网格对齐。本小节将查看像素网格,并了解如何将新建图稿与之对齐。

> 💡 **提示** 您可以通过选择"Illustrator">"首选项">"参考线和网格"(macOS)或"编辑">"首选项">"参考线和网格"(Windows),取消勾选"显示像素网格(放大600%以上)"复选框来关闭像素网格。

① 选择"视图">"画板适合窗口大小"。

② 选择"选择工具" ▶,选择带有文本"SEARCH"的蓝色按钮形状,如图 16-12 所示。

③ 连续按"Command + +"(macOS)或"Ctrl + +"(Windows)组合键几次,直到在文档窗口左下角的状态栏中看到"600%"。

图 16-12

将图稿放大到至少600%,并启用"像素预览",您就可以看到像素网格。像素网格将画板划分为边长为 1 pt(1/ 72 英寸)的小格子。在接下来的步骤中,您需要使像素网格可见(缩放级别为 600% 或更高)。

> 💡 **注意** 在编写本书时,受"对齐像素"影响的创建工具包括钢笔工具、曲率工具、形状工具(如椭圆工具和矩形工具)、线段工具、弧形工具、网格工具和画板工具。

④ 按 Backspace 键或 Delete 键删除选择的矩形。

⑤ 选择工具栏中的"矩形工具" ▢,绘制一个与上一步删除的矩形大小大致相当的矩形,如图 16-13(a)所示。

您可能会注意到,矩形的边缘看起来有点"模糊",如图 16-13(b)所示,这是因为本文件中禁用了"对齐像素"。因此,默认情况下,矩形的直边不会对齐到像素网格。

⑥ 按 Backspace 键或 Delete 键删除矩形。

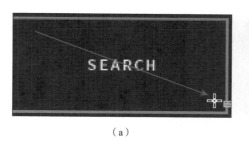 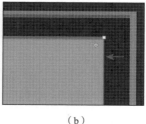

（a） （b）

图 16-13

💡 提示 您也可以在选择"选择工具"但不选择任何内容的情况下，单击"属性"面板中的"对齐像素"
按钮。您还可以在"控制"面板（选择"窗口">"控制"）右侧单击"创建和变换时将贴图对齐到像素网格"
按钮 ⊞ 来启用"对齐像素"。

⑦ 选择"视图">"对齐像素"，启用"对齐像素"。

现在，绘制、修改或变换的任意形状都将对齐到像素网格。当您使用 Web 或 App 配置文件创建
新文件时，默认将启用"对齐像素"。

⑧ 选择"矩形工具"，绘制一个简单的矩形来创建按钮，此时图像边缘将更清晰，如图 16-14
所示。

绘制的图稿的垂直和水平边都对齐到了像素网格。在下一节中，您将把现有图稿对齐到像素网
格。在本例中，重绘矩形形状只是为了让您了解启用与不启用"对齐像素"的差异。

⑨ 单击"属性"面板中的"排列"按钮，然后选择"置于底层"选项，将其排列在"SEARCH"
文本的下层。

⑩ 选择"选择工具"，按住鼠标左键将矩形拖动到图 16-15 中所示的位置。

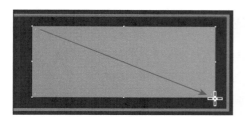 

图 16-14 图 16-15

💡 提示 您可以按方向键移动所选图稿，将图稿对齐到像素网格。

拖动过程中，您可能会注意到图稿会对齐到像素网格。

16.4.3 将现有图稿与像素网格对齐

您还可以通过多种方式将现有图稿与像素网格对齐。

💡 注意 在这种情况下，"属性"面板中的"对齐像素网格"按钮和"设为像素级优化"命令作用相同。

❶ 按"Command + –"（macOS）或"Ctrl + –"（Windows）组合键一次，以缩小视图。

② 选择"选择工具"▶，单击您绘制的矩形周围的蓝色描边矩形，如图 16-16 所示。

③ 单击"属性"面板中的"对齐像素网格"按钮或选择"对象">"设为像素级优化"，如图 16-17 所示。

描边矩形是在未选择"视图">"对齐像素"时创建的，因此将矩形对齐到像素网格后，其水平边和垂直边都与最近的像素网格线对齐，如图 16-18 所示。完成此操作后，实时形状和实时角将被保留。

图 16-16

图 16-17

图 16-18

对齐像素的对象如果没有笔直的垂直线段或水平线段，则不会微调到对齐像素网格。例如，倾斜旋转的矩形没有垂直线段或水平线段，因此在为其设置对齐像素属性时不会产生位移，从而生成清晰的路径。

④ 单击按钮左侧的蓝色"V"（您可能需要向左滚动视图窗口），如图 16-19 所示，选择"对象">"设为像素级优化"。

♀ 注意　选择开放路径时，"对齐像素网格"按钮不会出现在"属性"面板中。

您将在文件窗口中看到一条消息，提示"选区包含无法像素级优化的图稿"，如图 16-19 所示。在这种情况下，意味着所选对象没有笔直的垂直线段或水平线段能与像素网格对齐。

⑤ 单击"V"周围的蓝色正方形，如图 16-20 所示，按"Command + +"（macOS）或"Ctrl + +"（Windows）组合键几次，以连续放大所选图稿。

⑥ 按住鼠标左键拖动顶部定界框，使正方形变大一些，如图 16-21 所示。

图 16-19

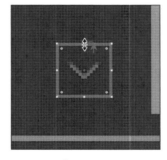
图 16-20

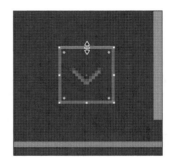
图 16-21

拖动后，请注意使用角或侧边控制点调整形状的大小，修复相应的边缘（将其对齐到像素网格）。

⑦ 选择"编辑">"还原缩放"，使其保持为正方形。

⑧ 单击"属性"面板中的"对齐像素网格"按钮，确保其所有垂直或水平直边都与像素网格对齐。

需要注意的是，当对这么小的形状对齐像素时，它可能会移动位置，所以它不再与"V"的中心对齐。您将需要再次将"V"与正方形中心对齐。

⑨ 按住 Shift 键，然后单击"V"将其选中。松开 Shift 键，然后单击正方形的边缘，使其成为关键对象，如图 16-22 所示。

⑩ 单击"水平居中对齐"按钮⬛和"垂直居中对齐"按钮⬛，如图 16-23 所示，使"V"和正方形中心对齐，如图 16-24 所示。

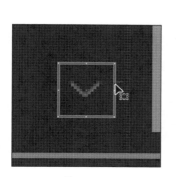
图 16-22

图 16-23

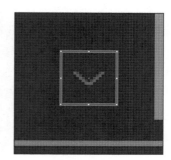
图 16-24

⑪ 选择"选择">"取消选择"（如果可用的话），然后选择"文件">"存储"，保存文件。

16.5 导出画板和资源

在 Adobe Illustrator 中，使用"导出为多种屏幕所用格式"命令和"资源导出"面板，可以导出整个画板，或者显示正在进行的设计，或所选资源（本书中的"导出资产"和"导出资源"是一个意思，之所以没有统一是因为 Illustrator 2021 软件简体中文版不同的地方即是如此）。导出的内容可以不同的文件格式保存，如 JPEG、SVG、PDF 和 PNG。这些格式适用于 Web、设备和屏幕演示文稿，并且与大多数浏览器兼容，当然每种格式具有不同的功能。所选图稿将自动与设计的其他内容隔离，并保存为单独的文件。

> 💡提示 要了解有关使用 Web 图形的详细信息，请在"Illustrator 帮助"（选择"帮助">"Illustrator 帮助"）中搜索"导出图稿的文件格式"。

16.5.1 导出画板

本小节将介绍如何导出文件中的画板。如果您希望向某人展示您正在进行的设计，或预览演示文稿、网站、App 等设计，则可以导出文件中的画板。

① 选择"视图">"像素预览"，将其关闭。

② 选择"视图">"画板适合窗口大小"。

③ 选择"文件">"导出">"导出为多种屏幕所用格式"。

在弹出的"导出为多种屏幕所用格式"对话框中，您可以在"画板"和"资产"之间进行选择。确定要导出的内容后，您可以在对话框的右侧进行导出设置，如图 16-25 所示。

图 16-25

④ 选择"画板"选项卡，在对话框的右侧，确保选择了"全部"单选按钮，如图 16-25 所示。

您可以选择导出所有画板或指定画板。本文件只有一个画板，因此选择"全部"与选择"范围"为"1"的结果是一样的。选择"整篇文档"会将所有图稿导出为一个文件。

⑤ 单击"导出至"文本框右侧的"文件夹"按钮 📁，定位到"Lessons">"Lesson16"文件夹，然后单击"选择"（macOS）或"选择文件夹"（Windows）按钮，在"格式"菜单中选择"JPG 80"选项，如图 16-26 所示。

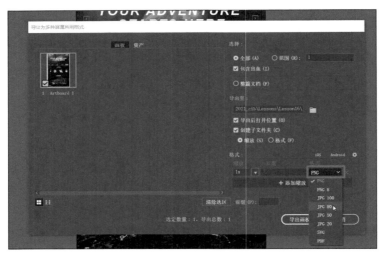

图 16-26

在"导出为多种屏幕所用格式"对话框的"格式"选项组中可以为导出的资产设置缩放、添加（或直接编辑）后缀并更改格式，还可以通过单击"+ 添加缩放"按钮，使用不同缩放比例和格式来导出多个版本。

⑥ 单击"导出画板"按钮。

此时会打开"Lesson16"文件夹，您会看到一个名为"1x"的文件夹，该文件夹里面有名为

"Artboard 1-80.jpg"的图片。后缀"-80"是指导出时设置的图片质量。

💡 提示　为了避免创建子文件夹（如文件夹"1x"），您可以在导出时，在"导出为多种屏幕所用格式"对话框中取消勾选"创建子文件夹"复选框。

💡 注意　有多种方法可以以不同格式导出图稿。您可以在 AI 文件中选择图稿，然后选择"文件">"导出所选项目"。这会将所选图稿添加到"资源导出"面板，并打开"导出为多种屏幕所用格式"对话框。您可以选择与上一小节相同的格式导出资源。

❼ 关闭该文件夹，并返回到 Adobe Illustrator。

16.5.2　导出资源

您还可以使用"资源导出"面板快速、轻松地以多种文件格式（如 JPG、PNG 和 SVG）导出各个资源。"资源导出"面板允许您收集可能频繁导出的资源，并且应用于 Web 和移动工作流，因为它支持一次性导出多种资源。本小节将打开"资源导出"面板，并介绍如何在面板中收集图稿，然后将其导出。

❶ 选择"选择工具"▶，单击位于画板中间标记为"JUPITER"的图稿，如图 16-27 所示。

❷ 按"Command + +"（macOS）或"Ctrl + +"（Windows）组合键，重复几次，连续放大图稿。

💡 提示　要将图稿添加到"资源导出"面板，您还可以使用鼠标右键单击文件窗口中的图稿，然后选择"收集以导出">"作为单个资源"/"作为多个资源"或"对象">"收集以导出">"作为单个资源"/"作为多个资源"。

💡 提示　要从"资源导出"面板中删除资源，您可以删除文件中的原始图稿，也可以在"资源导出"面板中选择资源缩略图，然后单击"从该面板删除选定的资源"按钮。

❸ 按住 Shift 键单击图稿右侧标记为"SATURN"的图形，如图 16-28 所示。

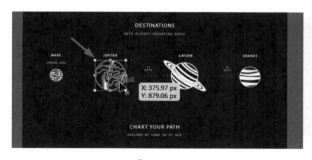

图 16-27

图 16-28

❹ 选择图稿后，选择"窗口">"资源导出"以打开"资源导出"面板。

在"资源导出"面板中，您可以保存内容以便立即或以后导出。它可以与"导出为多种屏幕所用格式"对话框结合使用，为所选资源设置导出选项。

❺ 将所选图稿拖动到"资源导出"面板的顶部，当您看到加号 + 时，松开鼠标左键，将图稿添加到"资源导出"面板，如图 16-29 所示。

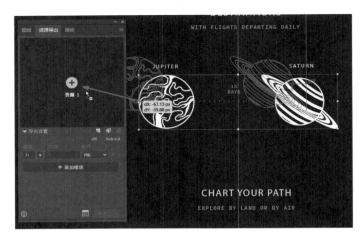

图 16-29

这些资源与文件中的原始图稿相互关联。换句话说，如果更新文件中的原始图稿，则"资源导出"面板中相应的资源也会更新。添加到"资源导出"面板中的所有资源都将与此面板保存在一起，除非您将其从文件或"资源导出"面板中删除。

⑥ 在"资源导出"面板中，单击与"JUPITER"图形对应的项目名称，将其重命名为"Jupiter"；单击与 SATURN 图形相对应的项目名称，并将其重命名为"Saturn"，如图 16-30 所示。按 Enter 键确认重命名。

显示的资源名称将取决于"图层"面板中图稿的名称。此外，如何在"资源导出"面板中命名资源将由您自行决定。命名资源后，您将能更方便地跟踪每种资源的用途。

图 16-30

💡 **提示** 如果按住 Option 键（macOS）或 Alt 键（Windows）加选多个对象，然后将其拖动到"资源导出"面板中，则所选内容将成为"资源导出"面板中的单个资源。

❼ 在"资源导出"面板中单击 Jupiter 资产缩略图。当您使用各种方法将资源添加到面板后，导出资源之前需要先选择资源。

💡 **注意** 如果要创建在 iOS 或 Android 上使用的资源，可以选择"iOS"或"Android"选项，以显示适合每个平台的缩放导出预设列表。

❽ 在"资源导出"面板的"导出设置"区域中，从"格式"菜单中选择"SVG"选项（如有必要的话），如图 16-31 所示。

"SVG"是网站 Logo 的较好选择，但有时合作者可能会要求提供 PNG 或其他格式的文件。

❾ 单击"+ 添加缩放"按钮，以其他格式导出图稿（在本例中）。从"缩放"菜单中选择"1x"选项，并确保"格式"为"PNG"，如图 16-32 所示。

💡 **注意** 图 16–32（a）所示为单击"+ 添加缩放"按钮后的结果。

图 16-31

（a）　　　　　　　　　　（b）

图 16-32

这会为"资源导出"面板中的所选资源创建 SVG 文件和 PNG 文件。如果您需要所选资源的多个缩放版本（例如，JPEG 或 PNG 等位图格式的 Retina 显示屏和非 Retina 显示屏显示形式），也可以设置缩放（1x、2x 等）。您还可以向导出的文件名添加后缀，后缀可能类似于"@ 1x"，表示导出资源的 100% 缩放版本。

⑩ 在"资源导出"面板顶部单击"Jupiter"缩略图，单击"资源导出"面板底部的"导出"按钮，导出所选资源。在弹出的对话框中，定位到"Lessons"＞"Lesson16"＞"Asset_Export"文件夹，然后单击"选择"（macOS）或"选择文件夹"（Windows）按钮，以导出资源，如图 16-33 所示。

图 16-33

> **💡 提示** 您还可以单击"资源导出"面板底部的"启动'导出为多种屏幕所用格式'"按钮。这将打开"导出为多种屏幕所用格式"对话框，此对话框和选择"文件"＞"导出"＞"导出为多种屏幕所用格式"弹出的对话框一致。

SVG 文件（Jupiter. svg）和 PNG 文件（Jupiter. png）都将导出到"Asset_Export"文件夹下的独立文件夹中。

⑪ 根据需要，选择"文件"＞"关闭"几次，关闭所有打开的文件。

16.6　复习题

1. 打包 AI 文件的作用是什么?
2. 为什么要将内容与像素网格对齐?
3. 如何导出图稿?
4. 指出可以在"导出为多种屏幕所用格式"对话框和"资源导出"面板中选择的图像文件类型。
5. 简述使用"资源导出"面板导出资源的一般过程。

参考答案

1. 打包可用于收集 AI 文件所需的全部文件。打包将创建 AI 文件、链接图像和所需字体（如果有要求的话）的副本,并将所有副本文件收集到一个文件夹中。
2. 将内容与像素网格对齐对提供具有清晰边缘的图稿非常有用。为支持的图稿启用"对齐像素"时,对象中的所有水平和垂直线段都将与像素网格对齐。
3. 要导出画板,需要选择"文件">"导出">"导出为"（本课中未涉及）,或者选择"文件">"导出">"导出为多种屏幕所用格式"。在弹出的"导出为多种屏幕所用格式"对话框中,可以选择导出图稿或导出资源,还可以选择导出全部画板或指定范围的画板。
4. 在"导出多种屏幕所用格式"对话框和"资源导出"面板中可以选择的图像文件类型有 PNG、JPEG、SVG 和 PDF。
5. 要使用"资源导出"面板导出资源,需要在"资源导出"面板中收集要导出的图稿。在"资源导出"面板中,您可以选择要导出的资源,设置导出选项,然后导出。

附录：Adobe Illustrator 2021 新增功能

Adobe Illustrator 2021 具有全新而富有创意的功能，可帮助您更高效地为打印、Web 和数字视频出版物制作图稿。本书的功能和练习基于 Adobe Illustrator 2021 来呈现。在这里，您将了解该软件的众多新功能。

支持 iPad

Adobe Illustrator 现在可在 iPad 上使用了，您可以在任何地方创建徽标、插图和图形，如附图 1 所示。它提供了强大的功能，例如触控快捷方式、重复、点渐变及适用于 iPad 的全面字体工具包，其中包括对 Adobe Fonts 的访问。

附图 1

增强重新着色图稿功能

重新着色图稿功能已转变为包括探索图稿不同颜色变化的新工具和新方法，包括使用"颜色主题拾取器"从栅格图像或矢量图形中拾取颜色并将其应用到您的设计中。您还可以调整颜色的比例、使用库中的预定义颜色，以及使用色轮制作自己的颜色，如附图 2 所示。

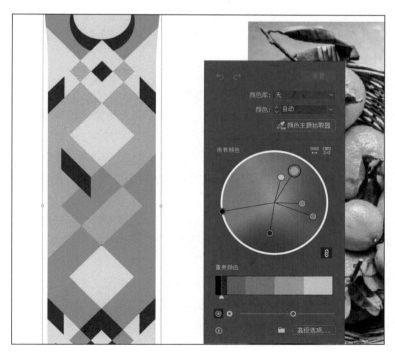

附图 2

智能字形对齐

对齐字形功能可让您将图稿精确对齐到文本或单个字形边界，如附图 3 所示。

附图 3

增强云文档功能

现在您可以将 PSD 云文档嵌入 AI 云文档中，以及在"版本历史"面板中查看、标记和恢复到旧版本，如附图 4 所示。

附图 4

其他增强功能

以下是 Adobe Illustrator 2021 中的其他增强功能 。

- **增强的自由扭曲**——自由扭曲更容易使用，让您无须任何重置即可编辑对象。
- **在文件之间剪切、复制和粘贴画板**——您现在可以在不同文件之间复制和粘贴画板。
- **实时绘图和编辑**——缩放对象和应用效果现在可以在您工作时完全即时渲染。
- **100 倍画布**——现在画布（画板周围的灰色区域）有 100 倍的空间来处理大幅面的图稿，例如广告牌、服装、艺术墙等。
- **垂直对齐文本**——您现在可以在文本框的顶部、底部、居中或两端的位置垂直对齐文本。
- **字体高度变化**——在"字符"面板中，您可以设置实际字体作为高度参考。当您希望将对象与文本精确对齐时，这将很有用。
- **解锁画布上的对象**——您现在可以在设置程序首选项后直接从画布解锁对象。

Adobe 致力于为满足您的图稿制作需求提供优秀的软件。

我们希望您像我们一样喜欢使用 Adobe Illustrator 2021。